Java核心技术系列

Spring Cloud Alibaba

微服务架构设计与开发实战

郑天民 ◎ 著

机械工业出版社
CHINA MACHINE PRESS

图书在版编目（CIP）数据

Spring Cloud Alibaba 微服务架构设计与开发实战 / 郑天民著. —北京：机械工业出版社，2024.8

（Java 核心技术系列）

ISBN 978-7-111-75860-0

Ⅰ. ① S… Ⅱ. ①郑… Ⅲ. ①互联网络－网络服务器 Ⅳ. ① TP368.5

中国国家版本馆 CIP 数据核字（2024）第 100105 号

机械工业出版社（北京市百万庄大街 22 号 邮政编码 100037）

策划编辑：孙海亮 责任编辑：孙海亮 董一波

责任校对：张勤思 李可意 景 飞 责任印制：张 博

北京联兴盛业印刷股份有限公司印刷

2024 年 9 月第 1 版第 1 次印刷

186mm × 240mm · 18.5 印张 · 399 千字

标准书号：ISBN 978-7-111-75860-0

定价：99.00 元

电话服务

客服电话：010-88361066

010-88379833

010-68326294

网络服务

机 工 官 网：www.cmpbook.com

机 工 官 博：weibo.com/cmp1952

金 书 网：www.golden-book.com

机工教育服务网：www.cmpedu.com

Preface 前　言

在当下的互联网应用中，业务体系发展的同时常常伴随着业务的不断变化，系统的用户体量和性能要求也不是传统行业所能够比拟的。以我参与开发的互联网应用为例，其背后所承载的业务功能复杂度、用户访问的并发量以及快速迭代的开发要求，已远远超出了传统单体系统的设计和开发要求。如何高效地实现系统的扩展性、伸缩性以及维护性，成为一个非常现实且亟待解决的问题。

面对这样的挑战，业界的普遍做法是引入服务拆分和集成的设计理念。而微服务架构已经成为这一设计理念下事实上的标准开发模式和最佳实践。它将传统的单体应用按照业务边界划分为小型的、可以独立部署的服务单元，服务之间遵循轻量级的交互协议进行集成，从而解决传统单体系统所面临的扩展性、伸缩性、维护性等一系列问题。

本书基于最新的 Spring Cloud Alibaba 微服务开发框架介绍构建企业级微服务架构的技术体系和工程实践。围绕日常开发过程中所涉及的各种开发需求，讨论 Spring Cloud Alibaba 框架所提供的各项解决方案和技术组件。同时，将基于这些技术组件构建一个案例系统并给出具体的实现过程和示例代码。

本书在结构上分为 9 章，每章都会在前一章演示的案例系统的基础上添加新的功能，从而实现从零开始打造一个完整的案例系统。具体来说，各章内容如下。

第 1 章：微服务架构与 Spring Cloud Alibaba。本章从微服务架构的基本概念出发，引出 Spring Cloud Alibaba 微服务解决方案和技术组件。同时，介绍贯穿全书的案例系统，并对案例系统的业务场景和开发约定进行说明。

第 2 章：注册中心和 Nacos。本章介绍微服务架构中的一个核心组件，即注册中心，针对注册中心的组成结构展开讨论，并引入 Nacos 这款主流的注册中心实现框架。针对 Nacos，分别从服务注册和服务发现角度出发介绍它的使用方法，并对它的基本原理和高级特性进行分析。

第 3 章：远程调用和 OpenFeign。一旦具备了服务注册和服务发现能力，下一步就是实现微服务架构中服务与服务之间的交互过程。本章首先梳理远程调用的技术组件，并引入 OpenFeign 这款 Spring Cloud Alibaba 中的透明化远程调用组件。远程调用是一个复杂的实现过程，本章也会围绕这一过程对 OpenFeign 的高级特性和使用技巧进行介绍。

第 4 章：负载均衡和 Spring Cloud LoadBalancer。一旦实现了服务与服务之间的远程调用，下一步就需要考虑集群环境下的负载均衡问题。本章首先对负载均衡的概念和常见算法展开讨论，并引入 Spring Cloud LoadBalancer 实现自动化的负载均衡机制。事实上，针对负载均衡，开发人员可以使用多种手段控制服务访问的路由，从而实现标签化路由等自定义的负载均衡效果。本章针对这类负载均衡的高级用法也做了详细的介绍。

第 5 章：配置中心和 Nacos。本章讨论微服务架构中的一个常见应用场景，即配置管理。当面对多服务、多环境下的配置信息时，需要引入 Nacos 来实现集中化管理。Nacos 在作为注册中心的同时也能够承担配置管理的角色，并提供了配置隔离、配置共享、灰度发布等一系列高级特性来简化配置管理的开发难度。

第 6 章：服务网关和 Spring Cloud Gateway。当面对来自客户端的各种请求时，微服务架构需要在各个微服务之前搭建一个服务网关。在 Spring Cloud Alibaba 中，Spring Cloud Gateway 就是这样一种服务网关。本章将阐述服务网关的组成结构和作用，并详细剖析 Spring Cloud Gateway 的配置方法、工作流程和实现原理，从而帮助你实现对 Spring Cloud Gateway 的定制化扩展，以满足复杂场景下的应用需求。

第 7 章：消息通信和 RocketMQ。Spring Cloud Alibaba 为开发人员提供了一款功能强大的消息中间件，即 RocketMQ。相比其他消息中间件，RocketMQ 具备一组特有的高级功能，包括延迟消息、顺序消息、消息过滤。在本章中，将使用 RocketMQ 实现消息发送和消息消费，并介绍该框架具备的高级功能。另外，消息可靠性对于任何一款消息中间件而言都是一项核心功能，本章也对 RocketMQ 所具备的消息可靠性方案进行了系统分析。

第 8 章：分布式事务和 Seata。对于微服务架构而言，如何实现服务与服务之间的数据一致性一直是一项技术难题，而 Seata 框架为我们提供了解决方案。在 Seata 中内置了 AT 模式、TCC 模式、Saga 模式以及 XA 模式这四种主流的分布式事务实现模式，本章对这些模式进行了讨论，并给出了选型方法。同时，对于分布式事务而言，可靠事件模式也是一种非常主流的实现模式，本章基于上一章介绍的 RocketMQ 框架提供了这一模式的实现方案。

第 9 章：服务可用性和 Sentinel。在本书的最后，讨论如何确保服务可用这一话题。Sentinel 框架是 Spring Cloud Alibaba 所提供的专门用于打造高可用服务的开发框架。本章首先对服务不可用问题进行深入分析，并给出对应的解决方案。然后，通过引入 Sentinel 框架来阐述这些解决方案的实现方法和过程。针对 Sentinel，重点对它所具备的两大功能——请求限流和服务降级进行讨论。同时，Sentinel 是一款具有高度扩展性的开源框架，开发人员可以基于自身需求实现定制化的降级策略，本章也通过案例给出了对应的实现方案。

本书面向广大服务端开发人员，读者不需要有很高的技术水平，也不限于特定的开发语言，但熟悉 Java 领域的常见技术和框架并掌握一定的系统设计基本概念有助于更好地理解书中的内容。同时，本书也适用于对 Spring Cloud Alibaba 框架感兴趣的开发人员。通过本书的系统学习，读者将对 Spring Cloud Alibaba 框架所具备的技术体系和实现机制有全面深入的了解，为后续的工作和学习铺平道路。

感谢我的家人，特别是我的妻子章兰婷女士，在我占用大量晚上和周末时间写作的情况下，给予我极大的支持和理解。感谢以往以及现在公司的同事，身处业界领先的公司和团队中，我得到很多学习和成长的机会，没有平时大家的帮助，不可能有这本书的诞生。

由于水平和经验有限，书中难免有欠妥和错误之处，恳请读者批评指正，联系邮箱：1755982343@qq.com。

注意：本书提供视频教程，读者可通过扫描章末二维码查看对应主题的视频。

郑天民

目　　录 *Contents*

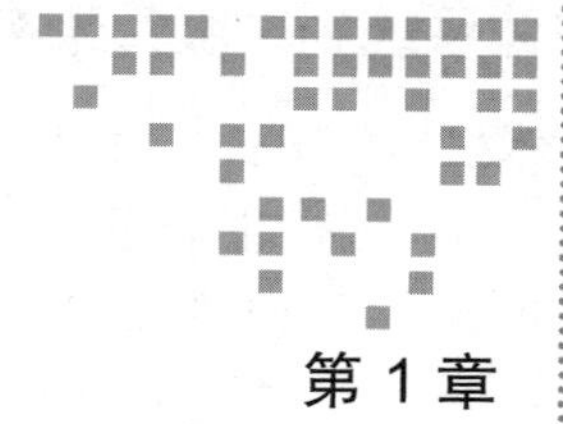

第 1 章 Chapter 1

微服务架构与 Spring Cloud Alibaba

当下，微服务架构（Microservice Architecture）已经成为一种主流的软件开发方法论，它把一种特定的软件应用设计方法描述为能够独立部署的服务套件。所谓微服务（Microservice），就是一些具有足够小的粒度、能够相互协作且自治的服务体系。每个微服务都比较简单，仅关注较好地完成一个功能，而这里的功能代表的是一种业务能力。构建微服务体系需要一套完整的方法论和工程实践。

另外，对于开发人员而言，实现微服务架构的首要条件是进行技术选型，也就是选择一个合适的技术体系来支持微服务的开发工作。目前市面上并没有一个真正意义上实现微服务的标准化、统一化的技术体系，但还是存在一些可供参考的工具和框架。本书后续内容将采用 Spring Cloud Alibaba 作为实现微服务的主体框架，该框架也是在 Spring Cloud 的基础上衍生出来的新一代微服务开发框架，并且在当下的互联网企业中应用非常广泛。

在本章中，我们将首先介绍微服务架构的方方面面，然后引入 Spring Cloud Alibaba 框架。本书是一本完全以案例驱动的技术图书，本章的最后也会详细介绍贯穿全书的案例系统，并对案例系统的实现过程和技术约定进行描述。

1.1 直面微服务架构

微服务架构首先表现为一种分布式系统（Distributed System），而分布式系统是对传统单体系统（Monolith System）的一种演进。为了帮助读者更好地理解和掌握微服务架构的特点，本节先围绕从单体系统到微服务架构的演进过程进行展开，然后引出微服务架构的实施方法以及所应该具备的核心技术组件。

1.1.1 从单体系统到微服务架构

在软件技术发展的很长一段时间内，软件系统都表现为一种单体系统。时至今日，很多单体系统仍然在一些行业和组织中得到开发和维护。所谓单体系统，简单来讲就是把一个系统所涉及的各个组件都打包成一个一体化结构并进行部署和运行。单体系统存在一些固有的问题，在本节中，我们从这些问题出发来剖析微服务架构的诞生背景和特性。

1. 单体系统存在的问题

图 1-1 展示的就是一个典型的单体系统，我们可以看到在应用服务器上同时运行着面向用户的 Web 服务层、封装业务逻辑的业务逻辑层和完成数据持久化操作的数据访问层组件，这些组件作为一个整体进行统一的开发、部署和维护。

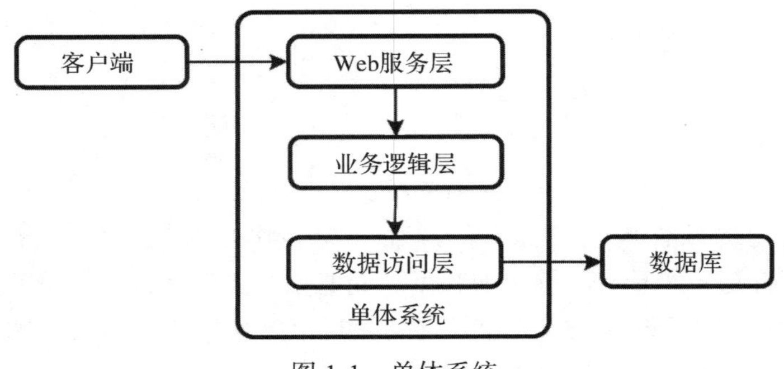

图 1-1 单体系统

单体架构简单且容易实现，但随着公司或者组织业务的不断扩张、业务结构的不断变化以及用户量的不断增加，单体架构面临着越来越多的挑战，已逐渐无法适应互联网时代的快速发展。让我们一起来分析一下。

对于大多数系统而言，架构设计是为了满足业务需求。衡量架构好坏与否的一个重要方面是看其面对复杂业务变更时所具有的灵活性，也就是我们通常所说的可扩展性（Extensibility）。可扩展性是指系统在经历不可避免的变更时足够灵活，针对提供这样的灵活性所要付出的成本进行平衡的能力。所谓可扩展，扩展的是业务。当向一个现有系统中添加新业务功能时，如果不需要改变原有的业务体系而只需把新功能封闭在一个新的模块或子系统中就能完成整体业务的升级，我们就可以认为该系统具有较好的可扩展性。显然，单体系统不具备良好的可扩展性，因为对系统业务进行任何一处修改，都需要重新构建整个系统并进行发布。单体系统内部没有根据业务结构进行合理的拆分是导致其可扩展性低下的主要原因。

前面讲到单体系统的可扩展性很差，实际上它的可伸缩性同样也有问题。所谓可伸缩（Scalability），伸缩的是性能，即当系统性能出现问题时，如果我们只需要简单地添加应用服务器等硬件设备就能避免系统出现性能瓶颈，那么该系统无疑具备较高的可伸缩性。通常，我们会考虑采用水平伸缩的方法实现可伸缩性。当考虑水平伸缩时，一般的做法是建立一个集群，在集群中不断地添加新节点，然后借助前端的负载均衡器，将用户的请求按照某种算法分配到不同的节点上。但是，由于单体系统的所有程序代码都运行在服务器上的同一个进程中，内存密集型和 CPU 密集型并存，也就要求所有应用的服务器都必须有足够的内存和强劲的 CPU 来满足需求。这种方法成本会比较高，而且资源利用率通常都比较低下。

以图 1-2 所示内容为例，单体系统中的组件 A 的负载已经达到了 80%，也就是到了不得不对系统的运行能力进行扩容的时候，但同一系统的另外两个组件 B 和 C 的负载还没有到其处理能力的 20%。由于单体系统中的各个组件是打包在同一个运行包中的，因此虽然通过添加一个额外的系统运行实例可以将需要扩容组件的负载降低一半，但是显然其他组件的利用率变得更为低下，造成了资源浪费。另外，对于那些需要保持类似会话（Session）数据的需求而言，扩容之后的运行机制在如何保持各个服务器之间数据的一致性上也存在较大的实现难度。

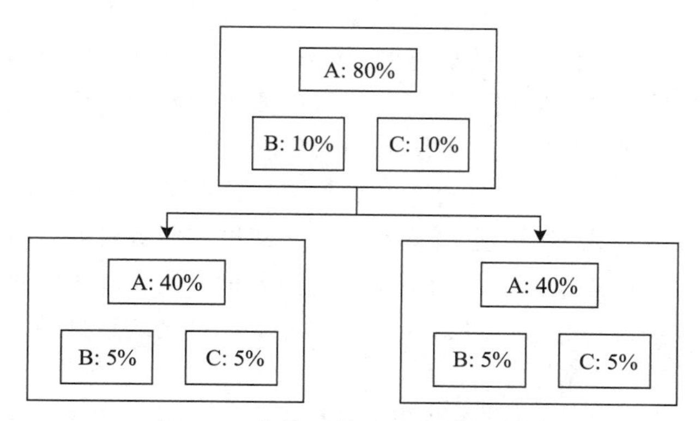

图 1-2　单体系统的可伸缩性问题

最后，我们需要认识到，在软件开发过程中，代码腐化在一定程度上是一种不可避免的现象。在单体系统中，由于缺乏合理的业务和技术实现边界，随着产品业务功能的增多，当出现缺陷时，有可能引起缺陷的原因组合比较多，这会导致分析缺陷、定位缺陷、修复缺陷的成本相应增加，也就意味着缺陷的平均修复周期可能会延长，从而影响产品的正常迭代和演进。同时，随着功能不断叠加，单体系统的代码结构也日益复杂，修复一个缺陷的同时还有可能引入其他的缺陷，在很多技术团队并不具备完善的持续集成（Continuous Integration，CI）和持续交付（Continuous Delivery，CD）能力的客观条件下，很可能导致出现问题越修越多的不良循环。

针对以上集中式单体系统普遍存在的问题，基本的解决方案就是微服务架构系统的合理构建。

2. 微服务架构的特性

软件工程大师 Martin Fowler 在“Microservices”一文中提到，微服务架构具有服务组件化、按业务能力组织服务、去中心化和基础设施自动化等核心特性。

组件（Component）是一种可独立替换和升级的软件单元。在日常开发过程中可能会设计和使用很多组件，这些组件可能服务于系统内部，也可能存在于系统所运行的进程之外。而服务就是一种进程外组件，服务之间利用 HTTP 完成交互。服务组件化的主要目的是服务可以独立部署。如果你的应用程序是由一个运行在独立进程中的很多组件组成的，那么对任何一个组件的改变都将导致必须重新部署整个应用程序。但是如果你把应用程序拆分成很多服务，显然，通常你只需要重新部署那个改变的服务。在微服务架构中，每个服务运行在独立的进程中，服务与服务之间采用轻量级通信机制进行交互。

当寻找把一个大的应用程序进行拆分的方法时，研发过程通常都会围绕产品团队、UED（用户体验设计）团队、App 前端团队和服务端团队展开，这些团队也就是通常所说的职能团队（Function Team）。当使用这种标准对团队进行划分时，任何一个需求变更，无论大小，都将导致跨团队协作，从而增加沟通和协作成本。而微服务架构下的划分方法有所不同，它倾向于围绕业务功能的组织来分割服务。这些服务面向具体的业务结构，而不是面向某项技术能力。因此，团队是跨职能的（Cross-Functional）特征团队（Feature Team），包含用户体验、项目管理和技术研发等开发过程所要求的所有岗位和技能。每个服务都围绕着业务进行构建，并且能够被独立部署到生产环境。

集中式系统的一个好处是技术的标准化，但采用微服务的团队更喜欢不同的标准。把集中式系统中的组件拆分成不同的服务，我们在构建这些服务时就会有更多的选择。对具体的某一个服务而言，应该根据业务上下文，选择合适的语言和工具进行构建。另外，微服务架构也崇尚对数据进行分散管理，让每个服务管理自己的数据库，无论是相同数据库的不同实例，还是不同的数据库系统。

许多使用微服务架构的产品或者系统，其团队拥有丰富的持续集成和持续交付经验。团队使用微服务架构构建软件需要更广泛地依赖基础设施自动化技术。

当然，在微服务中同样需要考虑网络传输的三态性、异构性、数据一致性和服务容错性设计等分布式系统所需要考虑的问题。随着本书内容的展开，会对这些特性进行详细的分析和讨论。

1.1.2 微服务架构的实施方法

构建微服务架构所需要做的不仅仅是构建服务本身。一个微服务系统的构建过程代表的是一种组织级别的活动，包括组织的人员架构、研发过程、技术体系和协作文化等多个因素。同样，微服务的运行时环境、错误处理机制和运维实践也是我们需要考虑的内容。本节中我们将针对如何构建微服务架构给出一套完整的系统方法，包括服务模型、实现技术、基础设施和研发过程等四个方面。

1. 服务模型

服务建模是实现微服务架构的第一步，因为微服务架构与 SOA（面向服务架构）、ESB

（企业服务总线）等现有技术体系的本质区别就是其服务的粒度以及服务本身的面向业务和组件化特性。针对服务建模，我们首先需要明确服务的类别以及服务与业务之间的关系，从而明确服务的概念模型并给出服务的统一表现形式。同时，我们也需要借助诸如领域驱动设计（Domain Driven Design，DDD）中的限界上下文（Bounded Context）和领域事件（Domain Event）等技术合理划分微服务的边界，并剥离微服务与数据之间的耦合。建立服务模型最主要的工作是服务的拆分和集成。服务的拆分需要考虑拆分的维度、策略并管理服务之间的依赖关系、数据以及边界。而服务的集成则需要考虑采用合理的技术实现方式来满足轻量级服务通信的要求。关于领域驱动设计的核心概念和应用方式可以参考笔者所著的《DDD 工程实战》一书。

2. 实现技术

微服务的实现技术是构建微服务架构的重点。微服务架构具有分布式架构的基本特征，所以网络通信、事件驱动、服务路由、负载均衡、配置管理等因素同样是实现微服务架构的基础。另外，我们也需要考虑微服务架构实现上的一些关键要素，包括服务治理、数据一致性和服务可靠性等内容。关于技术体系的介绍是本书的重点，从第 2 章开始，我们将通过一个完整的案例系统全面介绍基于 Spring Cloud Alibaba 框架的技术实现过程。

3. 基础设施

对于基础设施而言，包括服务的测试、服务的部署、服务的监控和服务安全性等都是需要开发人员考虑的内容。本书的主要目标在于阐述微服务的技术组件及其应用方式，但这些基础设施仍然是微服务架构整体蓝图的重要组成部分。

4. 研发过程

微服务架构的构建过程中涉及业务结构、组织架构和研发文化等方面的内容，这些内容构成了开发团队的整体研发过程。讨论组织架构和软件开发的关系、构建跨职能团队、强调引入变化和敏捷思想有助于更好地落实微服务架构。

基于以上阐述的微服务架构构建的系统方法，开发人员可以通过掌握本书所介绍的各项微服务实现技术体系以及梳理现有架构的改造点，明确向微服务架构的转型方法，尝试并探寻微服务实施的最佳实践。

1.1.3　微服务架构的核心组件

对于开发人员而言，学习微服务架构的主体内容就是学习它的技术体系。同样，不同的开发工具和框架都会基于自身的设计理念给出对应的技术体系及其实现方式。抛开这些具体的工具和框架，我们可以基于目前业界主流的微服务实现技术提炼出一组技术组件，本节将对这组技术组件展开讨论。

1. 服务治理

在微服务架构中，服务治理可以说是最为关键的一个技术组件，因为各个微服务需要通过服务治理实现自动化的注册和发现。

试想一下，如果系统中服务数量不是很多，那么我们有很多办法可以获取这些服务的IP 地址、端口等信息，管理起来也不是很复杂。但当服务数量达到一定量级时，可能连开发人员自己都不知道系统中到底存在多少个服务，也不知道系统中当前到底哪些服务已经变得不可用。这时候，我们就需要引入独立的媒介来管理服务的实例，这个媒介一般被称为服务注册中心。图 1-3 展示了服务注册中心的作用。

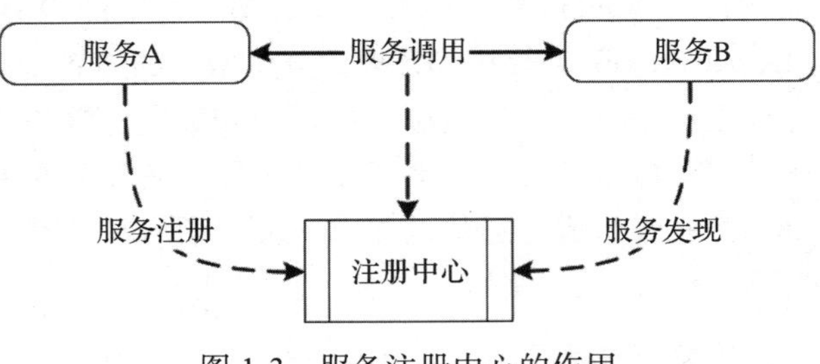

图 1-3 服务注册中心的作用

服务注册中心是保存服务调用所需路由信息的存储仓库，也是服务提供者和服务消费者进行交互的媒介，充当着服务注册和发现服务器的作用。诸如 Dubbo、Spring Cloud/Spring Cloud Alibaba 等主流的微服务框架都基于 Zookeeper、Nacos 等分布式系统协调工具构建了服务注册中心。

2. 服务路由

现在，我们已经通过注册中心构建了一个多服务的集群化环境，当客户端请求到达该环境时，如何确定由哪一台服务器对请求做出响应就是服务路由问题。可以认为负载均衡是最常见的一种路由方案，常见的客户端 / 服务端负载均衡技术都可以完成服务路由。在 Spring Cloud/Spring Cloud Alibaba 等主流的微服务框架中也都内置了客户端负载均衡组件。图 1-4 展示了注册中心和负载均衡器之间的交互关系。

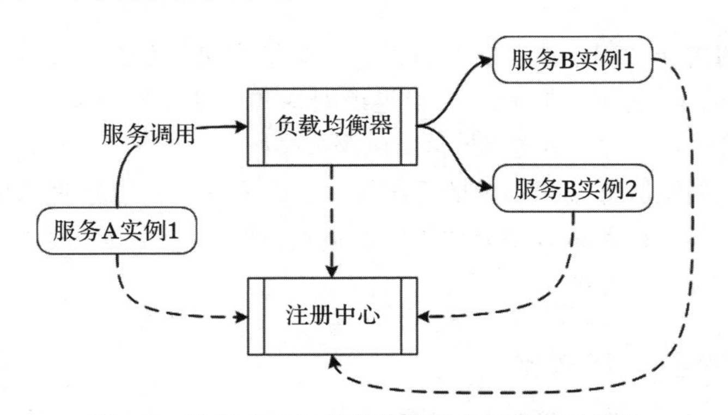

图 1-4 注册中心与负载均衡器之间的交互关系

另外，负载均衡的出发点更多是提供服务分发而不是只解决路由问题，常见的静态、动态负载均衡算法也无法实现精细化的路由管理，这时候我们就可以采用路由规则。路由规则常见的实现方案是白名单或黑名单，即把需要路由的服务地址信息（如服务 IP）放入可以控制是否可见的路由池中进行路由。同样，路由规则也是微服务开发框架的一项常见功能。

3. 服务容错

对于微服务架构中的服务而言，服务自身会出现失败，还会因为依赖其他服务而导致失败。除了比较容易想到和实现的超时、重试和异步解耦等手段之外，我们还需要考虑针对各种场景的容错机制。图 1-5 展示了服务容错的常见技术。

业界存在一批与服务容错相关的实现策略，包括以失效转移为代表的集群容错策略，以线程隔离、进程隔离为代表的服务隔离机制，以滑动窗口、令牌桶算法为代表的服务限流机制，以及服务熔断机制。而从技术实现方式上看，在 Spring Cloud 中，这些机制部分包含在下面要介绍的服务网关中，而另一部分则被提炼成单独的开发框架，例如专门用于实现服务熔断的 Spring Cloud Circuit Breaker。而在 Spring Cloud Alibaba 中也内置了专用的服务可用性框架 Sentinel。

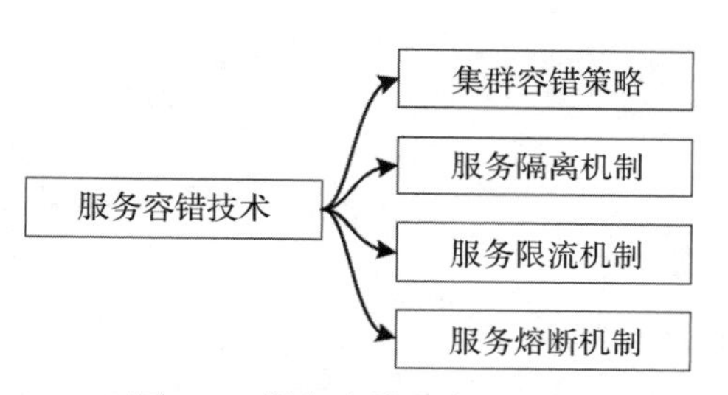

图 1-5　服务容错的常见技术

4. 服务网关

服务网关也叫 API（应用程序编程接口）网关，它封装了系统内部架构，为每个客户端提供一个定制的 API。在微服务架构中，服务网关的核心要点在于：所有的客户端和消费端都通过统一的网关接入微服务，在网关层处理所有的非业务功能。图 1-6 展示了服务网关的常见功能。

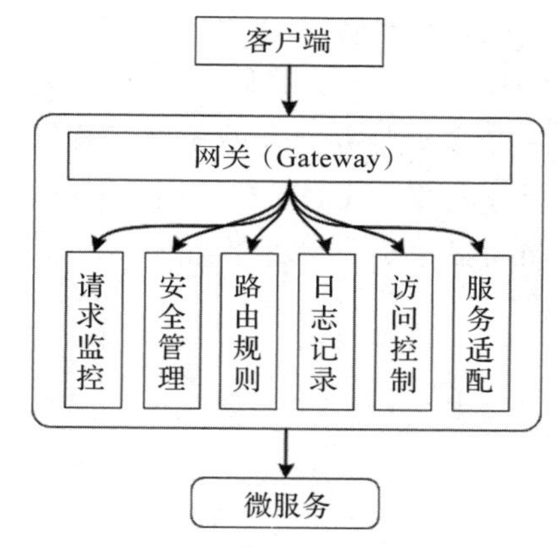

图 1-6　服务网关的常见功能

在功能设计上，服务网关在完成客户端与服务端报文格式转换的同时，可能还具有身份验证、监控、缓存、请求管理、静态响应处理等功能。另外，开发人员也可以在网关层制定灵活的路由策略。针对一些特定的 API，我们需要设置白名单、路由规则等各类限制。业界主流的网关系统有很多，例如 Spring 家族的 Spring Cloud Gateway 就是其中的代表性实现框架。

5. 服务配置

在微服务架构中，考虑到服务数量和配置信息的分散性，一般都需要引入配置中心的设计思想和相关工具。与注册中心一样，配置中心也是微服务架构中的基础组件，其目的也是对服务进行统一管理，区别在于配置中心管理的对象是配置信息而不是服务的实例信息。图 1-7 展示了配置中心与注册中心之间的交互关系。

为了满足实现要求，配置中心通常需要依赖分布式协调机制，即通过一定的方法确保配置信息在分布式环境的各个服务中都能得到实时、一致的管理。我们可以采用诸如

Zookeeper 等主流的开源分布式协调框架来构建配置中心。当然，Spring Cloud 和 Spring Cloud Alibaba 也分别提供了专门的配置中心实现工具 Spring Cloud Config 和 Nacos。

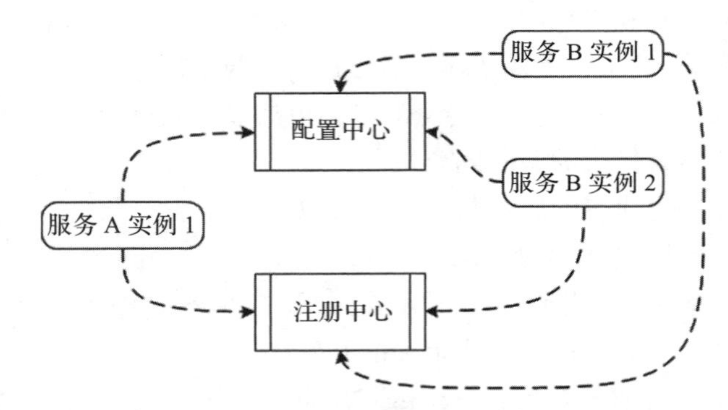

图 1-7 配置中心与注册中心之间的交互关系

6. 服务安全

一般意义上的访问安全性，都是围绕认证和授权这两个核心概念来展开的。也就是说，我们首先需要确定用户身份，然后再确定这个用户是否具备访问指定资源的权限。站在单个微服务的角度，我们希望每次服务访问都能与授权服务器进行集成以便获取访问 Token。而站在多个服务交互的角度，我们需要确保 Token 在各个微服务之间的有效传播。另外，在服务内部，我们可以使用不同的访问策略限制服务资源的访问。图 1-8 展示了基于 Token 机制的服务安全实现方案。

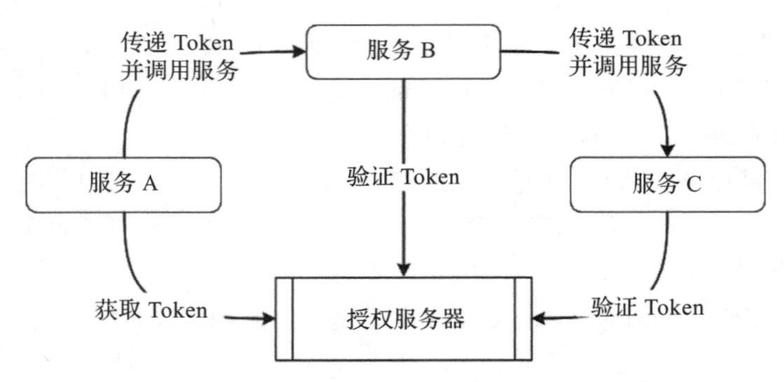

图 1-8 基于 Token 机制的服务安全实现方案

为了实现对微服务的安全访问，我们通常使用 OAuth2 协议来实现对服务访问的授权机制，使用 JWT 技术来构建轻量级的认证体系。Spring 家族也提供了 Spring Security 和 Spring Cloud Security 框架来简化这些组件的构建过程。

7. 服务跟踪

在微服务架构中，当服务数量达到一定量级时，我们难免会遇到两个核心问题：一个是如何管理服务之间的调用关系；另一个是如何跟踪业务流的处理过程和结果。这就需要构建分布式服务跟踪机制。图 1-9 展示了分布式服务跟踪机制的核心功能。

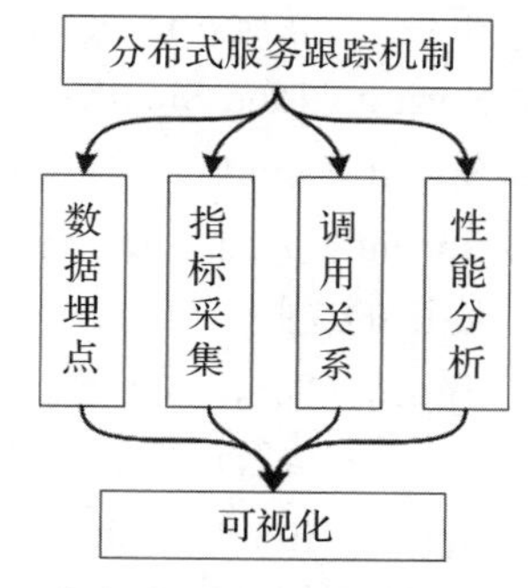

图 1-9　分布式服务跟踪机制的核心功能

分布式服务跟踪机制的建立需要完成调用链数据的生成、采集、存储及查询，同时需要对这些调用链数据进行运算和可视化管理。这些工作不是一个简单的工具和框架就能全部完成的，因此，在开发微服务系统时，我们通常会整合多个开发框架来完成整个链路跟踪。例如，在 Spring Cloud 中，就提供了 Spring Cloud Sleuth 与 Zipkin 的集成方案。

1.2　引入 Spring Cloud Alibaba

在前面内容的介绍中，我们实际上已经提到了目前主流的微服务开发框架，即 Spring Cloud 和 Spring Cloud Alibaba。实际上，Spring Cloud Alibaba 是构建在 Spring Cloud 的基础之上的，可以认为它是 Spring Cloud 的升级版。在本节中，我们先从 Spring Cloud 所提供的微服务解决方案开始讲起，进而引入 Spring Cloud Alibaba 框架。

1.2.1　Spring Cloud 微服务解决方案

Spring Cloud 是 Spring 家族中的一员，重点打造面向服务化的功能组件，是一系列框架的有序集合。它利用 Spring Boot 的开发便利性巧妙地简化了分布式系统基础设施的开发过程，如服务发现注册、配置中心、消息总线、负载均衡、断路器、数据监控等都可以使用 Spring Boot 的开发风格做到一键启动和部署。

在对 Spring Cloud 框架进行设计和实现的过程中，Spring 并没有重复造轮子，它只是将目前各家公司开发的比较成熟、经得起实践考验的服务框架组合起来，通过 Spring Boot 风格进行再封装，从而屏蔽掉了复杂的配置和实现原理，最终给开发者留出了一套简单易懂、易部署和易维护的微服务系统开发工具包。

对于那些没有实力或者没有足够的资金投入去开发自己的微服务基础设施的公司而言，使用 Spring Cloud 一站式解决方案能在从容应对业务发展的同时大大减少开发成本。

Spring Cloud 标准化、全站式的技术方案构成了一个生态圈，涵盖众多微服务架构实现所需的核心组件，常见组件如下。

- Spring Cloud Config：配置管理开发工具包，可以把配置信息放到远程服务器，支持本地存储、Git 以及 Subversion。
- Spring Cloud Gateway：服务网关组件，可以为请求设置灵活的路由策略，并能够集成安全认证、异常处理、日志分析等常见的非功能性需求。

- Spring Cloud Bus：事件消息总线，用于在集群中传播状态变化（例如配置信息变更事件），可与 Spring Cloud Config 联合实现热部署。
- Spring Cloud Sleuth：日志收集工具包，封装了 Dapper、Zipkin 和 HTrace 操作。
- Spring Cloud Data Flow：大数据操作工具，通过命令行方式操作数据流。
- Spring Cloud Security：安全工具包，为应用程序添加安全控制，主要提供 OAuth2 协议的支持。
- Spring Cloud Consul：封装了 Consul 操作，Consul 是一个服务发现与配置工具，与 Docker 容器可以无缝集成。
- Spring Cloud Zookeeper：操作 Zookeeper 的工具包，用于基于 Zookeeper 方式的服务注册和发现。
- Spring Cloud Stream：数据流操作开发包，封装了 Redis、Rabbit、Kafka 等工具，以支持发送和接收消息。
- Spring Cloud CLI：基于 Spring Boot CLI，支持以命令行方式快速建立云组件。

提到 Spring Cloud，开发人员往往会把它与阿里巴巴的 Dubbo 框架进行比较。Dubbo 是国内 RPC（Remote Procedure Call，远程过程调用）框架集大成之作，基本具备一个 RPC 框架应有的所有功能，包括高性能通信、多协议集成、服务注册与发现、服务路由、负载均衡、服务治理等核心功能。作为一个分布式服务框架，Dubbo 无疑是非常优秀的，但在功能完备性上，API 网关、服务熔断器等核心组件在 Dubbo 中并没有完整体现。表 1-1 展示了 Dubbo 与 Spring Cloud 之间的技术组件对比关系。

表 1-1　Dubbo 与 Spring Cloud 之间的技术组件对比关系

组件名称	Dubbo	Spring Cloud
服务注册中心	Zookeeper	Spring Cloud Consul/Zookeeper
服务调用方式	RPC	RESTful API
API 网关	无	Spring Cloud Gateway
服务熔断器	不完善	Spring Cloud Circuit Breaker
分布式配置	无	Spring Cloud Config
服务跟踪	无	Spring Cloud Sleuth
数据流	无	Spring Cloud Stream

事实上，作为阿里巴巴出品的开源框架，在接下来要介绍的 Spring Cloud Alibaba 中内置了对 Dubbo 的支持。但 Dubbo 属于一种 RPC 架构，技术耦合性较高，不符合微服务架构中服务与服务之间轻量级通信机制的交互要求，所以本书不会对 Dubbo 框架做过多展开，而是重点讨论 Spring Cloud Alibaba 中的其他技术组件。那么，既然有了 Spring Cloud，我们为什么还要引入 Spring Cloud Alibaba 呢？原因同样是组件完备性。相较 Spring Cloud，Spring Cloud Alibaba 为开发人员提供了更多即插即用的技术组件。

1.2.2　从 Spring Cloud 到 Spring Cloud Alibaba

Spring Cloud 和 Spring Cloud Alibaba 都是构建在 Spring Boot 之上的微服务框架，它们都提供了一系列的组件和工具，可以帮助开发人员快速构建和管理微服务应用程序。请注意，Spring Cloud 是 Spring 官方维护的微服务框架，它的生态系统非常丰富。而 Spring Cloud Alibaba 则是阿里巴巴维护的微服务框架，同样具备自身的一套生态系统。表 1-2 展示了 Spring Cloud 与 Spring Cloud Alibaba 之间的技术组件对比关系。

表 1-2　Spring Cloud 与 Spring Cloud Alibaba 之间的技术组件对比关系

组件名称	Spring Cloud	Spring Cloud Alibaba
注册中心	Spring Cloud Consul/Zookeeper	Nacos
配置中心	Spring Cloud Config	Nacos
熔断降级	Spring Cloud Circuit Breaker	Sentinel
消息中间件	无（第三方替代方案：RabbitMQ）	RocketMQ
分布式事务	无（第三方替代方案：2PC）	Seata

从表 1-2 中我们不难看出，Spring Cloud Alibaba 比 Spring Cloud 提供了更多实用的技术组件。

- Nacos：一款更易于构建云原生应用的动态服务发现、配置管理和服务管理平台，整合了注册中心和配置中心的核心功能。
- Sentinel：一款高性能的熔断降级组件，把流量作为切入点，从流量控制、熔断降级、系统负载保护等多个维度保护服务的稳定性。
- RocketMQ：一款开源的分布式消息系统，基于高可用分布式集群技术，提供低延时的、高可靠的消息发布与订阅服务。
- Seata：一款高性能的分布式事务开发框架，集成了目前主流的各类分布式事务实现模式和解决方案。

从框架的发展和业界的应用情况来讲，Spring Cloud 的成功源于它集成了 Netflix 所提供的开发工具包，其中包括 Eureka、Ribbon、Feign、Hystrix、Zuul、Archaius 等组件。在 2020 年之前，这套 Spring Cloud Netflix 生态都是业界开发微服务系统的主流框架。但在 2020 年之后，由于 Netflix 对 Zuul、Ribbon 等项目的维护投入比较少，所以 Spring Cloud 在 greenwich 版本中把这些项目都设置成了维护模式。进入维护模式意味着 Spring Cloud 团队不会再向这些模块中添加新的功能，但是仍然会修复安全问题和一些 block 级别的 bug。

Spring Cloud Alibaba 作为阿里巴巴开发的一套微服务架构，目前已经纳入 Spring 中，开发人员可以采用与 Spring Cloud 完全一样的编程模型轻松使用 Spring Cloud Alibaba 所提供的技术组件来开发微服务系统，学习成本非常低。再加上 Netflix 停止了更新，所以包括笔者所在团队在内，当下业界大多数公司都选择使用阿里巴巴系列的微服务开发框架。

1.3 案例系统

在本书中，我们通过构建一个精简但又完整的系统来展示微服务架构相关的设计理念和常见实现技术。该案例系统称为订单系统（SpringOrder），试图对互联网应用中最常见的订单业务做抽象。现实环境中订单业务非常复杂，而该案例的目的在于演示从业务领域分析到系统架构设计再到系统实现的整个过程，不是重点介绍具体业务逻辑，所以在业务领域建模上做了高度抽象。

1.3.1 业务分析和系统建模

按照实施微服务架构的基本思路，服务建模是案例分析的第一步。服务建模包括服务拆分和集成策略的确定。

SpringOrder 系统包含的业务场景比较简单，即用户浏览商品，然后在商品列表中选择想购买的商品并提交订单。而在提交订单的过程中，我们需要对商品和用户账户信息进行验证。从业务领域的角度进行分析，我们可以把该系统分成三个子域。

- 商品（Product）子域：商品管理，用户可以查询商品以便获取商品详细信息，同时基于商品提交订单；系统管理员可以添加、删除、修改商品信息。
- 订单（Order）子域：订单管理，用户可以提交订单并查询自己所提交订单的当前状态。
- 用户账户（Account）子域：用户管理，我们可以通过注册操作成为系统用户，同时也可以修改或删除用户信息；需要提供账户有效性验证的入口。

从子域的分类上讲，用户账户子域比较明确，显然应该作为一种通用子域。而订单是 SpringOrder 系统的核心业务，所以订单子域应该是核心子域。至于商品子域，在这里比较倾向于归为支撑子域。而针对子域之间的上下游关系，订单子域需要同时依赖商品子域和用户账户子域，商品子域和用户账户子域之间不存在交互关系。三个子域之间的交互关系如图 1-10 所示。

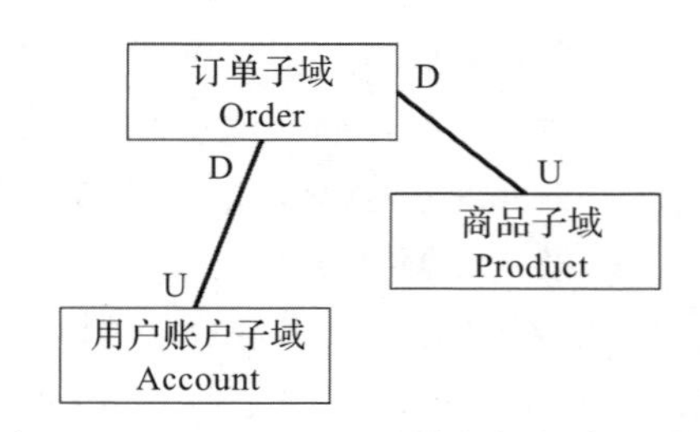

图 1-10 SpringOrder 子域之间的交互关系

为了简单起见，我们对每一个子域都提取一个微服务。这样，我们可以把 SpringOrder 系统简单划分成三个微服务，即 product-service、order-service 和 account-service，图 1-11 展示了 SpringOrder 服务交互模型。在图 1-11 中，三个微服务之间需要基于 REST API 完成跨服务之间的交互。

如果我们引入 UML（Unified Modeling Language，统一建模语言）中的时序图（Sequence Diagram）来进一步展示 SpringOrder 系统的完整交互过程，可以得到如图 1-12 所示的时序图。

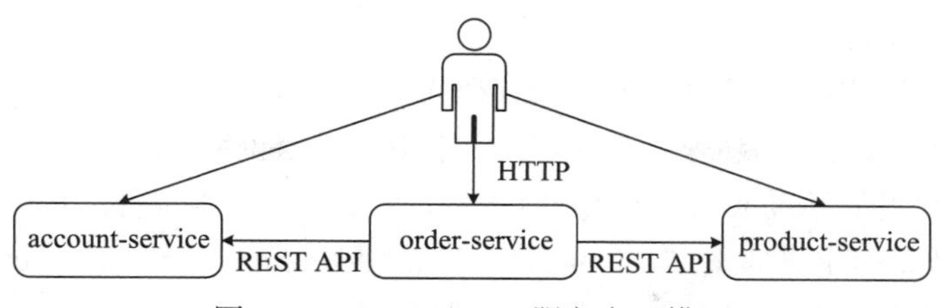

图 1-11　SpringOrder 服务交互模型

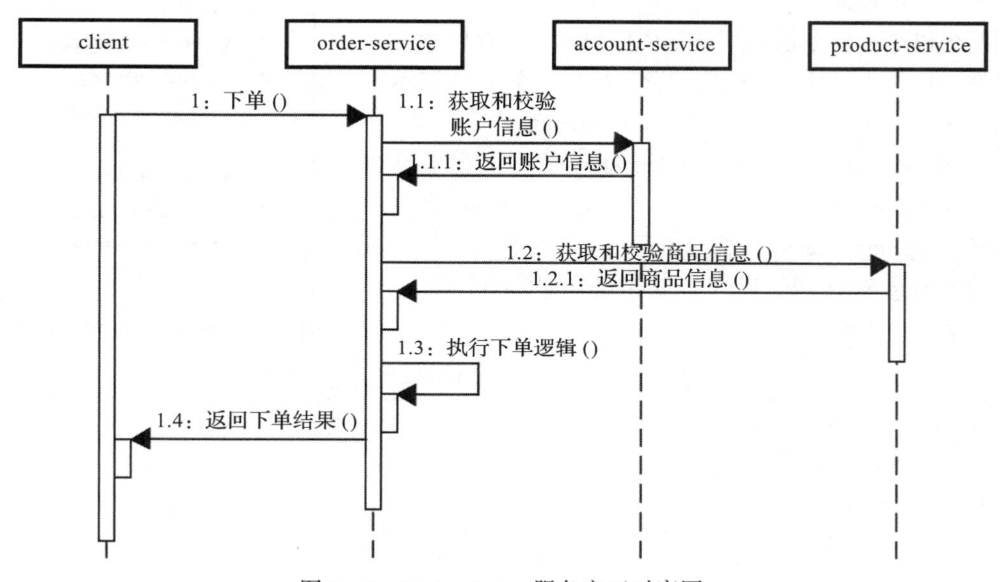

图 1-12　SpringOrder 服务交互时序图

图 1-11 所示的三个微服务构成了 SpringOrder 的业务主体，而要构建一个完整的微服务系统，我们还需要引入其他很多业务类服务和基础设施类服务，这些服务从不同的角度为实现微服务架构提供支持。本书后面将要介绍的 Spring Cloud Alibaba 中的各项核心技术都会在该案例中得到体现。关于该案例的完整代码，见 https://github.com/tianminzheng/spring-order。

当然，通过案例帮助你构建微服务系统是本书的一大目标，但不是唯一目标。作为扩展，笔者希望你通过对优秀开源框架的学习，掌握微服务核心组件背后的运行机制，从而深入理解分布式系统以及微服务架构的实现原理，以从容应对来自面试和就业的挑战。

1.3.2　实现过程和技术约定

由于不同团队和组织对于微服务系统的实现方法和过程可能都是不一样的，而业界关于如何实现微服务架构也存在一定的最佳实践，因此，在正式进入案例系统的讲解之前，我们需要约定系统的实现过程和技术组件，以便你快速掌握系统的构建策略。

1. 初始化代码工程

在本书中，我们统一使用 Maven 作为代码工程的构建工具。Maven 是一款主流的自动化构建工具，为系统提供了完整的构建生命周期和标准化构建过程。另外，Maven 不仅仅是一个构建工具，它也能帮助开发团队构建中央仓库并实现代码组件之间的依赖管理。关于 Maven 工具的介绍不是本书的重点，你可以参考官方网站 https://maven.apache.org/ 进行学习。

在使用 Maven 时，笔者推荐的一项最佳实践是构建一个用来管理依赖的专用代码工程，这样系统中的其余代码工程都可以基于这个依赖管理专用代码工程来获取所需要的组件，从而实现统一化的依赖管理机制。图 1-13 展示的就是在 SpringOrder 中引入的一个 dependency 代码工程。

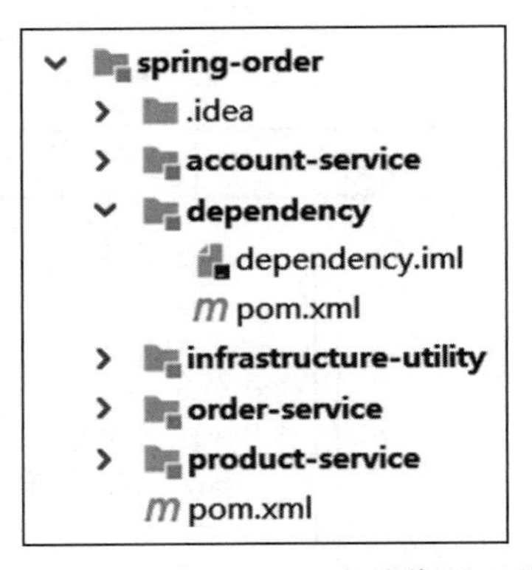

图 1-13　SpringOrder 中的代码工程

从图 1-13 中可以看到，dependency 代码工程中没有任何业务代码，只包含了一个 POM 文件，该 POM 文件中定义了 SpringOrder 项目构建所需的所有依赖包，例如最基础的 Spring Boot、Spring Cloud 和 Spring Cloud Alibaba，如代码清单 1-1 所示。

代码清单 1-1　Maven POM 中基础依赖包定义代码

```
<dependencyManagement>
    <dependencies>
        <!-- 统一依赖管理 -->
        <dependency>
            <groupId>org.springframework.boot</groupId>
            <artifactId>spring-boot-dependencies</artifactId>
            <version>${spring.boot.version}</version>
            <type>POM</type>
            <scope>import</scope>
        </dependency>
        <dependency>
            <groupId>org.springframework.cloud</groupId>
            <artifactId>spring-cloud-dependencies</artifactId>
            <version>${spring.cloud.version}</version>
            <type>POM</type>
            <scope>import</scope>
        </dependency>
        <dependency>
            <groupId>com.alibaba.cloud</groupId>
            <artifactId>spring-cloud-alibaba-dependencies</artifactId>
            <version>${spring.cloud.alibaba.version}</version>
            <type>POM</type>
            <scope>import</scope>
        </dependency>
    </dependencies>
</dependencyManagement>
```

在图 1-13 中，我们还发现存在一个 infrastructure-utility 代码工程，该代码工程的定位就是为 SpringOrder 项目提供基础设施类的工具服务，包结构如图 1-14 所示。

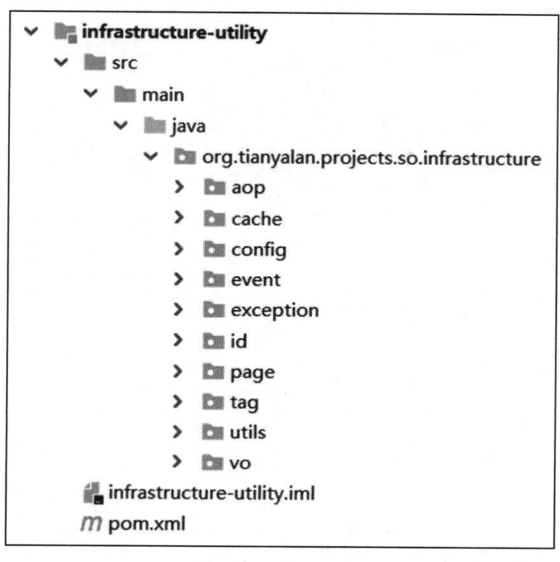

图 1-14　infrastructure-utility 代码工程中的包结构

不难看出，infrastructure-utility 内置了 AOP（对应 aop 包）、缓存（对应 cache 包）、配置（对应 config 包）、异常处理（对应 exception 包）、唯一性 Id（对应 id 包）等工具组件。随着 SpringOrder 项目的不断演进，我们会逐一介绍这些工具组件的使用场景和实现方法。

2. 组件设计规范和约定

介绍完 SpringOrder 项目的整体代码工程，我们进入具体的业务服务，看看如何合理组织业务服务中的技术组件。

对于一个普通的业务服务而言，处理业务逻辑的核心流程还是基于经典的三层架构，即 Web 服务层→业务逻辑层→数据访问层，如图 1-15 所示。

在图 1-15 中，我们对三层架构中每一层的输入和输出做了约定，并引入了 VO（Value Object，值对象）和领域对象（Entity，实体）的概念。这是组件之间进行数据传递的最基本实现策略，实现了数据结构的解耦。通过引入专门的数据转换工具，我们可以实现 VO 和 Entity 之间的有效转换。同时，我们在 Web 服务层和业务逻辑层之间还嵌入了 AOP 拦截机制。

明确了业务服务的技术组件，我们接下来分析它的代码包结构。这里也对包结构的命名做对应的约定，如图 1-16 所示。

图 1-16 中各个包结构的命名都是自解释的，唯一需要注意的是“integration”代码包。当某一个业务服务需要与其他服务进行交互时，我们会把实现服务与服务之间集成的代码放在该代码包中，它相当于充当了服务与服务之间的防腐层（Anti-Corruption Layer，ACL）。

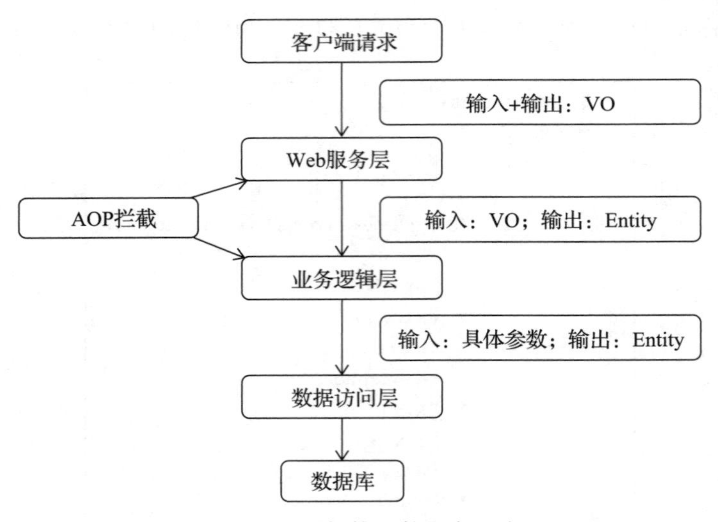

图 1-15　三层架构组件和交互流程

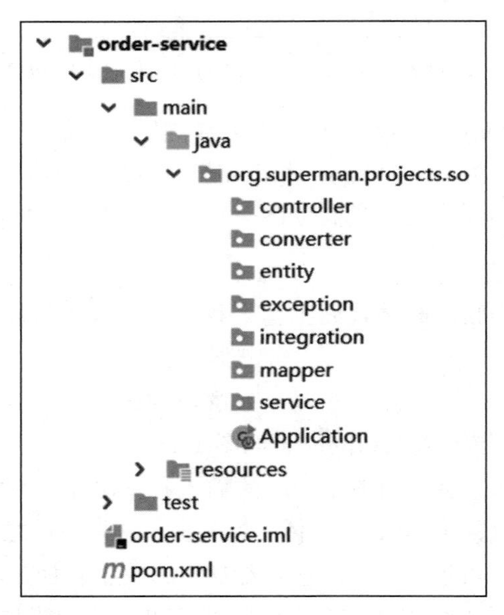

图 1-16　order-service 代码工程中的包结构

1.4　本章小结

本章作为全书的开篇，围绕微服务架构的基本概念展开讨论。我们从传统单体系统存在的问题出发，阐述微服务架构的特性和实施方法，明确了微服务架构是一种新型的架构设计模式，是对传统单体系统的改进。

想要构建微服务架构，就需要引入一组技术组件。本章对微服务架构的核心组件展开了讨论，并在此基础上引入了阿里巴巴开源的 Spring Cloud Alibaba 框架。相较传统的 Spring Cloud 框架，Spring Cloud Alibaba 内置了更为完整的微服务架构实现方案以及阿里巴巴多年的工程实践沉淀。

本书是一本以案例驱动的实战类图书，为此我们在本章的最后引出了贯穿全书的 SpringOrder 案例系统。我们对该案例系统进行了业务分析和系统建模，同时给出了实现过程和技术约定，为后续各章内容的展开奠定了基础。

扫描下方二维码，查看本章视频教程。

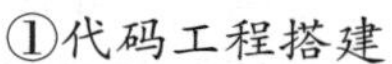

①代码工程搭建

②开发 Web 服务

③实现数据库访问

Chapter 2 第 2 章

注册中心和 Nacos

在微服务架构中，服务与服务之间通过交互完成业务链路的构建，这种服务交互采用的是轻量级的 RESTful 风格 API（应用程序接口）调用方式。但在执行服务调用之前，我们首先需要发现（Discovery）服务，即解决在分布式集群环境下如何找到合适服务实例的问题。服务发现和调用构成了微服务交互的基础，微服务架构下的服务发现和调用可以参考图 2-1 所示的整体流程，其中实线部分代表服务调用流程，而虚线部分则包含了服务的注册（Registration）和发现过程。

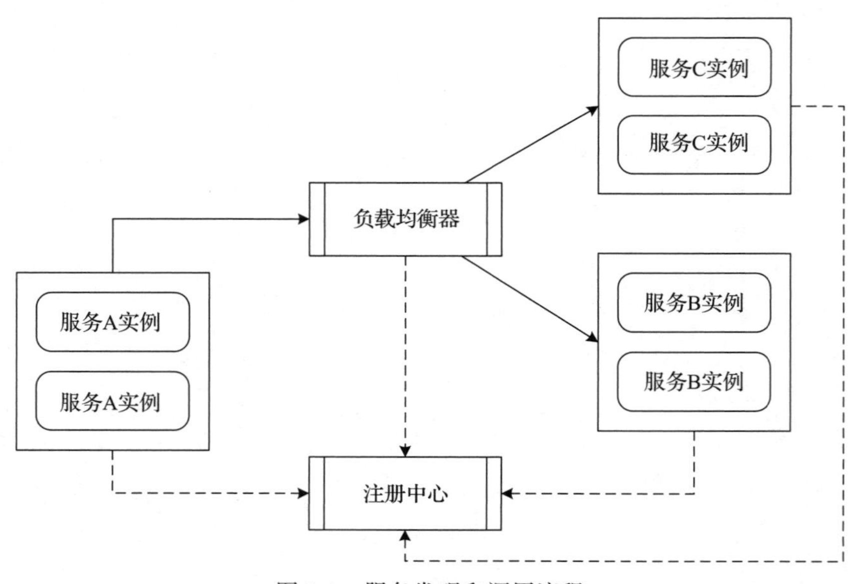

图 2-1　服务发现和调用流程

在图 2-1 中存在三个微服务，即服务 A、服务 B 和服务 C，每个微服务都是多实例部署在集群环境中。显然，服务 B 和服务 C 对于服务 A 而言是服务的提供者，作为消费者的服务 A 需要通过负载均衡器分别找到服务 B 和服务 C 的实例并完成服务调用。另外，这三个微服务都需要注册到注册中心以便负载均衡器能够从注册中心获取各个服务的定义信息。本章将围绕基于注册中心的服务治理机制展开讨论，而负载均衡相关内容放在第 4 章中介绍。

2.1　注册中心解决方案

在微服务架构中，服务治理（Service Governance）可以说是最为关键的一个要素，因为各个微服务需要通过服务治理实现自动化的注册和发现。在本节中，我们将首先从服务治理的基本需求出发，给出注册中心的结构模型。而在本节最后，我们也会对业界主流的注册中心实现方案进行介绍，并引出本书中所要介绍的注册中心 Nacos。

2.1.1　服务治理基本需求

在微服务架构中，对于任何一个服务而言，既可以是服务提供者，也可以是服务消费者。围绕服务消费者如何调用服务提供者这个问题，需要进行服务的治理。

对于服务治理而言，可以说支持服务注册和服务发现就是它最基本也是最重要的功能需求。这个需求来源于微服务系统中复杂的服务实例状态变化。相较传统的分布式架构，在支持云原生的微服务架构中，面临的一大挑战就是服务实例的数量较多，而这些服务自身对外暴露的访问地址也具有动态性。而且，由于自动扩容、服务失败和更新等因素，服务实例的运行时状态也经常变化，如图 2-2 所示。

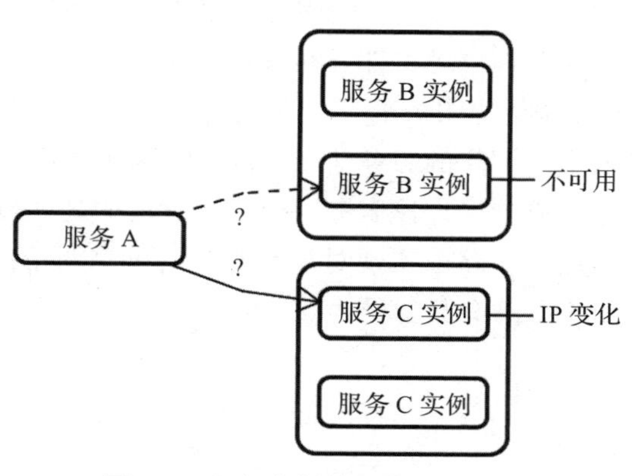

图 2-2　服务实例管理中的动态性

图 2-2 展示的实际上就是一个服务治理的问题。我们需要管理系统中所有服务实例的运行时状态，并能够把这些状态的变化同步到各个服务中。在微服务架构中，你可以通过引入注册中心（Registration Center）轻松实现对大规模服务的高效治理。这样一来，对于服务提供者而言，就需要一个机制能够将自己的服务实例注册到服务注册中心，我们希望这个过程是自动化的而不是手工静态指定的。另外，对于服务消费者而言，我们也希望它能自动发现这些服务实例并进行远程调用。当服务实例的运行状态发生变化时，注册中心需要确保这些状态变更都能得到有效的维护和传递。

除了服务注册和发现之外，对于注册中心而言，我们还需要它具备高可用性。因为为了确保服务高可用性，也需要注册中心本身不能宕机。通过构建集群机制，服务只要连接集群中的任何一台注册中心服务器完成服务注册和发现即可，单台服务器的宕机不影响服务调用的正常进行。

在使用上，注册中心是一种服务器组件，而服务的提供者和消费者都是注册中心的客户端。这些客户端和注册中心之间需要进行交互，由于涉及服务的注册和发现、服务访问中的负载均衡等机制，需要确保交互过程简单而高效。同时，考虑到异构系统之间的交互需求，注册中心作为一种平台化解决方案也应该提供多种客户端技术的集成支持。这也是我们对比各个注册中心实现方案的考虑点之一。那么，注册中心到底应该是什么样的呢？我们一起来看一下。

2.1.2 注册中心模型

注册中心是服务实例信息的存储仓库，也是服务提供者和服务消费者进行交互的媒介，充当着服务注册和发现服务器的作用。当具备服务注册中心之后，服务治理涉及的角色包括如下三种。

- 注册中心：提供服务注册和发现。
- 服务提供者：服务提供者将自身服务注册到注册中心，从而使服务消费者能够找到。
- 服务消费者：服务消费者从注册中心获取注册服务列表，从而实现服务消费。

微服务架构中的服务提供者和服务消费者都相当于注册中心的客户端，在服务内部都嵌入了客户端组件。在应用程序运行时，服务提供者的注册中心客户端组件会向注册中心注册自身提供的服务，而服务消费者的注册中心客户端组件则从注册中心通过一定机制获取当前订阅的服务信息。同时，为了提高服务路由的效率和容错性，服务消费者可以配备缓存机制以加速服务路由。更重要的是，当服务注册中心不可用时，服务消费者可以利用本地缓存路由实现对现有服务的可靠调用。图 2-3 展示了注册中心基本模型以及服务与注册中心的交互过程。

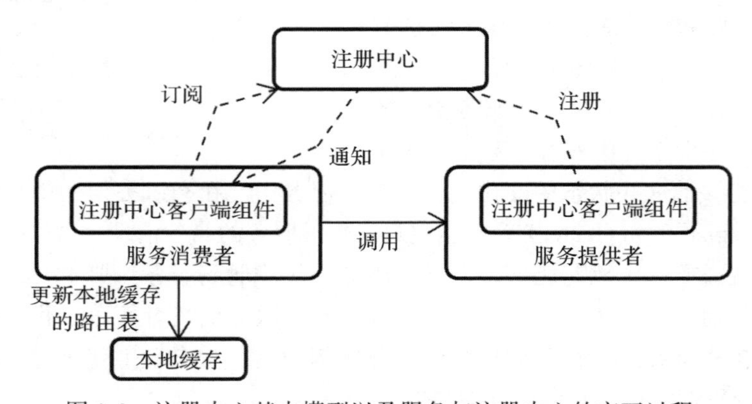

图 2-3 注册中心基本模型以及服务与注册中心的交互过程

在图 2-3 中，基本的工作流程通过操作语义即可理解，而实现上的核心技术点在于当服务提供者实例状态发生变更时如何把变更信息同步到服务消费者。针对这一点，从架构设计上讲，比较容易想到的方式是采用轮询机制。轮询机制是一种主动拉取策略，即服务消费者定期调用注册中心提供的服务获取接口获取最新的服务列表并更新本地缓存，如图 2-4 所示。

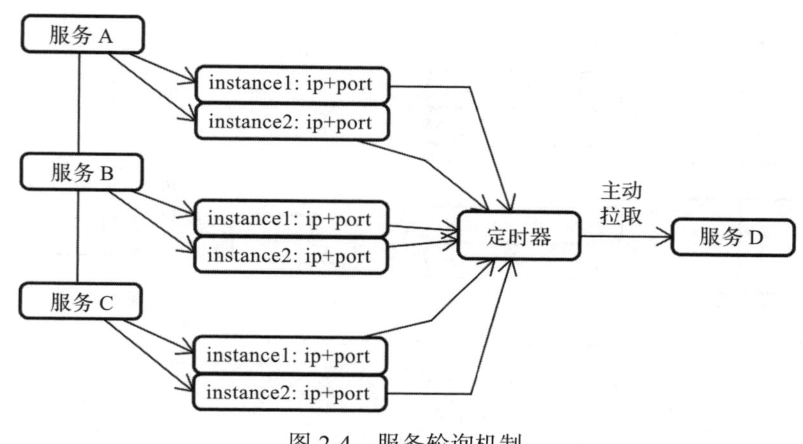

图 2-4　服务轮询机制

我们假定以一种分层结构来展示注册中心的内部组成，如图 2-4 所示，有服务 A、服务 B 和服务 C 这三个服务，每个服务有两个实例节点。可以看到，轮询机制实现上就是一个定时程序，需要考虑定时的频率以确保数据同步的时效性。

还有一种确保状态信息同步的方式是推送机制。我们知道状态变更管理可以采用发布 - 订阅模式，体现在服务提供者可以根据服务定义发布服务，而服务消费者则通过对自己感兴趣的服务进行订阅并获取包括服务地址在内的各项元数据。发布 – 订阅功能还体现在状态变更推送，即当注册中心服务定义发生变化时，主动推送变更到该服务的消费者。基于发布 – 订阅设计思想，就诞生了一种服务监听机制。服务监听机制确保服务消费者能够实时监控服务更新状态，是一种被动接收变更通知的实现方案，通常采用服务监听机制以及回调机制，如图 2-5 所示。

服务消费者可以对具体的服务实例节点添加监听器，当这些节点发生变化时，注册中心就能触发监听器中的回调函数确保更新通知到每一个服务消费者。显然，使用监听和通知机制具备实时的数据同步效果。

2.1.3　注册中心实现方案

以上关于服务治理解决方案的讨论为我们提供了理论基础。基于这些理论基础，目前市面上存在一批主流的实现工具，常见的包括 Consul、Zookeeper、Eureka 和 Nacos 等。其中 Consul 来自 HashiCorp 公司，是一款用来实现分布式环境下服务发现与配置的开源工具。

而 Zookeeper 是 Apache 顶级项目，作为分布式协调领域的代表性框架被广泛用于注册中心、配置中心、分布式锁等的构建场景。Netflix 的 Eureka 则采用了一套完全不同的实现方案，被集成到微服务开发框架 Spring Cloud 中。而 Nacos 则由阿里巴巴开发，其核心定位是一个更易于帮助构建云原生应用的动态服务发现、配置和服务管理平台。目前主流的注册中心实现工具的实现机制和实现语言见表 2-1。

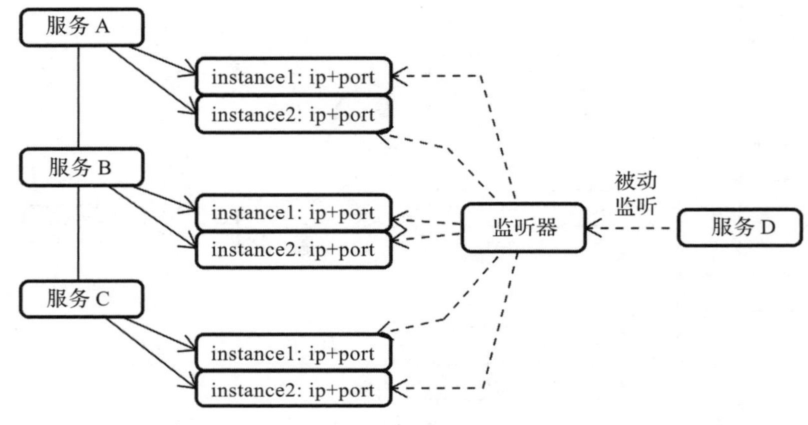

图 2-5 服务监听机制以及回调机制

表 2-1 注册中心实现工具的实现机制和实现语言

注册中心实现工具	实现机制	实现语言
Zookeeper	提供强一致性，使用基于 Paxos 协议的 ZAB 协议	Java
Etcd	使用 Raft 协议	Go
Consul	使用 Raft 协议	Go
SmartStack	依赖 Zookeeper 和 Haproxy	Go
Eureka	来自 Netflix，采用自身的一套实现机制	Java
Serf	采用基于 Gossip 的 SWIM 协议	Go
Nacos	使用 Raft 协议确保分布式一致性	Java

在这些框架中，Zookeeper 是基于监听和通知机制的典型框架，而 Eureka 则采用的是轮询机制来实现服务实例状态的同步，两者分别构成了这两大类实现机制中的代表性实现方案。在本章中，我们不会对所有这些注册中心都做详细展开，而是重点围绕阿里巴巴开源的 Nacos 框架展开讨论。事实上，本章要介绍的 Nacos 框架同时具备轮询机制和推送机制。

2.2 构建 Nacos 服务

Nacos 是 Dynamic Naming and Configuration Service 的首字母组合而成的，致力于帮

助开发人员发现、配置和管理微服务。Nacos 提供了一组简单易用的功能集，帮助你快速实现动态服务发现、服务配置、服务元数据及流量管理。可以说，Nacos 是 Spring Cloud Alibaba 中最重要的技术组件。本节将帮助你了解 Nacos 的整体架构。更为重要的，你将基于 Nacos 掌握构建高可用注册中心的实现架构和操作方法。

2.2.1　Nacos 整体架构

Nacos 是构建以“服务”为中心的现代应用架构的基础设施组件，在业界应用非常广泛，已经构成了一个生态系统。图 2-6 展示的就是 Nacos 的各个应用场景以及与其他主流开源框架的整合路径。

图 2-6　Nacos 的各个应用场景以及与其他主流开源框架的整合路径

在图 2-6 中，我们看到 Nacos 无缝支持一些主流的开源框架，例如：Spring Cloud、Apache Dubbo 和 Dubbo Mesh、Kubernetes。

Nacos 之所以能够构建如此强大的生态系统，关键是因为它的功能特性。经过阿里巴巴多年的探索和沉淀，以及“双 11”等大流量场景的真实考验，Nacos 积累了丰富而实用的功能特性，列举如下。

- ❑ 简单数据模型和标准 API。
- ❑ 数据变更毫秒级推送生效。
- ❑ 十万级服务 / 配置。
- ❑ 99.9% 高可用。

基于上述功能，使用 Nacos 为开发人员提供了简化服务治理和配置管理的解决方案。而在这个解决方案背后，是 Nacos 对于“服务”这一概念的高度抽象以及对于“服务管理”这一过程的架构设计。图 2-7 展示了 Nacos 的整体架构。

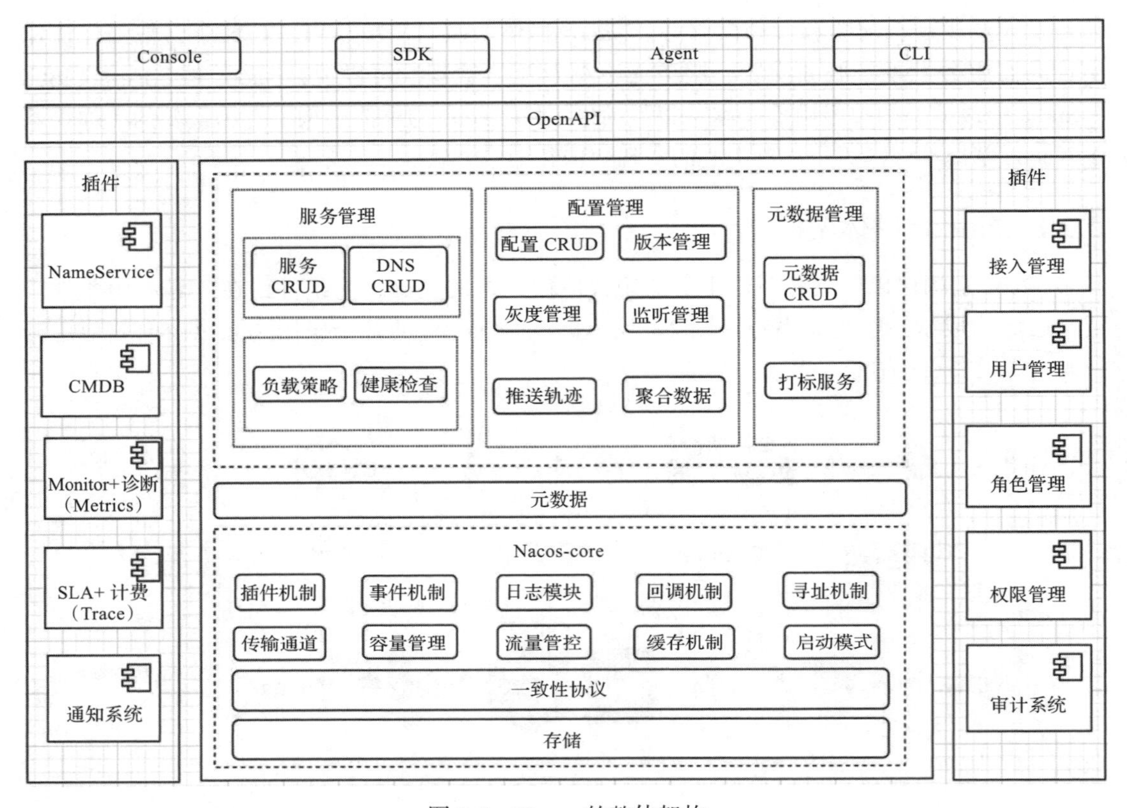

图 2-7　Nacos 的整体架构

基于架构分层的思想和实践，我们不难看出 Nacos 采用了如下四层架构。

- 用户层：解决用户使用的易用性问题。
- 业务层：解决服务发现和配置管理的功能问题。
- 内核层：解决分布式系统一致性、存储、高可用等核心问题。
- 插件层：解决框架扩展性问题。

其中，有一个概念我们需要重视，那就是服务元数据（Service Metadata）。所谓服务元数据，是指服务端点、服务标签、服务版本号、服务实例权重、路由规则、安全策略等描述服务的数据。这些元数据在实现定制化路由和负载均衡等领域具有广泛的应用。随着 SpringOrder 案例系统的不断演进，我们也会基于服务元数据实现一系列针对服务管理上的扩展功能。

2.2.2　构建 Nacos 高可用架构

Nacos 是一个独立的服务端组件，想要使用 Nacos 首先得搭建它的运行环境。Nacos 为开发人员提供了两种部署模式：一种是单机模式，一种是集群模式。

1. 单机模式

在单机模式下启动 Nacos 的方法很简单，我们只需要在 startup 启动命令之后添加 -m standalone 参数即可。当 Nacos 成功启动之后，我们可以通过浏览器来查看 Nacos 的控制台，如图 2-8 所示。

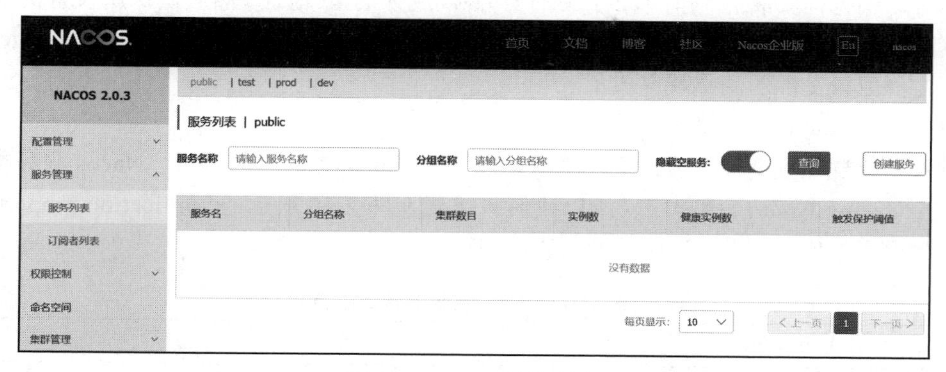

图 2-8　Nacos 的控制台

Nacos 单机模式比较适合开发、测试环境的使用需求。而如果是生产环境，那就需要采用集群模式构建高可用的服务端架构。集群模式也是 Nacos 默认的运行模式，搭建过程比较复杂，接下来我们对这一运行模式进行详细的展开。

2. 集群模式

Nacos 集群的搭建有一套固定的步骤，如图 2-9 所示。

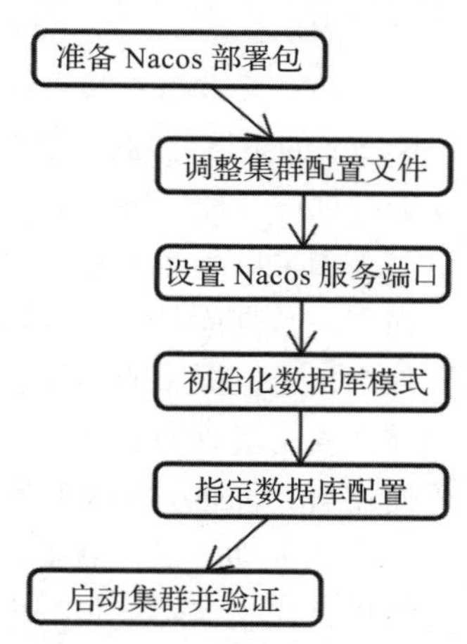

图 2-9　Nacos 集群搭建步骤

（1）准备 Nacos 部署包

正如图 2-9 所示，我们首先需要从 Nacos 的 github 官网（https://github.com/alibaba/nacos/tags）上下载任一版本的 Nacos 部署包，并根据集群大小准备若干个部署包副本。假设我们需要构建具有三个实例的 Nacos 集群，那么我们就需要准备三个 Nacos 部署包副本。

（2）调整集群配置文件

当我们打开 Nacos 部署包并来到它的 config 文件夹，可以看到如图 2-10 所示的文件列表，其中用红框标识的就是我们需要操作的配置文件和 SQL（结构化查询语言）脚本。

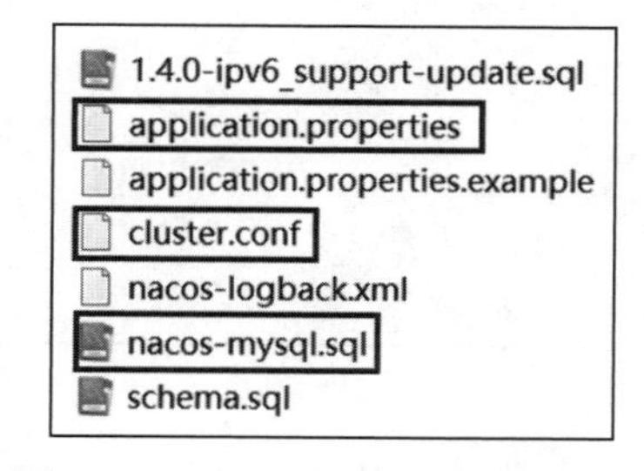

图 2-10　Nacos 部署所需相关文件

我们需要打开图 2-10 所示的 cluster.conf 文件，添加集群实例的 IP 和端口地址。如果你使用本地环境作为 Nacos 服务器，那么可以采用如代码清单 2-1 所示的配置效果。

代码清单 2-1 Nacos 集群 IP 和端口配置代码

```
127.0.0.1:8848
127.0.0.1:8850
127.0.0.1:8852
```

你可以根据需要将代码清单 2-1 中的 IP 替换成你的 IP 地址，然后确保所设置的端口没有被其他应用占用。当我们将上述配置同步更新到 Nacos 所有部署包副本中的 cluster.conf 文件，集群配置文件的调整就完成了。

（3）设置 Nacos 服务端口

设置完集群配置文件之后，下一步就是设置 Nacos 服务的启动端口。Nacos 服务本质上也是一个 Spring Boot 应用程序，所以我们只需要在图 2-10 所示的 application.properties 配置文件中设置如代码清单 2-2 所示的配置项即可。

代码清单 2-2 Nacos 服务端口配置代码

```
server.port=8848
```

这里有一个注意点。因为 Nacos 2.0 以后每个服务实例的启动会占用两个连续端口 ${server.port} 和 ${server.port} + 1，所以端口设置上不要使用连续端口，正如我们在上一步所设置的那样。

（4）初始化数据库模式

Nacos 的集群化运行需要将运行时数据保存在关系型数据库中，因此，我们需要创建一个新的数据库并使用图 2-10 所示的 nacos-mysql.sql 脚本对其进行初始化。

（5）指定数据库配置

在完成数据库初始化之后，不要忘记在每个 Nacos 部署副本的 application.properties 配置文件中指定数据库的连接地址。

（6）启动集群并验证

使用 -m cluster 参数来执行所有 Nacos 部署副本中的 startup 命令。当所有 Nacos 服务实例都启动成功之后，我们访问这些 Nacos 实例的控制台就可以看到如图 2-11 所示的集群运行效果，代表 Nacos 集群搭建成功。

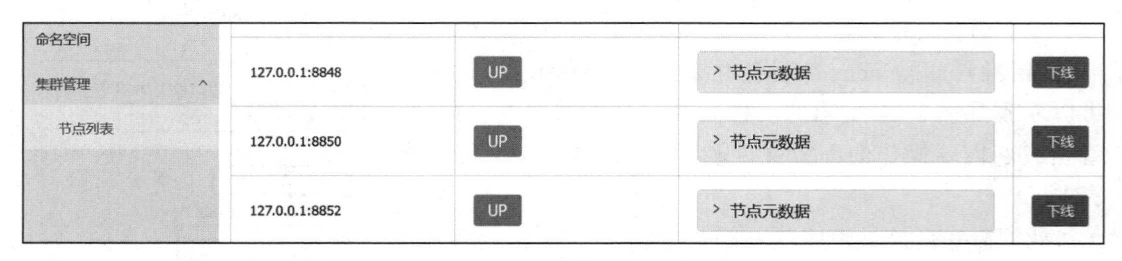

图 2-11 Nacos 集群运行效果

2.3 使用 Nacos 注册和发现服务

搭建完高可用架构之后，我们就可以利用 Nacos 来实现服务注册和发现了。当我们想要在微服务中集成 Nacos 时，不要忘记在 POM（项目对象模型）文件中添加如代码清单 2-3 所示的依赖包，该依赖包内置了 Nacos 服务发现和注册的所有功能。

代码清单 2-3 引入 Nacos 注册中心依赖包代码

```
<dependency>
    <groupId>com.alibaba.cloud</groupId>
    <artifactId>spring-cloud-starter-alibaba-nacos-discovery</artifactId>
</dependency>
```

在本节接下来的内容中，我们将分别从服务注册和服务发现这两个维度出发讨论 Nacos 的使用方法和最佳实践。

2.3.1 Nacos 服务注册

当想要通过 Nacos 将某一个微服务注册到注册中心时，开发人员唯一要做的事情就是在配置文件中添加一组配置项。例如，我们可以在 SpringOrder 系统的 account-service 中添加如代码清单 2-4 所示的配置项内容。

代码清单 2-4 微服务集成 Nacos 注册中心配置代码

```
spring:
    application:
        name: account-service

    cloud:
        nacos:
            discovery:
                server-addr: 127.0.0.1:8848
```

请注意，这里我们通过 spring.application.name 配置项指定了服务名称为 account-service，然后通过 spring.cloud.nacos.discovery.server-addr 配置项指定 Nacos 服务器的地址。通过这行配置方式，该微服务就可以和 Nacos 建立连接并将自身自动注册到 Nacos 中。图 2-12 展示了 account-service 注册到 Nacos 之后的效果。

2.3.2 Nacos 服务发现

当我们将某一个微服务注册到 Nacos 服务器之后，其他微服务就可以通过 Nacos 发现并调用它。我们会在下一章中结合 OpenFeign 框架来讨论实现过程。而在本节接下来的内容中，我们将通过 Nacos 为开发人员暴露的 API 来验证服务注册和发现的效果。

本书不对 Nacos 原生 API 进行深入讲解，Nacos 官网给出了关于 Nacos 原生 API 的所有细节描述，你可以通过以下地址获取这些信息：https://nacos.io/zh-cn/docs/v2/guide/user/

sdk.html。这里我们通过一个基础示例来对上一步已注册的 account-service 进行访问，示例代码如代码清单 2-5 所示。

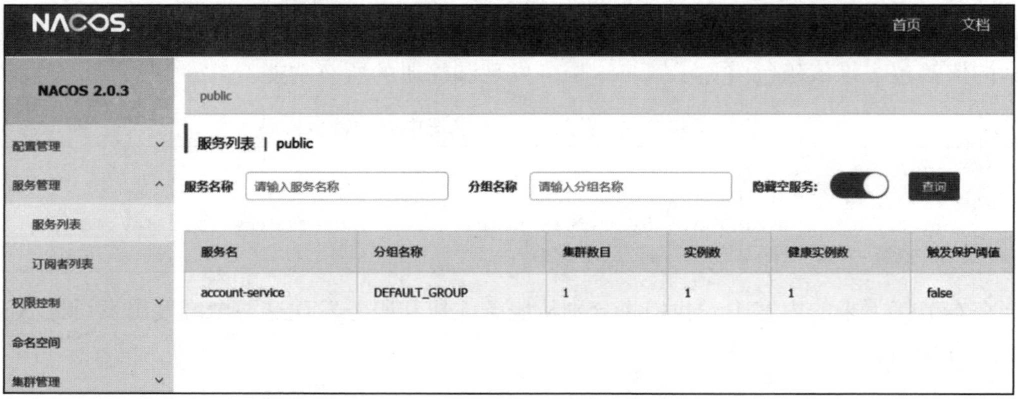

图 2-12 account-service 注册效果

代码清单 2-5 基于 Nacos API 获取访问服务实例信息代码

```
@Component
public class ServiceConsumer {
    @NacosInjected
    private NamingService namingService;
    public String getServiceUrl(String serviceName) throws NacosException {
        String accountService = "account-service";
        Instance instance = namingService.selectOneHealthyInstance(account
            Service);
        String url = "http://" + instance.getIp() + ":" + instance.getPort();
        return url;
    }
}
```

在代码清单 2-5 中用到了 Nacos 中一个非常有用的注解 @NacosInjected，该注解专门用来注入 Nacos 中的核心对象。这里通过该注解注入了 Nacos 中实现服务注册发现的 NamingService 类。那么，这个 NamingService 提供了哪些功能呢？对于开发人员来说，NamingService 是 Nacos 对外提供给客户端服务的接口。归纳起来，NamingService 提供了以下方法。

- registerInstance：注册服务实例。
- deregisterInstance：注销服务实例。
- getAllInstances：获取某一服务的所有实例。
- selectInstances：获取某一服务健康或不健康的实例。
- selectOneHealthyInstance：根据权重选择一个健康的实例。
- getServerStatus：检测服务端健康状态。

- subscribe：注册对某个服务的监听。
- unsubscribe：注销对某个服务的监听。
- getSubscribeServices：获取被监听的服务。
- getServicesOfServer：获取某一个命名空间下的所有服务名。

在 Nacos 中，NamingService 的实现类为 com.alibaba.nacos.client.naming.NacosNamingService。显然，在上述代码中，我们基于 NamingService 类的 selectOneHealthyInstance 方法来获取“account-service”的一个健康实例，并进一步获取了该实例的 IP 和端口信息。

2.4　Nacos 组成结构和设计模型

虽然注册中心基本都遵循了 2.1 节中介绍的基本模型，但每个注册中心都有自身的设计方法，这些设计方法决定了工具的功能特性。在本节中，我们将对 Nacos 的组成结构和设计模型进行展开描述，从而为引入 Nacos 的各项高级特性打好基础。

2.4.1　Nacos 分级模型

我们知道在 Nacos 中存储的是各个服务的运行时实例，所以服务本身是 Nacos 最核心的概念。Nacos 支持主流的服务生态，包括 Kubernetes Service、Dubbo Service 或者 Spring Cloud RESTful Service。无论采用的是哪一种服务生态，在 Nacos 中的存储结构采用的都是统一的分级模型，如图 2-13 所示。

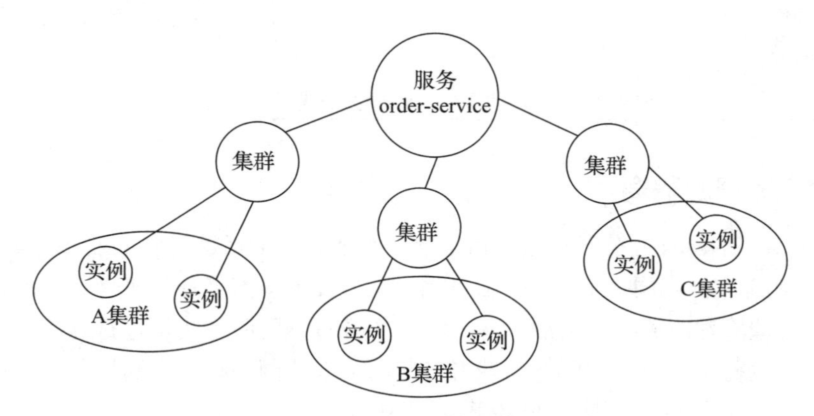

图 2-13　Nacos 分级模型

在图 2-13 中，我们可以看到明显的三级模型。

- 一级是服务（Service），如 SpringOrder 项目中的 order-service。
- 二级是集群（Cluster），如图中的 A、B、C 三个集群。
- 三级是实例（Instance），例如：杭州机房的某台服务器上部署了 order-service 的某一个实例。

讲到这里，你可能会问Nacos为什么要采用服务→集群→实例三级模型，而不是直接使用更为通用的服务→实例二级模型呢？关键就在于它针对服务的组织和路由策略进行了高度抽象而专门提炼出来的集群概念。Nacos中的集群更多是机房的概念，例如北京、上海和杭州有三个机房，分别对应了图2-13中的A、B、C三个集群。一旦有了集群这个概念，开发人员就可以通过元数据实现对集群中服务实例的细化控制，从而集成定制化服务访问路由算法。图2-14展示了Nacos控制台中集群的管理入口。

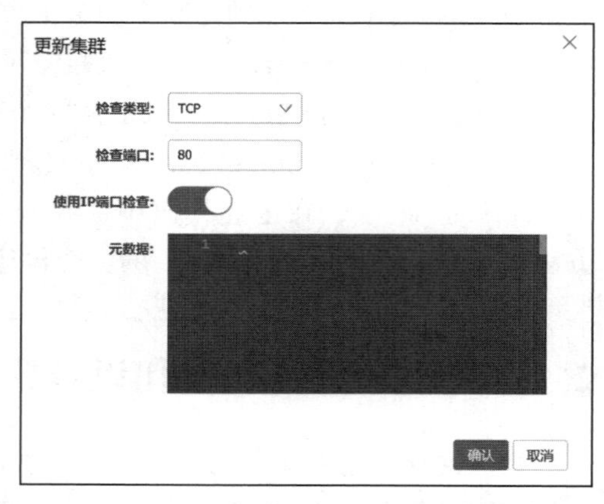

图2-14　Nacos控制台中集群的管理入口

从图2-14中可以看到，我们可以通过更新集群的方式对集群元数据进行控制，这些元数据会进一步影响服务的访问路由和负载均衡策略。在本书第4章介绍负载均衡机制时会结合Nacos元数据实现负载的定制化路由机制。

在Nacos中，任何一个服务实例都必须从属于某一个集群，默认的集群是DEFAULT。如果你想创建“SPRING_ORDER_CLUTER”这个自定义集群，并把SpringOrder项目中的order-service服务划分到这个集群下，可以使用如代码清单2-6所示的配置项。

代码清单2-6　自定义集群配置代码

```
spring:
    cloud:
        nacos:
            discovery:
                cluster-name: SPRING_ORDER_CLUTER
```

2.4.2　Nacos资源隔离

当我们理解了Nacos的分级模型之后，下一个要讨论的话题是它的资源隔离模型。当大量的微服务实例都存储在同一个Nacos服务器时，开发人员不可避免地会面临如下两个问题。

- 如何合理管理服务实例资源，在逻辑上实现对不同服务实例进行隔离？
- 如何有效控制权限，对服务消费者发起的请求范围进行合理的控制？

要想解决这两个问题，就需要资源隔离机制。在Nacos中，资源隔离有两个维度：一个是命名空间（Namespace），一个是分组（Group）。它们与服务的关系如图2-15所示。

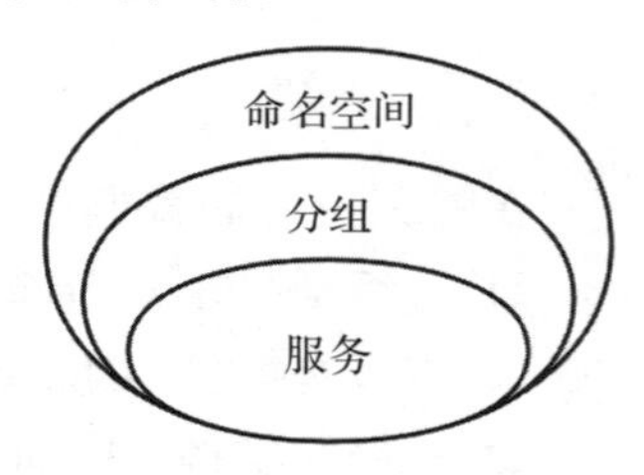

图2-15　Nacos资源隔离维度

请注意，和分级模型不同，Nacos资源隔离关注的层级是服务本身。一旦服务被合理地进行隔离，那么从属于服务的集群和实例自然就会被隔离。

1. 命名空间

命名空间用于实现租户粒度的资源隔离。不同的命名空间下，可以存在相同的分组信息。命名空间的常用场景之一是针对不同环境的资源隔离，例如开发环境、测试环境和生产环境的资源隔离。为此，我们可以针对不同环境创建不同的命名空间，图 2-16 展示的就是创建了 dev、test 和 prod 这三个命名空间的设置效果。

图 2-16　Nacos 命名空间的设置效果

在图 2-16 中，我们看到除了 dev、test 和 prod 这三个自定义命名空间之外，还存在一个 public 命名空间，这是 Nacos 默认的命名空间。但是请注意，命名空间是可以为空的，也就是说我们不一定要使用 public 这个默认的命名空间，这点和集群的概念不同。

同时，我们也注意到 Nacos 中命名空间都有一个唯一的 Id，如图 2-16 中所展示的 dev 命名空间的唯一 Id 就是 d73a49df-ceb9-425f-b7a5-87d33a110dfd，这是 Nacos 在创建命名空间时自动生成的，我们可以通过如代码清单 2-7 所示的配置方法来指定这个唯一 Id。

代码清单 2-7　自定义命名空间配置代码

```
spring:
    cloud:
        nacos:
            discovery:
                namespace: d73a49df-ceb9-425f-b7a5-87d33a110dfd
```

2. 分组

Nacos 的分组是比命名空间更为细化的一个资源隔离概念，典型的应用场景是在同一个环境内针对不同业务场景通过分组对服务进行区分管理，例如在 SpringOrder 项目中可以创建订单分组、商品分组等，这样属于订单或商品子域的不同服务就可以划分到不同的分组中。

在 Nacos 中存在一个默认分组 DEFAULT_GROUP，所有的服务默认都属于这个分组。开发人员可以通过如代码清单 2-8 所示的配置项来设置自定义的分组信息。

代码清单 2-8　自定义分组配置代码

```
spring:
    cloud:
```

```
        nacos:
            discovery:
                group: ORDER_GROUP
```

分组设置的效果如图 2-17 所示，可以看到我们在 dev 这个环境下创建了一个 MY_GROUP 分组，然后把 provider-service 服务划分到这个分组中。

在本节最后，我们把分级模型和资源隔离机制整合在一起就得到了 Nacos 的整体组成结构，如图 2-18 所示。

图 2-17 Nacos 分组设置效果

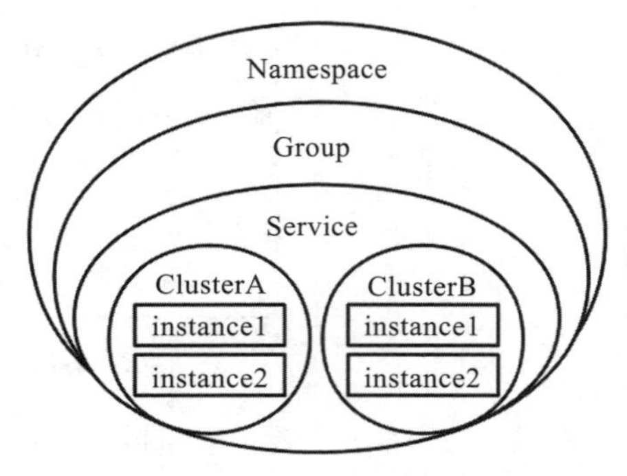

图 2-18 Nacos 整体组成结构

对应地，如果我们想要对图 2-18 中的所有概念进行配置，可以采用如代码清单 2-9 所示的配置方法。

代码清单 2-9 综合使用 Nacos 注册中心配置示例代码

```
spring:
    application:
        name: order-service
    cloud:
        nacos:
            discovery:
                server-addr: 127.0.0.1:8848
                cluster-name: SPRING_ORDER_CLUTER
                group: ORDER_GROUP
                namespace: d73a49df-ceb9-425f-b7a5-87d33a110dfd
```

在日常开发过程中，Nacos 的服务器地址和命名空间需要随着环境的变化而变化，而集群名称和分组名称则是相对固定的。因此，我们可以通过引入 Maven 的 Profile 机制对服务器地址、命名空间进行统一管理，在本章 2.6 节介绍 SpringOrder 案例实现过程时会介绍这种实现技巧。

2.5 Nacos 服务治理的高级特性

作为一款流行的注册中心开源框架，Nacos 为开发人员提供的不仅仅是基础的服务注册和发现机制，同时也开放了一组服务治理的高级特性。在本节中，我们将从服务路由机制和服务实例健康检测这两大高级特性出发继续剖析 Nacos 框架。

2.5.1　Nacos 服务路由机制

针对 Nacos 服务路由机制，我们重点介绍就近访问、保护阈值和权重这三个功能特性。

1. 就近访问

在 2.4 节讨论 Nacos 分级模型时，我们提到了集群的概念，而这里介绍的就近访问就和集群概念有关。所谓的就近访问，指的是在服务调用时，Nacos 会优先选择同一个集群内的实例进行调用。

我们知道在 Nacos 中，一个服务可以有多个实例，每个实例都可以被分配到特定的集群中。当一个服务 A 需要调用另一个服务 B 时，Nacos 会首先查看服务 A 实例所属的集群。然后，在调用服务 B 时，Nacos 会倾向选择与服务 A 相同集群的服务 B 实例进行调用。这种就近访问的机制可以减少网络延迟，并且提高服务调用的效率。图 2-19 展示的就是就近访问的执行效果。

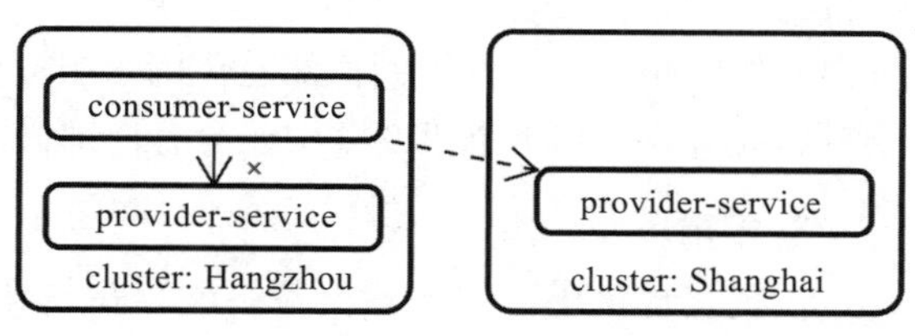

图 2-19　Nacos 就近访问的执行效果

在图 2-19 中可以看到，对于 provider-service 这个服务而言，存在 Hangzhou 和 Shanghai 这两个集群。基于就近访问机制，作为消费者的 consumer-service 会优先访问位于同一 Hangzhou 集群中的 provider-service 服务实例。只有当同集群中的目标服务实例不可用时，consumer-service 才会去访问位于另一个 shanghai 集群中的 provider-service 服务实例。在这个时候，Nacos 会报警提示，并在确定可用实例列表后采用一定的负载均衡策略挑选目标服务实例。开发人员可以基于 com.alibaba.cloud.nacos.ribbon.NacosRule 类中定义的负载均衡策略实现这一目标。

通过使用就近访问，Nacos 在服务调用时能够更智能地选择相同集群内的实例，这有助于提高整体的系统性能和可靠性。同时，它也适用于一些特定的场景，例如在分布式部署的集群环境中，可以将相互依赖的服务部署在同一个集群内，以降低跨集群通信的成本和风险。

2. 保护阈值

在一般情况下，当服务消费者执行服务发现时，Nacos 会返回给消费者一组可用的服务实例列表。然后服务消费者从这些实例中选择目标实例进行调用，通常做法是通过负载均衡算法选择一个健康的实例。这种做法可以确保请求被分散到各个健康实例上，实现负载均衡和高可用性。但有些时候系统会出现异常而导致很多服务实例变得不可用，这时候 Nacos 应该怎么办呢？

保护阈值是设置集群中健康实例占比允许的最小值，它需要设置一个 0～1 的浮点值，默认值为 0，如图 2-20 所示。当集群中的健康实例占比小于所设置的保护阈值时，就会触发阈值保护功能。而当触发阈值保护功能后，如果当前服务的健康实例数量低于该阈值，那么在服务发现过程中，Nacos 会将所有实例（包括健康和不健康的实例）都返回给消费者。

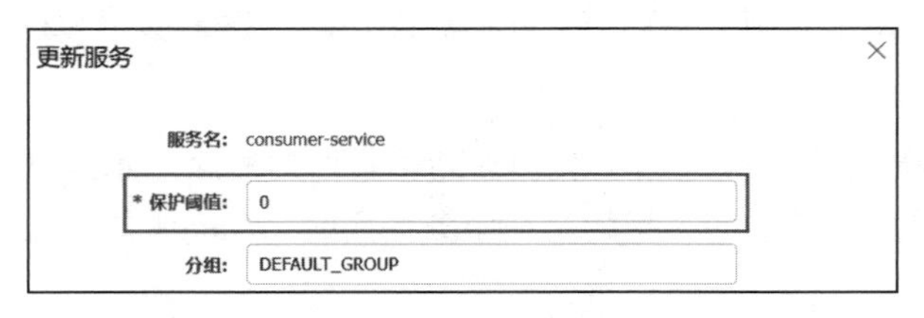

图 2-20　Nacos 保护阈值设置

当服务消费者执行对服务的远程调用时，负载均衡算法会确定目标服务实例。这意味着有可能选择到健康的实例，也可能选择到不健康的实例。这时候会有一定的调用风险，因为不健康的实例可能无法正常处理请求或返回错误响应。但这样做的好处是可以避免将大量请求发送到少数健康实例上，导致它们压力过大而无法正常处理请求。换句话说，尽管会有失败响应，但保护阈值能避免因为服务依赖导致的雪崩效应（Avalanche Effect）。关于雪崩效应我们在本书第 9 章中还会有详细讨论。

3. 权重

在现实环境中，服务器设备性能存在差异，部分实例所在机器性能较好，另一些则相对较差。我们希望性能好的机器能够承担更多的用户请求，但默认情况下 NacosRule（负载均衡策略）是同集群内随机挑选，不会考虑机器的性能问题。为此，Nacos 专门提供了权重这个概念来控制访问频率。我们可以在 Nacos 控制台中设置权重，如图 2-21 所示。需要注意的是，权重是针对服务实例进行设置的，而前面介绍的保护阈值则是作用于服务级别。

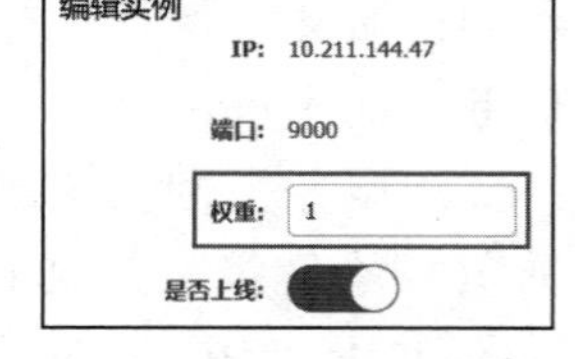

图 2-21　Nacos 权重设置

权重值大小在 0～1 之间，权重越大则访问频率越高。如果权重被设置为 0，则该实例永远不会被访问。另外，在服务升级的时候，我们也可以通过调整权重进行平滑升级。例如，我们可以先把 order-service 的第一个服务实例权重调节为 0，让用户先流向 order-service 的其他实例。等到 order-service 的第一个实例升级完毕之后，再把它的权重从 0 调到 0.1，让一部分用户先体验，用户体验稳定后就可以继续往上调权重。

2.5.2　Nacos 服务实例健康检测

对于一个注册中心而言，不仅仅需要提供服务注册和发现功能，还应该维护服务实例的生命周期并实现对服务可用性进行监测，对注册中心中不健康或过期的服务进行标识或剔除，以保证服务的消费者尽可能地查询到可用的服务列表。这就是服务实例健康检测的作用和价值，在本节中，我们将围绕 Nacos 的这项高级特性展开讨论。

1. 健康检测基本思路

通常，验证一个服务是否健康的基本思路有两种。

- 客户端主动上报机制（心跳机制）：客户端主动上报，告诉服务端自己的健康状态，如果一段时间没有上报则就认为服务已不健康。
- 服务端主动探测机制：服务端主动对客户端发起探测，看看客户端是否有响应，如果没有响应则认为该服务已不健康。

图 2-22 展示了这两种机制的基本运行过程。在当前主流的注册中心中，客户端主动上报机制主要采用的是 TTL（Time To Live，存活时间），即客户端在一定时间没向注册中心发送心跳，注册中心就认为此服务不健康，进而触发后续剔除逻辑。而对于主动探测，根据不同场景，不同注册中心采用的实现策略也有所不同。

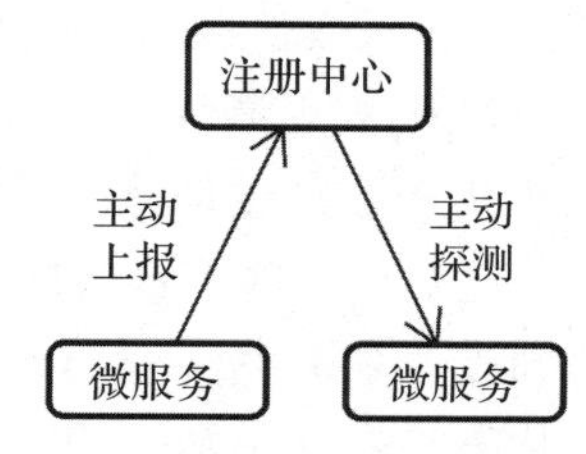

图 2-22　健康检测的两种机制的基本运行过程

2. Nacos 健康检测机制

理解了健康检测的两种基本实现思路之后，让我们来到 Nacos 框架，看看这个框架采用的是哪一种思路。要想明确这一点，我们首先需要分析 Nacos 提供的两种服务实例类型，即临时实例和永久实例。

- 临时实例：临时实例临时存在于注册中心，在服务下线或不可用时被注册中心剔除。临时实例会与注册中心保持心跳，注册中心在一段时间内没有接收到来自客户端的心跳后就将实例设置为不健康，然后在一段时间后进行剔除。
- 永久实例：永久实例在被删除之前会永久留存于注册中心，且不会主动向注册中心上报心跳，这时就要注册中心主动探活。

基于 Nacos 所具有的两种不同服务实例，我们明确了该框架实际上综合采用了客户端主动上报和服务端主动探测这两种机制，如图 2-23 所示。

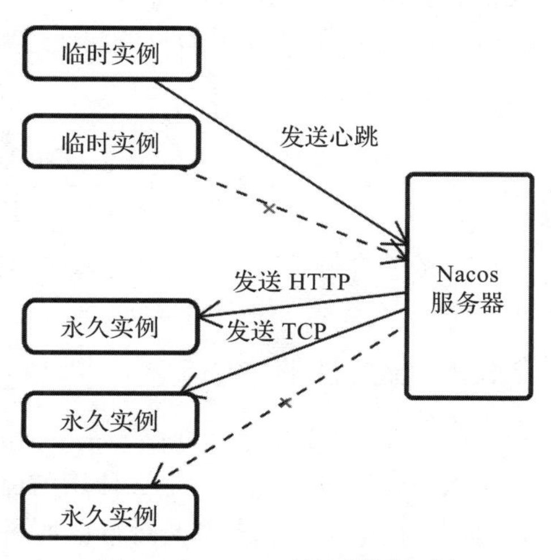

图 2-23　Nacos 健康检测机制

对于临时实例而言，Nacos 客户端会维护一个定时任务，每隔 5s 发送一次心跳请求。Nacos 服务端在 15s 内如果没有收到客户端的心跳请求，会将该实例设置为不健康。更进一步，Nacos 服务端在 30s 内没有收到心跳，就会剔除这个临时实例。当然，这里的 15s 和 30s 都是可以配置的参数，配置方法如代码清单 2-10 所示。

代码清单 2-10　Nacos 心跳参数配置代码

```
spring:
    cloud:
        nacos:
            discovery:
                server-addr: 127.0.0.1:8848
                heart-beat-interval: 5000
                heart-beat-timeout: 15000
                ip-delete-timeout: 30000
```

而针对永久实例探测，采用的是服务端主动健康检测方式，检测周期为（2000+5000）ms内的一个随机数。请注意，永久实例被检测异常后只会标记为不健康，并不会物理删除。因为永久实例在被主动删除前将一直存在，因此定时任务会不断探测服务健康状态，造成浪费。因此对于那些不希望校验其健康状态的服务，Nacos 也提供白名单配置。当用户将服务配置到该白名单中，Nacos 就会放弃对其健康检查，服务实例的健康状态始终为用户传入的健康状态。

2.6　案例系统演进

介绍完 Nacos 作为注册中心的基本功能和高级特性，本节我们回到 SpringOrder 项目，讨论在案例系统中集成注册中心的实现过程。

2.6.1　案例分析

对于注册中心而言，SpringOrder 要做的事情就是把所有微服务都注册到 Nacos 中。因此，从案例分析角度讲，我们只需要实现 SpringOrder 中 order-service、account-service 和 product-service 这 3 个微服务的注册过程即可，如图 2-24 所示。

图 2-24　SpringOrder 服务注册过程

2.6.2　集成注册中心

我们在 2.3 节中已经介绍了基于 Nacos 实现服务注册的配置过程。如果我们只需要指定一个 Nacos 服务器地址，那么使用前面介绍的配置方法是可以满足需求的。但在现实开发过程下，所有的微服务都是运行在某一个特定的环境中，常见的包括本地环境、开发环境、测试环境、生产环境等。而对于这些不同的环境，我们通常都需要配置数据源、日志以及一些在软件运行过程中的基本配置。显然，为每一个环境都准备一份配置文件并不是一个最佳选择，会导致配置信息的冗余，不便管理。这时候，我们就可以引入 Maven 的 Profile 机制。

Profile 可以让我们定义一系列的配置信息，然后指定其激活条件。这样我们就可以定义多个 Profile，然后每个 Profile 对应不同的激活条件和配置信息，从而达到不同环境使用不同配置信息的效果，如图 2-25 所示。

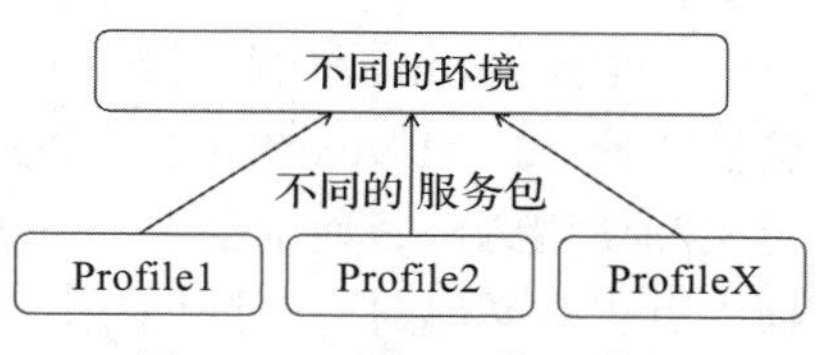

图 2-25　Profile 使用效果

那么如何在 Maven 中使用 Profile 呢？针对特定项目的 Profile 配置我们可以定义在该项目的 POM 文件中，如代码清单 2-11 所示的就是常见的一种 Profile 定义方法。

代码清单 2-11　Maven Profile 定义代码

```
<profiles>
    <profile>
        <id>local</id>
        <properties>
            <spring.cloud.nacos.discovery.server-addr>localhost:8848</spring.
                cloud.nacos.discovery.server-addr>
            <spring.profiles.active>local</spring.profiles.active>
        </properties>
        <activation>
            <activeByDefault>true</activeByDefault>
        </activation>
    </profile>
    <profile>
        <id>dev</id>
        <properties>
            <spring.cloud.nacos.discovery.server-addr>dev:8848</spring.cloud.
                nacos.discovery.server-addr>
            <spring.profiles.active>dev</spring.profiles.active>
        </properties>
    </profile>
    <profile>
        <id>test</id>
        <properties>
            <spring.cloud.nacos.discovery.server-addr>test:8848</spring.cloud.
                nacos.discovery.server-addr>
            <spring.profiles.active>test</spring.profiles.active>
        </properties>
    </profile>
    <profile>
        <id>prod</id>
        <properties>
            <spring.cloud.nacos.discovery.server-addr>prod:8848</spring.cloud.
                nacos.discovery.server-addr>
            <spring.profiles.active>prod</spring.profiles.active>
        </properties>
    </profile>
</profiles>
```

这里定义了四个环境，分别是本地环境、开发环境、测试环境、生产环境，其中我们通过设置 activeByDefault 属性为 true 默认激活了本地环境，这样如果在不指定 Profile 时系统就会自动使用本地环境。

介绍完 Profile 机制，接下来我们再来分析 Maven 所具备的另一项非常实用的功能，即属性变量。在 Maven 中包含内置属性、POM 属性、环境变量属性和自定义属性等多种属性定义和使用方法，而前面 Profile 中定义实际上就属于是一种 POM 属性。如果想要在配置项中引用 POM 属性，可以使用如代码清单 2-12 所示的实现方法。

代码清单 2-12　Maven 引用 POM 属性配置代码

```
spring:
    application:
        name: account-service
    profiles:
        active: @spring.profiles.active@
    cloud:
        nacos:
            discovery:
                server-addr: @spring.cloud.nacos.discovery.server-addr@
```

当对 Spring Boot 工程进行打包时，Maven 就会根据当前激活的 Profile 自动替换上述配置项中的 @spring.profiles.active@ 和 @spring.cloud.nacos.discovery.server-addr@ 这两个 POM 属性。假设当前激活的 Profile 是 local，那么上述配置项就会自动变成代码清单 2-13 所示的效果。

代码清单 2-13　Maven 引用 POM 属性效果

```
spring:
    application:
        name: account-service
    profiles:
        active: local
    cloud:
        nacos:
            discovery:
                server-addr: localhost:8848
```

当然，如果你想要通过命令行来指定所需要激活的 Profile，可以使用如代码清单 2-14 所示的 Maven 命令。

代码清单 2-14　Maven 基于 Profile 打包命令代码

```
mvn package -P test
```

代码清单 2-14 中代码的执行效果就是激活了 test 这个 Profile，意味着该微服务将连接测试环境的 Nacos 服务器进行服务注册。图 2-26 展示了将 SpringOrder 项目中 3 个微服务都注册到 Nacos 中的效果。

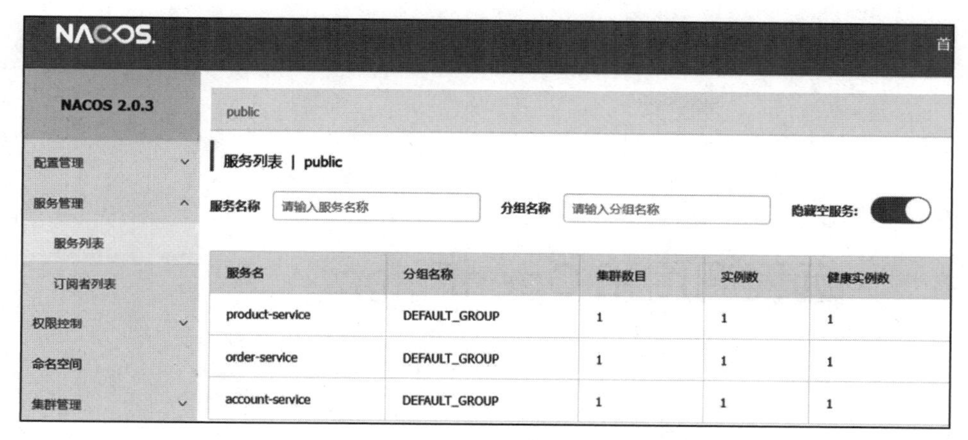

图 2-26 SpringOrder 项目中的微服务注册效果

随着 SpringOrder 项目的不断演进，我们在后面还会注册新的微服务到 Nacos 中。

2.7 本章小结

本章讨论的内容是服务治理，即通过 Nacos 这一特定工具实现服务注册中心模型。为了理解服务治理的整体设计方案，我们介绍了服务治理的需求和模型并给出了基本实现方案。以注册中心为代表的技术实现机制被广泛应用于服务治理解决方案的设计过程中，业界也存在一批优秀的工具用来实现注册中心，而不同的工具在具备共性的同时也各有特色，我们对这些工具的共性做了分析和总结。

Nacos 是 Spring Cloud Alibaba 中注册中心的实现框架，我们需要分别从以下两个问题出发来看待 Nacos：一个是如何构建 Nacos 服务器，一个是如何使用 Nacos 实现服务注册和发现。本章对这两个问题给出了答案并对 Nacos 的分级模型、资源隔离、服务路由以及健康检测等一系列模型结构和功能特性展开了详细的讨论。

在本章最后，我们回到 SpringOrder 案例系统，分析了该案例系统中与服务治理相关的需求，并给出了对应的实现方式。

扫描下方二维码，查看本章视频教程。

①搭建 Nacos 集群

②使用 Nacos 实现服务注册

Chapter 3

第 3 章 远程调用和 OpenFeign

在微服务架构中，系统的能力来自微服务与微服务之间的交互和集成。为了实现这一过程，就需要服务提供者对外暴露可以访问的入口，而服务消费者就基于这些入口对服务提供者发起访问，这就是远程调用的基本实现过程。

假设我们使用一个 DemoService 作为统一业务接口，当进行服务导出时，可以使用如代码清单 3-1 所示的代码风格。

代码清单 3-1　服务导出示例代码

```
DemoService service = new…;
Server server = new…;
server.export(DemoService.class, demo, options);
```

在导入服务时有两种基本方式，一种是编译期代码生成，通过在调用前在客户端本地生成桩（Stub）代码即可以在运行时使用桩代码提供的代理访问远程服务，Web Service 通过 wsdl 生成客户端代码就是这种方式的典型表现；另一种更常见的方式是运行时通过动态代理 / 字节码的方式动态生成代码。对 DemoService 服务进行导入的表现形式如代码清单 3-2 所示。

代码清单 3-2　服务导入示例代码

```
Client client =
DemoService service = client.refer(DemoService.class);
service.call("how are you?");
```

虽然我们在使用各种不同种类的远程调用框架时并不会直接实现类似上面的这两段代码结构，但事实上这些框架的背后都具备着通用的远程调用执行过程，包括本章要引入的 OpenFeign。因此，在本章中，我们先从分布式远程调用的通用执行过程开始讲起，再引入具体的 OpenFeign 框架，并基于该框架实现不同微服务之间的远程调用。

3.1　分布式远程调用

远程调用的实现依赖于它所具备的基本组成结构。在本节接下来的内容中，我们将系统分析远程调用的组成结构，并进一步引出实现这一组成结构所需要具备的技术组件。

3.1.1　远程调用的组成结构

如果我们站在最高的层次来看远程调用的执行流程，那么就是一个服务的消费者向服务的提供者发起远程调用并获取返回结果的过程，如图 3-1 所示。

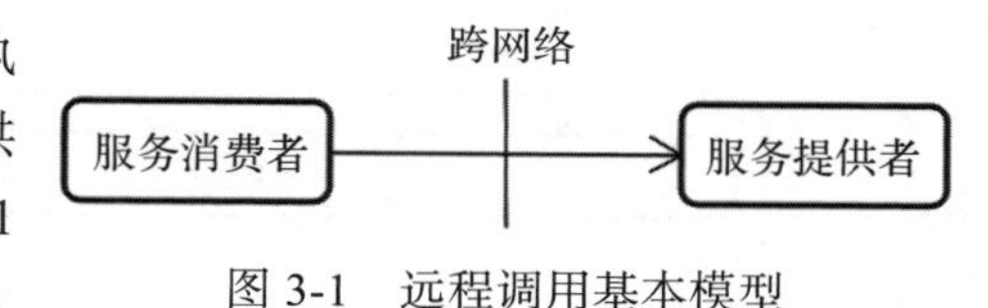

图 3-1　远程调用基本模型

接下来，我们对图 3-1 进行展开。我们知道服务提供者需要暴露服务访问的入口，而服务消费者则会向服务提供者所暴露的访问入口发起请求，如图 3-2 所示。

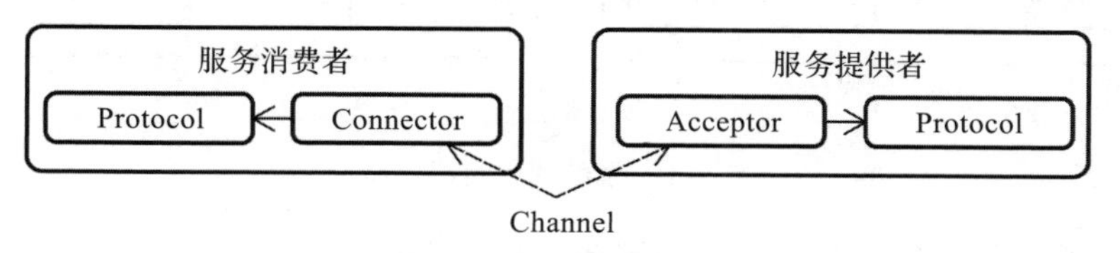

图 3-2　远程调用模型细化之一

从图 3-2 中可以看到，我们对服务消费者和服务提供者的组成结构做了细化，并提取了 Channel、Protocol、Connector 和 Acceptor 这四个技术组件。在这四个技术组件中，前两个属于公共组件，而后两个则面向服务的提供者和服务的消费者，分别用于发起请求和接收响应。

在具备了用于完成底层网络通信的技术组件之后，如图 3-3 所示，我们再来看如何从业务接口定义和使用的角度出发进一步对远程调用的组成结构进行扩充。

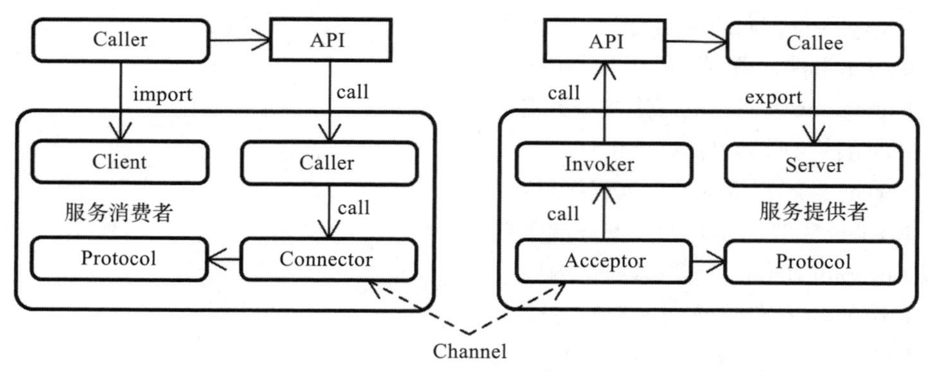

图 3-3　远程调用模型细化之二

图3-3中出现了用于代表业务接口的API组件。同时，我们也看到了分别代表客户端和服务器的Client和Server组件。我们不难想象这些组件的定位和作用。而这里需要重点介绍的是Caller组件和Invoker组件。Caller组件位于服务消费者端，会根据API的定义信息发起请求。而Invoker组件位于服务提供者端，负责对Server执行具体的调用过程并返回结果。

最后，为了对远程调用过程进行更好的控制，我们还会引入两个技术组件，分别是Proxy和Processor。完整的远程调用组成结构如图3-4所示。

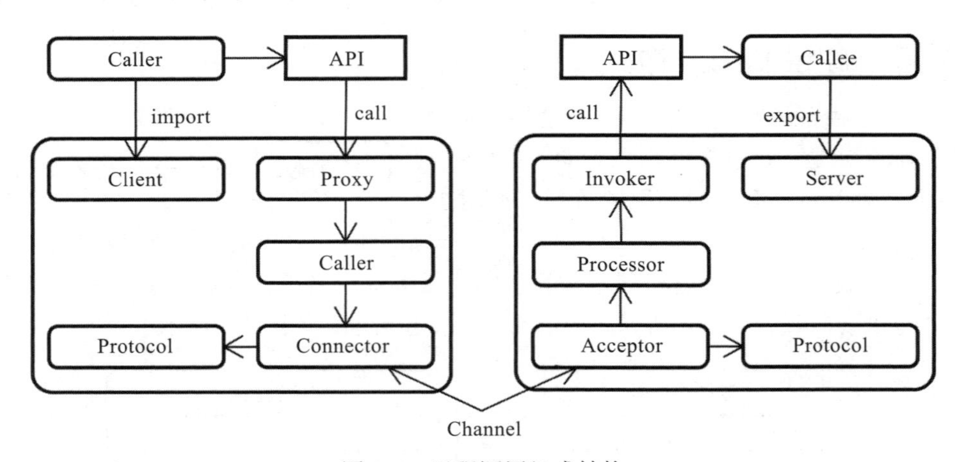

图3-4 远程调用组成结构

如图3-4所示，从命名上看，位于服务消费者端的Proxy组件充当了一种代理机制，确保服务消费者能够像调用本地方法一样调用远程服务。而位于服务提供者端的Processor组件的作用则是为远程调用执行过程添加各种辅助性支持，例如线程管理、超时控制等。

这样，我们对整个远程调用的演进过程做了详细的描述。通过对这些技术组件做进一步的梳理，我们会发现这些组件可以归为三大类，即客户端组件、服务端组件和公共组件。其中，客户端组件与职责包括如下组件。

- Client组件，负责导入远程接口代理实现。
- Proxy组件，负责对远程接口执行代理。
- Caller组件，负责执行远程调用。
- Connector组件，负责连接服务器。

服务端组件与职责包括如下组件。

- Server组件，负责导出远程接口。
- Invoker组件，负责调用服务端接口。
- Acceptor组件，负责接收网络请求。
- Processor组件，负责处理调用过程。

而客户端和服务端所共有的组件即公共组件如下。

- Protocol组件，负责执行网络传输。

❑ Channel 组件，负责数据在通道中进行传输。

关于远程调用的组成结构介绍到这里就结束了。在这一组成结构的基础上，如果采用合适的编程语言和实现技术，原则上我们就可以自己动手实现一个远程调用框架。这就是接下来要讨论的核心技术。

3.1.2　远程调用的核心技术

远程调用包含一组固有的技术体系。在 Dubbo、Spring Cloud、Spring Cloud Alibaba 等主流的开源框架中，这些技术体系使用起来都非常简单，甚至你都没有意识到正在使用这些体系，因为框架为开发人员屏蔽了底层的实现细节。让我们一起来看一下。

1. 网络通信

网络通信的涉及面很广，首先关注的是网络连接。而关于网络连接最基本的概念就是通常所说的长连接（也叫持久连接，Persistent Connection）和短连接（Short Connection）。当网络通信采用 TCP（传输控制协议）时，在真正的读写操作之前，服务器与客户端之间必须建立一个连接，当读写操作完成后，双方不再需要这个连接时就可以释放这个连接。连接的建立需要三次握手，而释放则需要四次握手，每个连接的建立都意味着需要消耗资源和时间，TCP 握手协议如图 3-5 所示。

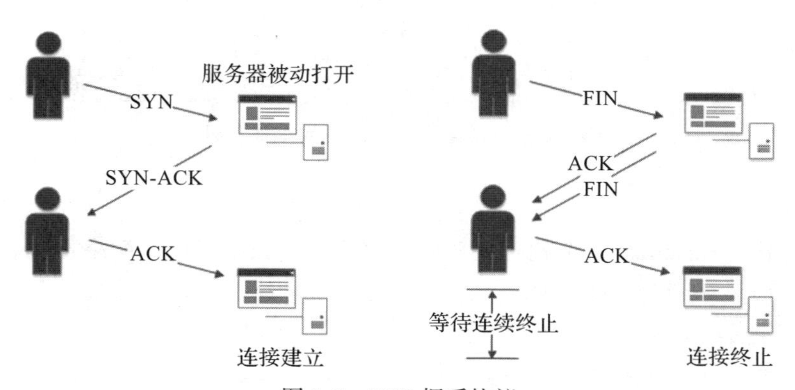

图 3-5　TCP 握手协议

当客户端向服务端发起连接请求，服务端接收请求时，然后双方就可以建立连接。服务端响应来自客户端的请求就需要完成一次读写过程，这时候双方都可以发起关闭操作，所以短连接一般只会在客户端 / 服务端间传递一次读写操作。也就是说 TCP 连接在数据包传输完成即会关闭。显然，短连接结构和管理比较简单，存在的连接都是有用的连接，不需要额外的控制手段。

长连接则不同，当客户端与服务端完成一次读写之后，它们之间的连接并不会主动关闭，后续的读写操作会继续使用这个连接。这样当 TCP 连接建立后，就可以连续发送多个数据包，能够节省资源并降低时延。

长连接和短连接的产生在于客户端和服务端采取的关闭策略，具体的应用场景采用具体的策略，没有十全十美的选择，只有合适的选择。例如在 Dubbo 框架中，考虑到性能和服务治理等因素，通常使用长连接进行通信。而对于 Spring Cloud/Spring Cloud Alibaba 而言，为了构建轻量级的微服务交互体系，使用的则是短连接。

关于网络通信还有一个值得分析的技术点是 I/O（输入 / 输出）模型。最基本的 I/O 模型就是阻塞 I/O（Blocking I/O，BI/O），要求客户端请求数与服务端线程数一一对应，显然服务端可以创建的线程数会成为系统的瓶颈。非阻塞 I/O（Non-blocking I/O，NI/O）和 I/O 复用技术实际上也会在 I/O 上形成阻塞，真正在 I/O 上没有形成阻塞的是异步 I/O（Asynchronized I/O，AI/O）。图 3-6 展示了各种 I/O 模型的工作特性。

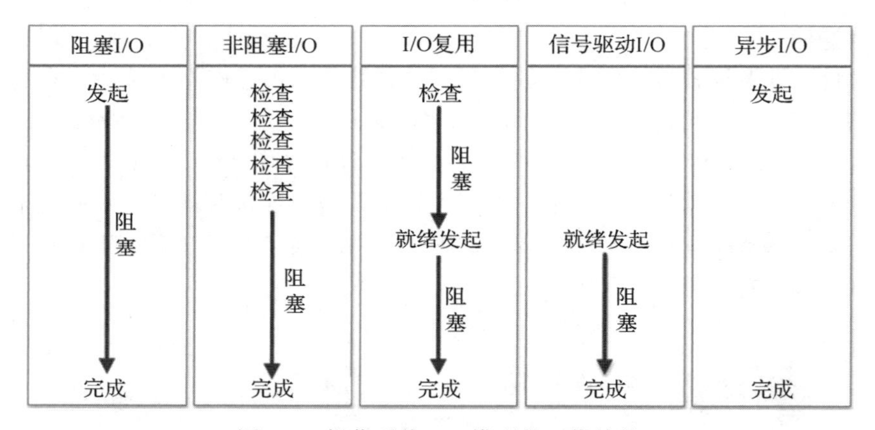

图 3-6　操作系统 I/O 模型的工作特性

2. 序列化

所谓序列化（Serialization）就是将对象转化为字节数组，用于网络传输、数据持久化或其他用途，而反序列化（Deserialization）则是把从网络、磁盘等读取的字节数组还原成原始对象，以便后续业务逻辑操作。

序列化的方式有很多，常见的有文本和二进制两大类。XML（可扩展标示语言）和 JSON（JS 对象简谱）是文本类序列化方式的代表，而二进制实现的方案包括 Google 的 Protocol Buffer 和 Facebook 的 Thrift 等。对于一个序列化实现方案而言，以下几方面的需求特性可以帮助我们作出合适的选择。

（1）功能

序列化基本功能的关注点在于所支持的数据结构种类以及接口友好性。数据结构种类体现在对泛型和 Map/List 等复杂数据结构的支持，有些序列化工具并不内置这些复杂数据结构。接口友好性涉及是否需要定义中间语言（Intermediate Language，IL），正如 Protocol Buffer 需要 .proto 文件，Thrift 需要 .thrift 文件，通过中间语言实现序列化在一定程度上增加了使用的复杂度。

另外，在分布式系统中，各个独立的分布式服务原则上都可以具备自身的技术体系，形成异构化系统，而异构系统实现交互就需要跨语言支持。Java 自身的序列化机制无法支持多语言也是我们使用其他各种序列化技术的一个重要原因。像 Protocol Buffer、Thrift 以及 Apache Avro 都是跨语言序列化技术的代表。同时，我们也应该注意到，跨语言支持的实现与所支持的数据结构种类以及接口友好性存在一定的矛盾。要做到跨语言就需要兼容各种语言的数据结构特征，通常意味着要放弃 Map/List 等部分语言所不支持的复杂数据结构，而使用各种格式的中间语言的目的也正是在于能够通过中间语言生成各个语言版本的序列化代码。

（2）性能

性能可能是我们在序列化工具选择过程中最看重的一个指标。性能指标主要包括序列化之后码流大小、序列化 / 反序列化速度和 CPU/ 内存资源占用。表 3-1 列举了目前主流的一些序列化技术，可以看到在序列化和反序列化时间维度上 Alibaba 的 fastjson 具有一定优势。而从空间维度上看，相较其他技术我们可以优先选择 Protocol Buffer。

表 3-1 序列化性能比较

序列化组件	序列化时间 /ms	反序列化时间 /ms	大小 / KB	压缩后大小 / KB
Java	8654	43787	889	541
hessian	6725	10460	501	313
protocol buffer	2964	1745	239	149
thrift	3177	1949	349	197
json-lib	45788	149741	485	263
jackson	3052	4161	503	271
fastjson	2595	1472	468	251

（3）兼容性

兼容性（Compatibility）在序列化机制中体现的是版本概念。业务需求的变化势必导致分布式服务接口的演进，而接口的变动是否会影响使用该接口的消费方，是否也需要消费方随之变动成为在接口开发和维护过程中的一个痛点。在接口参数中新增字段、删除字段和调整字段顺序都是常见的接口调整需求，比方说 Protocol Buffer 就能实现前向兼容性，从而确保调整之后新接口、老接口都能继续可用。

3. 传输协议

ISO/OSI 网络模型分为 7 个层次，自上而下分别是应用层、表示层、会话层、传输层、网络层、数据链路层和物理层。其中传输层实现端到端连接，会话层实现互联主机通信，表示层用于数据表示，应用层则直接面向应用程序。

架构的设计和实现通常会涉及传输层及以上各个层次的相关协议，通常所说的 TCP 就属于传输层，而 HTTP 则位于应用层。TCP 面向连接、可靠的字节流服务，可以支持长连接和短连接。HTTP 是一个无状态的面向连接的协议，基于 TCP 的客户端 / 服务端请求和应答标准，同样支持长连接和短连接，但 HTTP 的长连接和短连接本质上还是 TCP 的连接模式。

我们可以使用 TCP 和 HTTP 等公共协议作为基本的传输协议，但大部分框架内部往往会使用私有协议进行通信，这样做的主要目的在于提升性能，因为公共协议出于通用性考虑添加了很多辅助性功能，这些辅助性功能会消耗通信资源从而降低性能，设计私有协议可以确保协议尽量精简。另外，出于扩展性的考虑，具备高度定制化的私有协议也比公共协议更加容易实现扩展。当然，私有协议一般都会实现对公共协议的外部对接。

4. 服务调用

服务调用存在两种基本方式，即同步调用模式和异步调用模式。其中服务同步调用如图 3-7 所示。

从图 3-7 中可以看到，同步调用的执行流程比较简单。在同步调用中，服务消费者在获取来自服务提供者的响应之前一直处于等待状态。而异步调用则不同，服务消费者一旦发送完请求之后就可以继续执行其他操作，直到服务提供者异步返回结果并通知服务消费者进行接收，服务异步调用如图 3-8 所示。

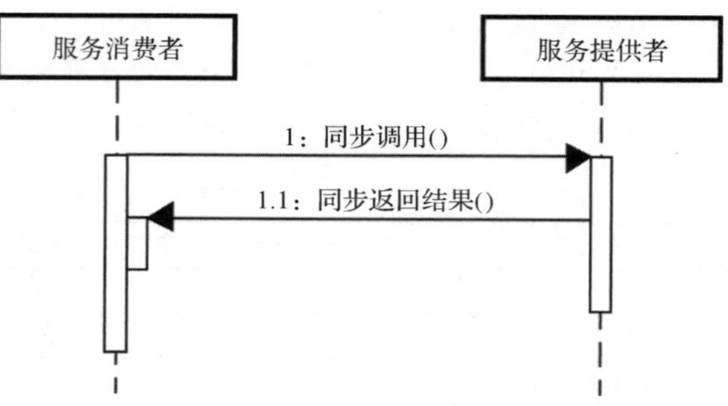

图 3-7　服务同步调用

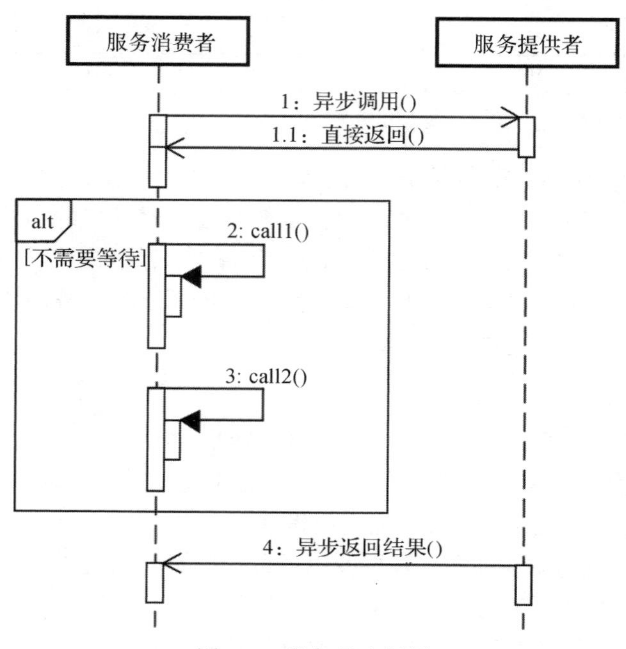

图 3-8　服务异步调用

显然，使用异步调用的目的在于获取高性能。但是，异步调用的开发过程比较复杂，对开发人员的要求较高，所以很多远程调用框架提供了专门的异步转同步机制，即面向开发人员提供的是同步调用的 API，而具体执行过程则使用的是异步机制。

除了同步调用和异步调用之外，还存在并行（Parallel）调用和泛化（Generic）调用等调用方法。这些调用方式并不常用，本书不做详细展开。

3.2　OpenFeign 功能特性

讲到这里，你可能会问：本书是介绍 Spring Cloud Alibaba 框架的，为什么要讨论分布式远程调用的相关技术体系呢？这是因为在 Spring Cloud Alibaba 中实现远程调用的方式非常简单，简单到你只要通过添加几个注解就能实现非常强大的微服务交互过程，但在这些过程的背后用到的还是本章前面各节中的知识体系。一旦远程调用出现问题，你还是需要通过这些知识体系才能更好地理解问题出现的原因以及对应的解决方案。

在接下来的内容中，我们将正式引入 OpenFeign 这一开源框架。我们将首先介绍该框架所具备的基础功能和高级特性，然后通过该框架实现远程调用过程。

3.2.1　OpenFeign 核心注解

想要在微服务中使用 OpenFeign，请确保在项目的类路径中添加如代码清单 3-3 所示的依赖包。

代码清单 3-3　导入 OpenFeign 依赖包代码

```
<dependency>
    <groupId>org.springframework.cloud</groupId>
    <artifactId>spring-cloud-starter-openfeign</artifactId>
</dependency>
```

如果你听说过有一个框架叫做 Feign，你可能会奇怪这个 OpenFeign 和 Feign 是什么关系呢？实际上 Feign 是在 Netflix Ribbon 的基础上进行了一次改进，是一个使用起来更加方便的 HTTP 客户端。Feign 采用接口的方式，只需将远程服务所提供的方法定义成抽象接口即可，不需要自己构建 HTTP 请求。在使用效果上，使用 Feign 就像是执行本地工程的方法调用，而感觉不到是调用远程方法，这使得编写客户端变得非常容易，在效果上类似于 MyBatis 中的 @Mapper 注解。可以说 Feign 是一种透明化远程调用机制，但该组件目前已停更。

Feign 停更之后，取而代之的是 Feign 的升级版 OpenFeign。OpenFeign 是 Spring Cloud 在 Feign 的基础上添加了对 Spring MVC 注解的支持，可以解析添加了 @RequestMapping 等注解的接口，并通过动态代理的方式产生实现类。无论你是使用 Spring Cloud，还是 Spring Cloud Alibaba，OpenFeign 都已经是内置的远程调用基础组件。

OpenFeign 是一款对开发人员非常友好的开源框架，帮助我们封装好了前面介绍的网络通信、序列化、传输协议和服务调用等技术组件，同时内置了一系列默认实现机制，甚至还集成了下一章要介绍的负载均衡策略。而使用 OpenFeign 的方法也很简单，开发人员只需要引入 @FeignClient 和 @EnableFeignClients 这两个注解就能自动实现微服务之间的远程调用。

1. @FeignClient 注解

@FeignClient 注解是 OpenFeign 中的核心注解，通过指定目标服务的名称或地址来发起远程调用。@FeignClient 注解的定义如代码清单 3-4 所示。

代码清单 3-4　@FeignClient 注解定义代码

```
@Target(ElementType.TYPE)
@Retention(RetentionPolicy.RUNTIME)
@Documented
@Inherited
public @interface FeignClient {
    @AliasFor("name")
    String value() default "";
    String contextId() default "";
    @AliasFor("value")
    String name() default "";
    String[] qualifiers() default {};
    String url() default "";
    boolean decode404() default false;
    Class<?>[] configuration() default {};
    Class<?> fallback() default void.class;
    Class<?> fallbackFactory() default void.class;
    String path() default "";
    boolean primary() default true;
}
```

@FeignClient 注解中的大多数属性都非常有用，建议根据开发需求进行合理的设置，举例如下。

- value 和 name：指定目标服务的名称。请注意，这里指定的名称实际上就是目标服务在 Nacos 注册中心中的名称，也就是该服务中通过 spring.application.name 属性所设置的服务名称。
- url：一般用于调试，可以手动指定 @FeignClient 调用的地址。
- decode404：当发生 HTTP 404 错误时，如果该字段为 true 会调用解码器进行解码，否则直接抛出 FeignException。
- configuration：Feign 配置类，可以自定义 Feign 的 Encoder、Decoder 和 LogLevel 等组件。
- fallback：定义服务降级的处理类，当调用远程接口失败或超时时，OpenFeign 会执行对应接口的降级逻辑，fallback 属性指定的类必须实现 @FeignClient 标记的接口。
- fallbackFactory：fallback 工厂类，用于生成 fallback 类示例，通过这个属性我们可

以实现每个接口通用的降级逻辑，减少重复的代码。

- path：定义当前 FeignClient 的统一前缀，在项目中配置了 server.context-path,server.servlet-path 时使用。

在使用 Spring Cloud Alibaba 时，当我们把 @FeignClient 注解添加到某个微服务时，意味着这个微服务已经具备了远程调用其他微服务的能力，也就是它已经成为一个服务消费者。例如，在 SpringOrder 项目中,order-service 会调用 account-service 来根据 accountId（账号用户名）获取用户账户信息，那么就可以使用如代码清单 3-5 所示的实现方法来设计这个远程调用客户端。

代码清单 3-5 @FeignClient 注解使用代码

```
@FeignClient(value = ACCOUNT_SERVICE_NAME, path = "/accounts")
public interface AccountClient {
    @GetMapping("/{accountId}")
    Result<AccountDTO> findAccountById(@PathVariable("accountId") Long accountId);
}
```

从代码清单 3-5 中可以看到，为了实现远程调用，开发人员唯一要做的事情就是定义一个接口，然后在该接口上添加 @FeignClient 注解。而该接口中所定义的业务方法则是完全基于 RESTful 风格定义的一个 HTTP 请求而已，并不需要添加任何与远程调用相关的技术实现细节。

2. @EnableFeignClients 注解

想要让 @FeignClient 注解生效，我们还需要引入 @EnableFeignClients 注解，该注解定义如代码清单 3-6 所示。

代码清单 3-6 @EnableFeignClients 注解定义代码

```
@Retention(RetentionPolicy.RUNTIME)@Target({ElementType.TYPE})@Documented@
    Import({FeignClientsRegistrar.class})
public @interface EnableFeignClients {
    String[] value() default {};
    String[] basePackages() default {};
    Class<?>[] basePackageClasses() default {};
    Class<?>[] defaultConfiguration() default {};
    Class<?>[] clients() default {};
}
```

@EnableFeignClients 注解告诉框架扫描所有使用 @FeignClient 注解定义的 Feign 客户端，并把 Feign 客户端注册到 Spring 容器中。常见的一种做法是在 Spring Boot 应用程序的启动类上添加 @EnableFeignClients 注解，如代码清单 3-7 所示。

代码清单 3-7 @EnableFeignClients 注解使用代码

```
@SpringBootApplication(scanBasePackages = "org.tianyalan.projects.so.*")
@EnableFeignClients
public class Application {
```

```
    public static void main(String[] args) {
        SpringApplication.run(Application.class, args);
    }
}
```

一种更为推荐的做法是创建一个单独的 FeignConfiguration 配置类，并在该类上添加 @EnableFeignClients 注解，然后我们通过 configuration 属性在 @FeignClient 注解中指定这个配置类，如代码清单 3-8 所示。

代码清单 3-8 基于 FeignConfiguration 配置文件使用 @EnableFeignClients 注解代码

```
@Configuration
@EnableFeignClients(basePackages = {"org.tianyalan.projects"})
public class FeignConfiguration {
}

@FeignClient(value = ACCOUNT_SERVICE_NAME, path = "/accounts", configuration =
    FeignConfiguration.class)
public interface AccountClient {
}
```

创建 FeignConfiguration 配置类的另一个作用是对 OpenFeign 的运行时行为进行控制，这就需要引出接下来要介绍的各项 OpenFeign 高级特性。

3.2.2 OpenFeign 高级特性

OpenFeign 的高级特性对于实现远程调用的定制化控制非常有用。在日常开发过程中，常见的高级特性包括自动降级、超时配置、日志控制和错误解码。

1. 自动降级

我们知道在服务间相互调用时，存在服务提供者与服务消费者两个角色。自动降级所解决的问题就是在服务提供者发生超时或者异常时自动执行的一段业务逻辑，比如执行一段兜底逻辑将服务请求从失败状态中进行恢复，然后将错误信息以比较友好的方式返回给服务消费者，并将错误信息进行合理输出以便定位问题。

OpenFeign 支持两种不同的方式来指定降级逻辑，一种是定义 fallback 类，另一种是定义 fallback 工厂。两者的区别在于，如果你想要在降级方法中获取异常的具体原因，那么就要借助 fallback 工厂来指定降级逻辑。

我们先来看第一种基于 fallback 类的降级方法，代码清单 3-9 展示了这种方法的实现细节。

代码清单 3-9 基于 fallback 类的服务降级代码

```
@FeignClient(value = ACCOUNT_SERVICE_NAME, path = "/accounts", fallback =
    AccountFallback.class)
public interface AccountClient {
    @GetMapping("/{accountId}")
```

```
    Result<AccountDTO> findAccountById(@PathVariable("accountId") Long accountId);
}

public class AccountFallback implements AccountClient  {
    @Override
    public Result<AccountDTO> findAccountById(Long accountId){
        System.out.println("AccountId:" + accountId);
        return null;
    }
}
```

可以看到，这里我们通过 @FeignClient 注解定义了一个 AccountClient 接口，然后通过 fallback 属性指定了该接口的降级逻辑，也就是 AccountFallback 类中所提供的方法实现。请注意，这里的 AccountFallback 类实现了 AccountClient 接口中的业务方法。

如果我们使用的是 fallback 工厂来实现服务降级，那么实现细节如代码清单 3-10 所示。

代码清单 3-10　基于 fallback 工厂的服务降级代码

```
@FeignClient(value = ACCOUNT_SERVICE_NAME, path = "/accounts", fallbackFactory =
    AccountFallback.class)
public interface AccountClient {
    @GetMapping("/{accountId}")
    Result<AccountDTO> findAccountById(@PathVariable("accountId") Long accountId);
}

@Slf4j
public class AccountFallback implements FallbackFactory<AccountClient> {
    @Override
    public AccountClient create(Throwable cause) {

        return new AccountClient() {
            @Override
            public Result<AccountDTO> findAccountById(Long accountId){
                log.info("AccountId:" + accountId);
                log.error(cause.getMessage());
                log.error("获取远程 Account 信息失败");
                return null;
            }
        };
    }
}
```

显然，通过这种实现方法我们可以通过传入的 Throwable 类获取远程调用中所抛出的异常信息，并根据这些异常信息实现自定义的异常处理。在这里我们可以通过 Throwable 对象的 getMessage 方法获取服务响应的错误信息并记录日志。在日常开发过程中，我推荐你使用这种方法来实现自动降级机制。

自动降级是确保服务可用性的一种常见技术手段，关于微服务可用性问题和其他解决方案在本书第 9 章内容中还会有专门的讲解。

2. 超时配置

对于任何一次远程调用过程都应该合理设置超时配置。默认情况下，OpenFeign在进行服务调用时，要求服务提供方处理业务逻辑过程必须在1秒内返回，如果超过1秒没有返回则会直接报错，不会等待服务继续执行。但是，复杂业务逻辑的处理时间往往会超过1秒，因此需要修改OpenFeign的默认服务调用超时时间。OpenFeign超时时间的配置方法如代码清单3-11所示。

代码清单3-11 OpenFeign超时时间的配置代码

```
feign:
    client:
      config:
          # 全局超时配置
          default:
          # 网络连接阶段1秒超时
          connectTimeout: 1000
          # 服务请求响应阶段5秒超时
          readTimeout: 5000
```

注意到这里出现了两个超时时间配置项，即网络连接超时时间connectTimeout和服务请求响应读取时间readTimeout。

- connectTimeout：这是网络连接建立阶段的最长等待时间。一般来说，TCP三次握手建立连接需要的时间非常短，通常在毫秒级最多至秒级。因此，该参数不宜配置过长，设置1～9秒即可。
- readTimeout：这是让服务请求者等待远端返回数据的最长时间，包括数据传输的最长耗时+服务端处理业务逻辑的时间。readTimeout超时时间的设置需要根据实际情况，对于定时任务和异步任务而言，读取超时时间配置长些问题不大。而对于微服务中常规的同步接口调用，在并发较大的情况下应该设置一个较短的读取超时时间，从而防止被下游服务拖慢。通常，这个参数设置不建议超过30s。readTimeout过长会让下游抖动影响自己，过短则可能影响成功率。OpenFeign内置的默认时间配置是5s。

请注意，代码清单3-11中配置项的作用范围是全局，意味着所有的微服务远程调用都会受到影响。但很多时候，我们只想让这些配置项对某一个服务生效，这时候就可以采用如代码清单3-12所示的配置方法。

代码清单3-12 针对特定服务的OpenFeign超时时间的配置代码

```
feign:
    client:
        config:
            # 针对某个特定服务的超时配置
            account-service:
                connectTimeout: 2000
                readTimeout: 2000
```

可以看到，这里我们针对 account-service 这个特定的微服务配置了 connectTimeout 和 readTimeout 超时时间都是 2s。在实际应用中，你可以根据目标服务访问要求以及部署环境特性合理设置这两个超时参数。

3. 日志控制

在微服务的开发和调试阶段我们需要详细获取 OpenFeign 的运行日志，但在默认情况下 OpenFeign 并不会展示详细日志信息，因此在调试程序时需要开启详细日志的开关。

OpenFeign 对日志的处理非常灵活，我们可以为每个 OpenFeign 客户端指定日志记录策略，而每个客户端都会创建一个 Logger（记录器）。开发人员可以为 OpenFeign 客户端配置各自的日志级别，告诉 OpenFeign 的 Logger 应该记录哪些日志。OpenFeign 中的日志级别通过 logger.level 值来进行设置，这是一个枚举值，具体来说包含了以下四个选项。

- NONE：不记录日志，默认设置。
- BASIC：只记录请求方法、URL（统一资源定位）、响应状态码和执行时间。
- HEADERS：在 BASIC 的基础上，增加请求和响应头。
- FULL：记录请求和响应的头、Body 以及各种元数据。

如果想要启用 OpenFeign 日志级别，也有几种常见的实现方法。首先，我们可以使用前面已经定义的 FeignConfiguration 配置类来设置日志级别，如代码清单 3-13 所示。

代码清单 3-13　基于 FeignConfiguration 设置日志级别代码

```
@Configuration
@EnableFeignClients(...)
public class FeignConfiguration {
    @Bean
    Logger.Level feignLoggerlevel() {
        return Logger.Level.FULL;
    }
}
```

在代码清单 3-13 中，代码设置了 OpenFeign 日志级别为 FULL，在配置文件中添加 @Configuration 注解即能使其全局生效。

如果我们想要让某个特定的日志级别只在指定服务上生效，可以将 FeignConfiguration 类上的 @Configuration 注解去掉，并在 @FeignClient 注解中指定对应的配置类，如代码清单 3-14 所示。

代码清单 3-14　@FeignClient 注解设置 FeignConfiguration 代码

```
@FeignClient(value = ACCOUNT_SERVICE_NAME, path = "/accounts", fallbackFactory =
    AccountFallback.class, configuration = FeignConfiguration.class)
public interface AccountClient {
    @GetMapping("/{accountId}")
    Result<AccountDTO> findAccountById(@PathVariable("accountId") Long accountId);
}
```

当然，如果你不想创建独立的配置类，也可以使用配置文件的方式类设置日志级别，如代码清单 3-15 所示。

代码清单 3-15 基于配置文件设置日志级别代码

```
#feign 日志配置
feign:
    client:
        config:
            account-service:    # 要调用的服务名称
                loggerLevel: full
```

上述三种配置可任选一种，但是配置完之后你会发现好像并没有生效，这是因为 Spring 的默认日志级别是 INFO，而 OpenFegin 打印日志需要 debug 级别，所以需要将 Spring 日志级别改为 debug。具体做法就是在 application.yml 中将包含 @FeignClient 注解的接口包路径日志级别设置为 debug，如代码清单 3-16 所示。

代码清单 3-16 Spring 日志级别设置为 debug 代码

```
logging:
    level:
        org.tianyalan.projects.so.integration: debug
```

4. 错误解码

所谓错误解码，指的是解码远程调用过程中 HTTP 响应所包含的错误信息，并将其转换为 Java 异常。然后这个 Java 异常可以被应用程序捕获以便采取适当的处理措施。在 OpenFeign 中，错误解码功能的实现依赖于一个错误解码器接口 ErrorDecoder，开发人员可以通过实现这个接口来完成错误解码操作，如代码清单 3-17 所示。

代码清单 3-17 ErrorDecoder 接口及其实现类代码

```
public class CustomErrorDecoder implements ErrorDecoder {
    @Override
    public Exception decode(String methodKey, Response response) {
        if (response.status() == 400) {
            return new BadRequestException();
        } else if (response.status() == 401) {
            return new UnauthorizedException();
        } else if (response.status() == 404) {
            return new NotFoundException();
        } else {
            return new RuntimeException(" 远程调用出现异常 ");
        }
    }
}

class BadRequestException extends RuntimeException {
    // 针对 400 错误码的自定义异常
}
```

```
class UnauthorizedException extends RuntimeException {
    // 针对 401 错误码的自定义异常
}

class NotFoundException extends RuntimeException {
    // 针对 404 错误码的自定义异常
}
```

在代码清单 3-17 中，我们创建了一个自定义的错误解码器。它检查 HTTP 响应的状态码，并根据状态码抛出不同的异常。显然，如果状态码是 400，它会抛出一个 BadRequestException ；如果状态码是 401，它会抛出一个 UnauthorizedException ；如果状态码是 404，它会抛出一个 NotFoundException。而如果状态码是其他值，则会抛出一个 RuntimeException。通过这种方式，捕获到这些异常的 Java 代码就可以实现各种定制化的处理机制。

同时，我们也可以使用另一种更为简便的方式来实现一个自定义 ErrorDecoder，那就是扩展 OpenFeign 默认的 ErrorDecoder 实现类，如代码清单 3-18 所示。

代码清单 3-18　扩展 OpenFeign 默认的 ErrorDecoder 实现类代码

```
public class FeignErrorDecoder extends ErrorDecoder.Default {
    private static final Logger logger = LoggerFactory.getLogger(FeignErrorDecoder.
        class);

    @Override
    public Exception decode(String methodKey, Response response) {
        Exception exception = super.decode(methodKey, response);
        logger.error(exception.getMessage(), exception);
        return exception;
    }
}
```

在代码清单 3-18 中，我们扩展了 ErrorDecoder.Default 类并重写了它的 decode 方法。这个重写过程也很简单，就是调用父类的 decode 方法完成初步的错误解码，然后再对获取的异常进行记录。你可以根据需要在上述代码中添加任何你认为重要的异常处理逻辑。

现在我们还有一个问题没有明确，那就是如何让上述 CustomErrorDecoder 生效的？常见的做法就是在独立的 FeignConfiguration 配置类中完成对 CustomErrorDecoder 的创建，代码清单如 3-19 所示。

代码清单 3-19　基于 FeignConfiguration 配置 CustomErrorDecoder 代码

```
@Configuration
@EnableFeignClients(...)
public class FeignConfiguration {
    @Bean
    ErrorDecoder errorDecoder(){
```

```
        return new CustomErrorDecoder();
    }
}
```

和日志控制一样，当我们在 @FeignClient 注解中设置了 FeignConfiguration 之后，该注解背后的所有远程调用就会自动嵌入错误解码机制。

3.3 OpenFeign 使用技巧

OpenFeign 是一个非常轻量级的远程通信组件，使用起来并不复杂。但对于开发人员而言，OpenFeign 的使用重点并不在于组件本身的技术特性，而是更多与使用的策略有关。在本节中，我们将分析 OpenFeign 的开发模式以及接口定义模式。

3.3.1 OpenFeign 开发模式

如果你想借助 OpenFeign 来实现微服务之间的远程调用并合理组织这些远程调用的入口，那么你可以采用两种主流的开发模式，即接口模式和 SDK（软件开发工具包）模式。

在本章前面内容中，我们已经介绍了 OpenFeign 的 @FeignClient 注解，通过该注解所定义的接口直接访问远程服务，这就是接口模式。这也是 OpenFeign 最基础也是最常见的开发模式，如图 3-9 所示。

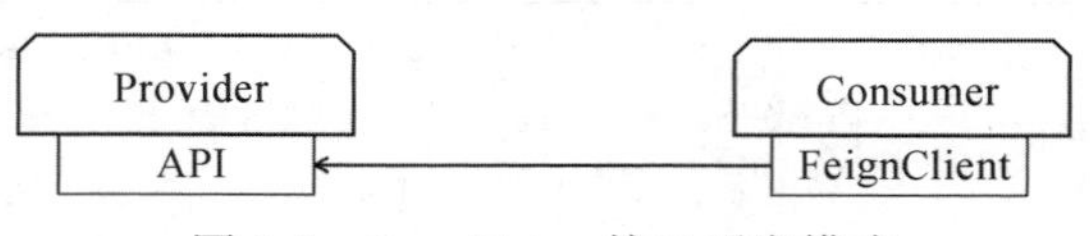

图 3-9 OpenFeign 接口开发模式

接口模式的优势是实现简单，充分利用了 OpenFeign 自身的功能特性。但想要在服务消费者中合理定义远程调用接口则依赖于服务提供者暴露的 RESTful API，这是一种技术耦合，需要服务提供者和服务消费者团队之间进行有效的沟通，因此接口模式非常适用于内部团队开发。

另外，如果服务提供者和服务消费者分别属于不同的技术团队，那么团队之间的沟通可能会成为一种障碍，因为服务提供者所暴露的 RESTful API 一旦发生变化，就需要服务消费者同步修改 OpenFeign 的接口定义，这在很多场景下是低效甚至是不现实的。这时候，我们就可以引入 SDK 开发模式，如图 3-10 所示。

图 3-10 OpenFeign SDK 开发模式

和接口模式不同，在 SDK 模式中，服务提供者会将自己暴露的 RESTful API 封装成一个 SDK，这个 SDK 物理上就是一个普通的 JAR 包。服务消费者可以通过 Maven 等工具引用到这个 SDK，然后通过依赖注入等手段调用 SDK 中所封装的业务方法。而这些业务方法的背后实际上自动帮我们实现了对服务提供者所暴露的 RESTful API 的调用。通过这种方式，服务提供者一旦变更了 RESTful API 的定义就会同步更新 SDK，消费者通过引用不同版本的 SDK 就可以发起不同的远程调用，从而降低了与服务提供者的技术耦合。

3.3.2 OpenFeign 接口定义模式

当我们基于 OpenFeign 实现远程调用时，你可能注意到一个点，那就是在服务消费者中通过 @OpenFeign 注解定义的客户端接口与服务提供者所暴露的 RESTful API 的代码结构非常相似。例如，我们在 order-service 中定义的 AccountClient 客户端接口如代码清单 3-20 所示。

代码清单 3-20　AccountClient 接口定义代码

```
@FeignClient(value = ...)
public interface AccountClient {
    @GetMapping("/{accountId}")
    Result<Account> findAccountById(@PathVariable("accountId") Long accountId);
}
```

而在 account-service 中实现的 Controller 则如代码清单 3-21 所示。

代码清单 3-21　AccountController 端点实现代码

```
@RestController
@RequestMapping(value = "accounts", produces="application/json")
public class AccountController {
    ...
    @GetMapping(value = "/{accountId}")
    public Result<Account> getAccountById(@PathVariable("accountId") Long
        accountId) {
        Account account = accountService.getAccountById(accountId);
        return Result.success(account);
    }
}
```

注意到 AccountClient 是接口而 AccountController 是类，但它们所包含的方法定义却是完全重复的。那么，有没有办法简化这种重复的代码编写呢？答案是肯定的，我们可以通过两种接口定义模式来解决这个问题，即继承模式和提取模式。

1. 继承模式

继承模式的实现方法非常简单。首先，我们设计一个 API 来定义业务方法，并基于 Spring MVC 注解做 RESTful API 声明，如代码清单 3-22 所示。

代码清单 3-22　继承模式下的 AccountAPI 接口定义代码

```
public interface AccountAPI {
    @GetMapping("/{accountId}")
    Result<Account> findAccountById(@PathVariable("accountId") Long accountId);
}
```

然后，我们确保 OpenFeign 客户端继承该接口，而 Controller 类实现该接口，如代码清单 3-23 所示。

代码清单 3-23　AccountAPI 接口的子接口和实现类代码

```
@FeignClient(value = ...)
public interface AccountClient extends AccountAPI {
    @GetMapping("/{accountId}")
    Result<Account> findAccountById(@PathVariable("accountId") Long accountId);
}

@RestController
@RequestMapping(value = "accounts", produces="application/json")
public class AccountController implements AccountAPI {
    ...
    @GetMapping(value = "/{accountId}")
    public Result<Account> getAccountById(@PathVariable("accountId") Long
        accountId) {
        ...
    }
}
```

继承模式的优点是实现简单，确保了代码共享。但该模式的缺点也很明显，造成服务提供者和服务消费者的紧耦合，因为远程调用的方法声明、参数列表和注解都必须完全一样，这在现实开发过程中往往是不被接受的。例如，当我们在定义 AccountClient 时，会使用一个 DTO（Data Transfer Object，数据传输对象）对象来代表远程调用的返回值，如代码清单 3-24 所示。

代码清单 3-24　返回 DTO 的 AccountClient 接口定义代码

```
@FeignClient(value = ...)
public interface AccountClient {
    @GetMapping("/{accountId}")
    Result<AccountDTO> findAccountById(@PathVariable("accountId") Long accountId);
}
```

注意，这里的 findAccountById 方法返回值是 Result<AccountDTO>，而不是 Result-<Account>。类似地，在 account-service 中实现的 Controller 则如代码清单 3-25 所示。

代码清单 3-25　返回 VO 的 AccountController 实现代码

```
@RestController
@RequestMapping(value = "accounts", produces="application/json")
public class AccountController {
    ...
    @GetMapping(value = "/{accountId}")
    public Result<AccountRespVO> getAccountById(@PathVariable("accountId") Long
        accountId) {
        Account account = accountService.getAccountById(accountId);
        AccountRespVO respVO = AccountConverter.INSTANCE.convertResp(account);
        return Result.success(respVO);
    }
}
```

这里我们使用了一个 AccountConverter 将 Account 实体对象转换为一个 VO 对象 AccountRespVO。通过这种方式确保了服务提供者和服务消费者之间的解耦。

作为总结，继承模式虽然简单，但不建议使用。大多时候，我们推荐你使用接下来要介绍的提取模式。

2. 提取模式

提取模式的实现方法是将 OpenFeign 的客户端接口定义抽取为独立模块，并且把接口有关的参数、默认的 Feign 配置都放到这个模块中，提供给所有消费者使用。图 3-11 展示了这种模式的实现过程。

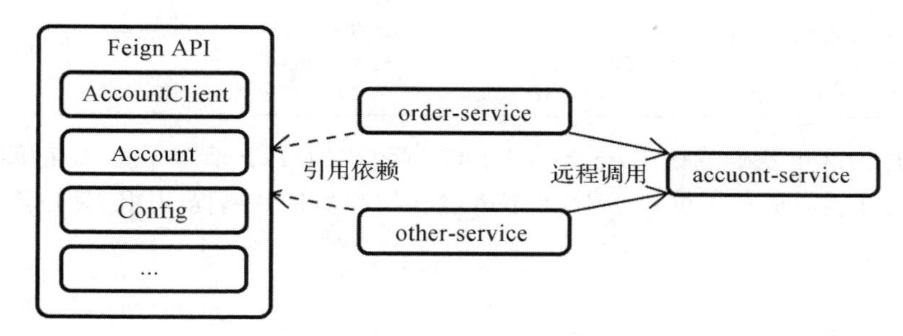

图 3-11　提取模式的实现过程

提取模式实现了服务提供者和服务消费者之间的解耦，因为这两者都同时依赖于一个第三方组件。在实施过程中，我们需要确保接口定义模式的抽象性和稳定性。这就迫使开发人员回归到接口定义的本质，那就是对业务逻辑的抽象和提炼。

3.3.3　OpenFeign 性能优化

就技术实现原理而言，OpenFeign 底层会发起对远程微服务的 HTTP 请求并获取响应结果，这一过程依赖于第三方技术框架。在 OpenFeign 中支持多种 HTTP 调用框架，举例如下。

- URLConnection：默认实现，不支持连接池。
- Apache HttpClient：支持连接池。
- OKHttp：支持连接池。

可以看到 OpenFeign 默认采用的 URLConnection 并不支持连接池，因此提高远程调用性能的主要手段就是使用具有连接池的技术框架来代替默认的 URLConnection。

以 Apache 的 HttpClient 为例，我们可以在 order-service 的代码工程中引入如代码清单 3-26 所示的依赖包。

代码清单 3-26 引入 HttpClient 依赖包代码

```
<dependency>
    <groupId>io.github.openfeign</groupId>
    <artifactId>feign-httpclient</artifactId>
</dependency>
```

然后，我们同样在 order-service 的 application.yml 中添加如代码清单 3-27 所示的配置项。

代码清单 3-27 HttpClient 配置项代码

```
feign:
    httpclient:
        enabled: true                       # 开启 feign 对 HttpClient 的支持
        max-connections: 200                # 最大的连接数
        max-connections-per-route: 50       # 每个路径的最大连接数
```

可以看到，这里我们通过 feign.httpclient 配置段对 HTTP 请求的最大连接以及每个请求路径的最大连接数进行了设置。HttpClient 会在发起 HTTP 远程调用时使用连接池来复用 HTTP 请求连接。

3.4 案例系统演进

介绍完使用 OpenFeign 实现远程调用的方法和过程，本节我们回到 SpringOrder 项目，讨论如何在案例系统中完成微服务之间的相互调用。

3.4.1 案例分析

在 SpringOrder 项目中，当用户执行下单操作时会传入账户信息和商品信息并触发对 order-service 的调用，order-service 在接收到账户信息和商品信息时需要分别调用 account-service 和 product-service 来验证这些信息的合法性。图 3-12 展示了这 3 个服务之间的交互时序。

基于图 3-12 中的时序关系，我们可以设计 OpenFeign 在整个交互过程中发挥的作用，如图 3-13 所示。

接下来，让我们从 order-service 入手，详细给出图 3-13 所示的交互关系的代码实现过程。

3.4.2 实现远程调用

对于 SpringOrder 项目而言，远程调用的发起者是 order-service，而接收者是 account-service 和 product-service，因此在 order-service 中我们需要首先实现对远程接口的封装。

1. 封装远程接口

作为服务的提供者之一，让我们先在 account-service 中实现如代码清单 3-28 所示的 HTTP 端点。

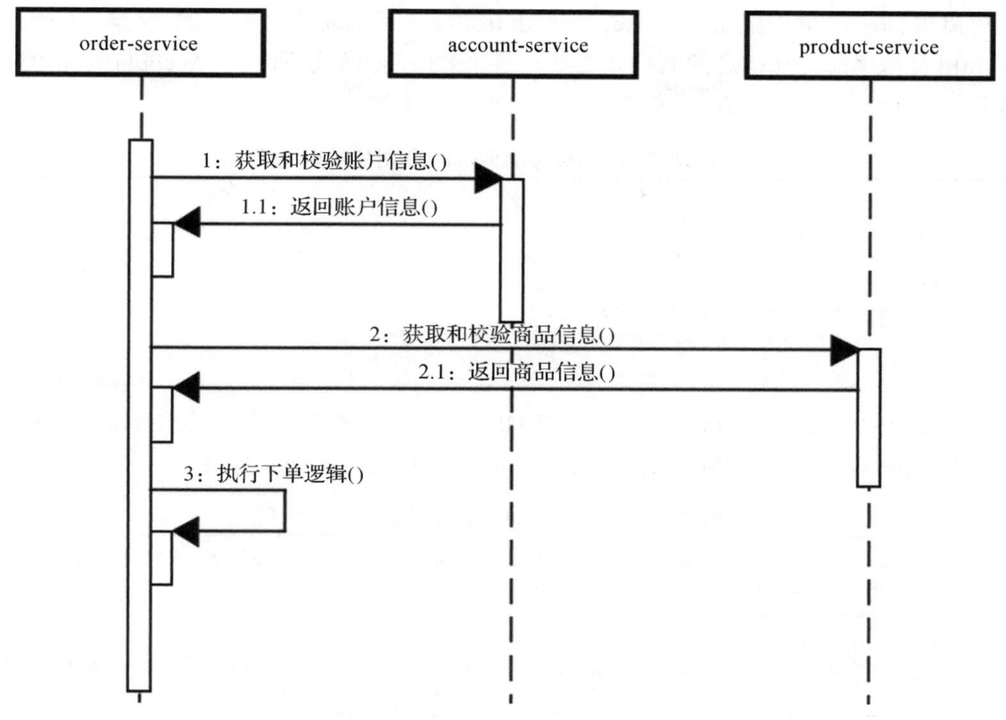

图 3-12 SpringOrder 微服务交互时序图

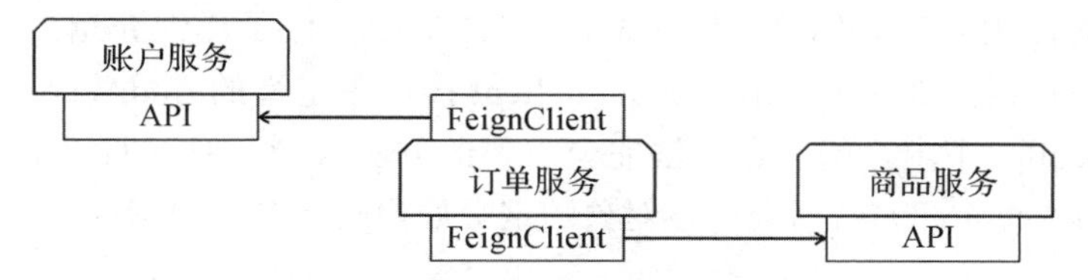

图 3-13 SpringOrder 基于 OpenFeign 的交互场景

代码清单 3-28 AccountController HTTP 端点实现代码

```
@RestController
@RequestMapping(value = "accounts", produces="application/json")
public class AccountController {
    @Autowired
    private IAccountService accountService;

    @GetMapping(value = "/{accountId}")
    public Result<AccountRespVO> getAccountById(@PathVariable("accountId") Long
        accountId) {
        Account account = accountService.getAccountById(accountId);
        AccountRespVO respVO = AccountConverter.INSTANCE.convertResp(account);
        return Result.success(respVO);
    }
}
```

可以看到，这里构建了一个 AccountController，并在该 Controller 中暴露了一个根据 accountId 获取 Account 信息的 HTTP 端点。请注意该端点的返回值是 AccountRespVO，显然这是一个 VO 对象，该 VO 对象的定义如代码清单 3-29 所示。

代码清单 3-29　AccountRespVO 对象实现代码

```
@Data
@Accessors(chain = true)
public class AccountRespVO {
    private Long id;
    private String accountCode;
    private String accountName;
}
```

有了这个由 account-service 暴露的 HTTP 端点，下一步我们就可以在 order-service 中定义一个 OpenFeign 客户端组件 AccountClient ，如代码清单 3-30 所示。

代码清单 3-30　AccountClient 客户端定义代码

```
@FeignClient(value = ACCOUNT_SERVICE_NAME, path = "/accounts", fallbackFactory =
    AccountFallback.class, configuration = FeignConfiguration.class)
public interface AccountClient {
    @GetMapping("/{accountId}")
    Result<AccountDTO> findAccountById(@PathVariable("accountId") Long accountId);
}
```

可以看到，这里使用了 @FeignClient 注解并指定了 fallbackFactory 和 configuration 属性，这些属性的使用方法我们已经在 3.2 节和 3.3 节中都做了详细介绍，你可以做一些回顾。这里需要注意的点在于我们在 AccountClient 接口中定义的 findAccountById 方法具有与 AccountController 中定义的同名方法完全一致的方法入参，但返回值是一个 DTO 对象，即上述代码中的 AccountDTO 对象，该对象的定义如代码清单 3-31 所示。

代码清单 3-31　AccountDTO 对象定义代码

```
@Data
@Accessors(chain = true)
public class AccountDTO {
    private Long id;
    private String accountCode;
    private String accountName;
}
```

虽然从类的定义上看，AccountDTO 和代码清单 3-29 中所展示的 AccountRespVO 具有同样的字段名和类型，但它们的定位是完全不同的。VO 是服务提供者所暴露的数据结构，而 DTO 则是服务调用者所接收到的数据结构。之所以定义两种数据结构的根本目的在于解耦，即通过不同数据结构的定义来缓解服务提供者和服务消费者之间的数据耦合。当然，OpenFeign 所具备的序列化 / 反序列化能力能够帮助我们自动实现 VO 和 DTO 之间的转换过程。

类似地，我们也可以在 order-service 中定义针对 product-servcie 的 OpenFeign 客户端组件 ProductClient，如代码清单 3-32 所示。

代码清单 3-32　ProductClient 客户端定义代码

```
@FeignClient(value = ApiConstants.PRODUCT_SERVICE_NAME, path = "/products",
    fallbackFactory = GoodsFallback.class, configuration = FeignConfiguration.class)
public interface ProductClient {
    @GetMapping("/{productCode}")
    Result<ProductDTO> findGoodsByCode(@PathVariable("productCode") String productCode);
}
```

至此，order-service 远程调用所需的 OpenFeign 客户端组件都已经构建完毕。

2. 调用远程服务

一旦我们通过 OpenFeign 构建了远程调用的客户端组件，下一步就可以调用远程服务来完成业务逻辑处理。为此，我们在 order-service 中实现如代码清单 3-33 所示的业务逻辑类 OrderService。

代码清单 3-33　OrderService 实现类代码

```
@Service
public class OrderServiceImpl implements OrderService {
    @Autowired
    private OrderRepository orderRepository;

    @Autowired
    private AccountClient accountClient;

    @Autowired
    private ProductClient goodsClient;

    @Override
    public Order addOrder(AddOrderReqVO addOrderReqVO) {
        Order order = new Order();
        //设置订单编号
        order.setOrderNumber("ORDER" + DistributedId.getInstance().
            getFastSimpleUUID());

        AccountDTO accountDTO = accountClient.findAccountById(addOrderReqVO.
            getAccountId()).getData();
        if(Objects.isNull(order)) {
            throw new BizException(OrderMessageCode.INVALID_ACCOUNT);
        }

        //设置账户信息
        order.setAccountId(addOrderReqVO.getAccountId());
        order.setAccountName(accountDTO.getAccountName());

        List<Goods> goodsList = new ArrayList<>();
        addOrderReqVO.getGoodsCodeList().forEach(goodsCode -> {
```

```
            ProductDTO productDTO = goodsClient.findGoodsByCode(goodsCode).getData();
            if(Objects.isNull(productDTO)) {
                throw new BizException(OrderMessageCode.INVALID_GOODS);
            }

            Goods goods = ProductDTOConverter.INSTANCE.convertGoodsDTO(productDTO);
            goodsList.add(goods);
        });

        // 设置商品信息
        order.setGoods(goodsList);
        order.setDeliveryAddress(addOrderReqVO.getDeliveryAddress());
        return orderRepository.save(order);
    }
}
```

可以看到，这里分别通过 AccountClient 和 ProductClient 客户端组件对 account-service 和 product-service 这两个微服务发起了远程调用，并对返回结果的合理性进行了校验。而一旦我们完成对远程数据的校验，下一步就可以执行入库操作了。在代码清单 3-33 中，我们通过 OrderRepository 这个资源库类完成了这一目标。

请注意，服务消费者接收的 DTO 可能和业务实体之间存在很大的差异，所以很多时候我们也会在服务消费者端构建单独的转换器组件，代码清单 3-34 所示的 ProductDTOConverter 就是一个典型的自定义转换器，用于将接收到的 ProductDTO 对象转换为业务实体 Goods。

代码清单 3-34　ProductDTO 转换器类实现代码

```
@Mapper
public interface ProductDTOConverter {
    ProductDTOConverter INSTANCE = Mappers.getMapper(ProductDTOConverter.class);

    //DTO->Entity
    default Goods convertGoodsDTO(ProductDTO dto) {
        Goods goods = new Goods();
        goods.setGoodsCode(dto.getProductCode());
        goods.setGoodsName(dto.getProductName());
        goods.setPrice(dto.getPrice());
        return goods;
    }
}
```

这里我们引入的是 MapStruct 这款强大的对象转换工具。MapStruct 是一款代码生成器，它基于约定优于配置方法极大地简化了 Java Bean 类型之间映射的实现，你可以通过该工具的官网 https://mapstruct.org/ 进一步了解它的功能体系和使用方法。

最后，我们同样需要在 order-service 中暴露直接面向用户下单操作的入口，为此我们需要实现如代码清单 3-35 所示的 OrderController。

代码清单 3-35　OrderController HTTP 端点实现类代码

```
@RestController
@RequestMapping(value="orders")
public class OrderController {
    @Autowired
    OrderService orderService;

    @PostMapping(value = "")
    public Result<OrderRespVO> addOrder(@RequestBody AddOrderReqVO addOrderReqVO) {
        Order result = orderService.addOrder(addOrderReqVO);
        OrderRespVO orderRespVO = OrderConverter.INSTANCE.convertResp(result);
        return Result.success(orderRespVO);
    }
}
```

显然，这个 OrderController 会调用前面已经构建的 OrderService 来完成业务操作，进而触发对 account-service 和 product-service 的远程调用。我们可以通过执行对 OrderController 的访问来验证整个调用链路的正确性。这里我们将使用 IDEA（Java 编程语言开发的集成环境）自带 HTTP Request 工具。HTTP Request 是 IDEA 内置的一款 HTTP 模拟请求工具，只需要按照简单的规则编写纯文本配置即可模拟 HTTP 请求。例如，我们可以编写如代码清单 3-36 所示的 POST 请求来触发对 HTTP 端点的访问。

代码清单 3-36　OrderController HTTP 端点请求配置代码

```
POST localhost:8081/orders/
Content-Type: application/json
{
    "accountId" : "1",
    "deliveryAddress" : "deliveryAddress",
    "goodsCodeList" : [
        "book1",
        "book2"
    ]
}
```

当然，你也可以选择 Postman 等其他不同的工具来访问一个 HTTP 端点，并验证返回结果的正确性。

3.5　本章小结

在微服务架构中涉及服务与服务之间的交互就势必需要实现远程调用。在实现需求和思路上，如何以最简单的开发方式实现远程调用，让远程调用在使用上就如同本地调用一样，是开发人员追求的目标。而 OpenFeign 作为 Spring Cloud Alibaba 框架中的重要组成部分，为我们实现这一目标提供了技术支持。

本章从远程调用的组成结构和技术组件开始讲起，引出了 OpenFeign 的基本使用方法，

包括基础的 @FeignClient 注解和 @EnableFeignClients 注解，以及自动降级、超时配置、日志控制和错误解码等高级特性。同时，我们也阐述了 OpenFeign 的使用技巧，涉及对开发模式、接口定义模式和性能优化方式的探讨。

在本章最后，我们回到 SpringOrder 案例系统，分析了该案例系统中与远处调用相关的需求，并给出了对应的实现方式。

扫描下方二维码，查看本章视频教程。

使用 OpenFeign 实现调用

第4章 Chapter 4

负载均衡和 Spring Cloud LoadBalancer

在前面内容中，我们已经知道所有的服务定义都存放在注册中心 Nacos 服务器中。当能够从 Nacos 服务器获取某一个服务的各个运行实例信息时，原则上我们就可以执行负载均衡策略。Spring Cloud Alibaba 中内置了一个技术组件专门用来实现负载均衡，这就是本章要介绍的 Spring Cloud LoadBalancer。

基于 Spring Cloud LoadBalancer 实现负载均衡的结构如图 4-1 所示。可以看到 Spring Cloud LoadBalancer 可以从 Nacos 服务器中获取所有已注册服务的服务列表。一旦获取服务列表，Spring Cloud LoadBalancer 就能通过各种负载均衡策略实现服务调用。

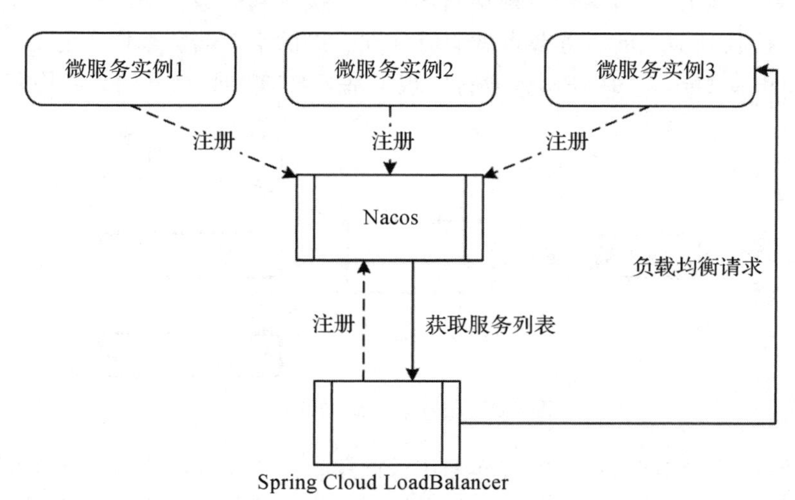

图 4-1　使用 Spring Cloud LoadBalancer 实现负载均衡的结构

根据服务列表的获取和存储方式，负载均衡可以分为客户端负载均衡和服务端负载均衡两种形式，图 4-1 中展示的是一种客户端负载均衡机制。Spring Cloud LoadBalancer 作为一款独立的客户端负载均衡实现工具，一方面可以通过 Nacos 完成负载均衡，另一方面也支持直接访问服务列表。本章将首先介绍负载均衡的基本概念，然后给出使用 Spring Cloud LoadBalancer 实现并扩展负载均衡的几种方法，最后讲述该组件的基本原理。

4.1 负载均衡和常见算法

分布式系统诞生的背景在于单机处理能力存在瓶颈，而升级单机处理能力的性价比越来越低，同时系统的稳定性和可用性也日益受到重视。从横向拆分的角度讲，分布式是指将不同的业务分布在不同的地方，而集群指的是将几台服务器集中在一起，实现同一业务。集群概念的提出考虑到了分布式系统中的性能问题，即集群能够将业务请求分摊到多台单机性能不一定非常出众的服务器上，这就是负载均衡机制的诞生背景。

在引入具体的实现工具之前，本节中我们将首先对负载均衡的类型以及相应的基本算法做简要介绍。

4.1.1 负载均衡的类型

根据服务器地址列表所存放的位置，负载均衡可以分成两大类，一类是服务端负载均衡，一类是客户端负载均衡。

1. 服务端负载均衡

在分布式系统中，图 4-2 展示了服务端负载均衡机制，客户端发送请求到负载均衡器（Load Balancer，LB），然后这台负载均衡器负责将接收到的各个请求转发到运行中的某个服务节点上，接收到请求的服务节点做响应处理。提供服务端负载均衡的工具有很多，例如常见的 Apache、Nginx、HAProxy 等都实现了基于 HTTP 或 TCP 的负载均衡模块。

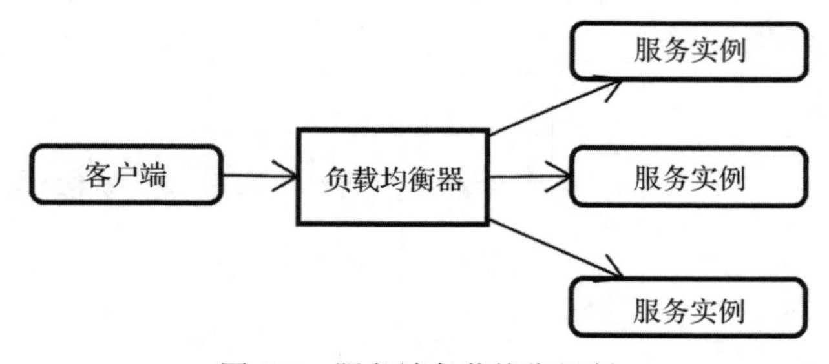

图 4-2 服务端负载均衡机制

基于服务端的负载均衡机制实现起来比较简单，只需要在客户端与各个服务实例之间架设集中式的负载均衡器即可。负载均衡器与各个服务实例之间需要实现服务诊断以及状态监控，通过动态获取各个服务的运行时信息决定负载均衡的目标服务。如果负载均衡器检测到某个服务已经不可用，就会自动移除该服务。

通过上述分析，可以看到负载均衡器运行在一台独立的服务器上并充当代理（Proxy）。所有的请求都需要通过负载均衡器的转发才能实现服务调用，这可能会是一个问题，因为当服务请求量越来越大时，负载均衡器将会成为系统的瓶颈。同时，一旦负载均衡器自身发生失败，整个微服务的调用过程都将发生失败。因此，为了避免集中式负载均衡所带来的这种问题，采用客户端负载均衡，这同样是一种常用的实现方式。

2. 客户端负载均衡

客户端同样可以实现负载均衡，客户端负载均衡最基本的表现形式如图 4-3 所示。客户端负载均衡机制的主要优势就是不会出现集中式负载均衡所产生的瓶颈问题，因为每个客户端都有自己的负载均衡器，该负载均衡器的失败不会造成严重的后果。另外，由于所有的服务实例信息都需要在多个负载均衡器之间进行传递，因此会在一定程度上加重网络流量负载。

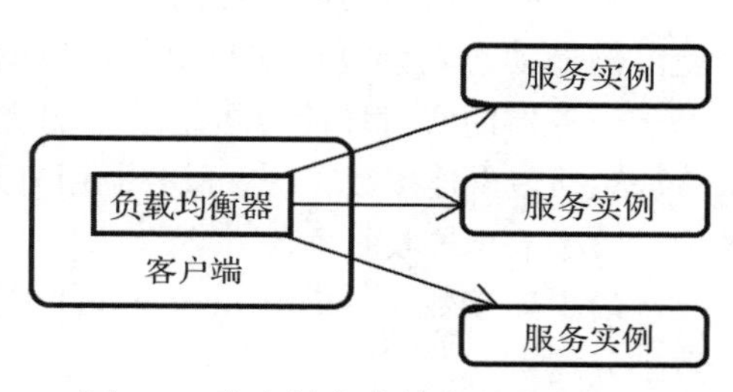

图 4-3　客户端负载均衡的表现形式

简单来说，客户端负载均衡就是在客户端程序内部设定一个调度算法，在向服务器发起请求时，先执行调度算法计算出目标服务器地址。在图 4-3 所示的客户端中包含着各个服务实例信息，然后通过负载均衡算法计算出目标服务器地址以实现负载均衡。

与服务端负载均衡相比，客户端负载均衡不需要架设专门的服务端代理。如果客户端应用程序能够获取服务列表，并具备成熟的调度算法，就可以对外提供相关的 API，从而成为一种独立的工具和框架。在微服务架构的实现框架中，客户端负载均衡是常见的负载均衡实现方案，包括 Dubbo 和 Spring Cloud/Spring Cloud Alibaba 在内的很多框架采用的都是客户端负载均衡机制。

4.1.2　负载均衡算法

无论是使用服务端负载均衡还是客户端负载均衡，都是运行时的分发策略决定了负载均衡的效果。分发策略在软件负载均衡中的实现形式为一组分发算法，通常称为负载均衡算法。负载均衡算法可以分成两大类，即静态负载均衡算法和动态负载均衡算法。

1. 静态负载均衡算法

静态负载均衡算法的代表是各种随机（Random）和轮询（Round Robin）算法。

（1）随机算法

在集群中采用随机算法进行负载均衡的结果相对比较平均。随机算法实现起来也比较简单，使用 JDK 自带的 Random 算法就可指定服务提供者地址。随机算法的一种改进是加权随机（Weight Random）算法，在集群中可能存在部分性能较优的服务器，为了使这些服务器响应更多的请求，就可以通过加权随机算法提升这些服务器的权重。

（2）轮询算法

加权轮询（Weighted Round Robin）算法同样使用权重，一般的流程为顺序循环遍历服务提供者列表，到达上限之后重新归零，继续顺序循环，直到指定某一台服务器作为服务的提供者。普通的轮询算法实际上就是权重为 1 的加权轮询算法。

2. 动态负载均衡算法

所有涉及权重的静态算法都可以转变为动态算法，因为权重可以在运行过程中动态更新。例如动态轮询算法中权重值可以基于各个服务器的持续监控结果而不断更新。另外，基于服务器的实时性能分析结果分配请求也是一种常见的动态策略。典型的动态负载均衡算法包括最少连接数算法、服务调用时延算法和源 IP 哈希算法。

（1）最少连接数算法

最少连接数（Least Connection）算法对传入的请求根据每台服务器当前所打开的连接数来分配。

（2）服务调用时延算法

在服务调用时延（Service Invoke Delay）算法中，服务消费者缓存并计算所有服务提供者的服务调用时延，并根据服务调用时延和平均时延的差值动态调整权重。

（3）源 IP 哈希算法

源 IP 哈希（Source IP Hash）算法是实现请求 IP 黏滞（Sticky）连接，尽可能让消费者总是向同一提供者发起调用服务。这是一种有状态机制，也可以归为动态负载均衡算法。

在本节最后，我们通过如图 4-4 所示的思维导图来对负载均衡进行总结。

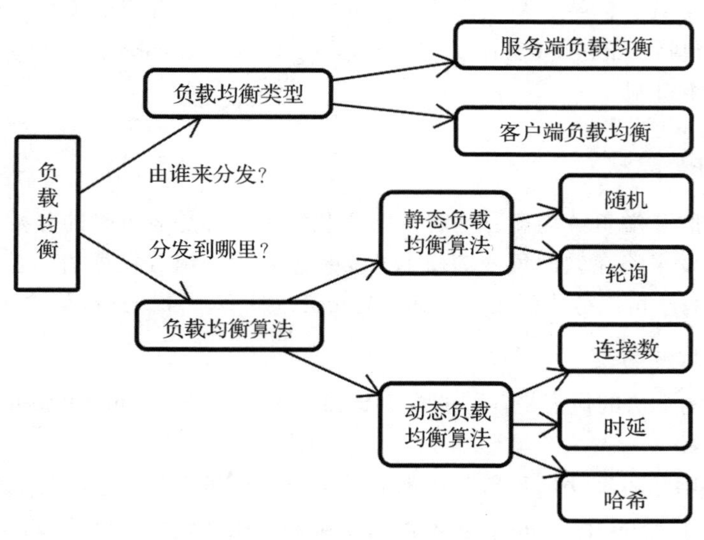

图 4-4　负载均衡思维导图

4.2　使用 Spring Cloud LoadBalancer 实现负载均衡

介绍完基本概念，接下来我们引入 Spring Cloud LoadBalancer 组件。Spring Cloud 在剔除了所有 Netflix 组件的支持之后在 spring-cloud-commons 包下提供了对负载均衡的实现，这就是 Spring Cloud LoadBalancer。开发人员可以使用 Spring Cloud LoadBalancer 来代替传统的 Ribbon 组件。本节将带你一起了解 Spring Cloud LoadBalancer 的使用方式和功能特性。

4.2.1　引入 Spring Cloud LoadBalancer

如果想要在微服务的远程调用过程中集成负载均衡机制，那需要在代码工程中添加如代码清单 4-1 所示的依赖包。

代码清单 4-1　引入 Spring Cloud LoadBalancer 依赖包代码

```
<dependency>
   <groupId>org.springframework.cloud</groupId>
   <artifactId>spring-cloud-loadbalancer</artifactId>
</dependency>
```

我们知道，在使用 Spring Cloud Alibaba 时可以基于 RestTemplate 这个模板工具类实现对 HTTP 端点的远程调用。通过 RestTemplate 发起的 HTTP 请求本身并不具备负载均衡机制，但借助 Spring Cloud LoadBalancer，我们可以引入 @LoadBalanced 注解来实现这一目标，如代码清单 4-2 所示。

代码清单 4-2　Spring Cloud LoadBalancer 与 @LoadBalanced 注解整合代码

```
//自动集成负载均衡机制
@LoadBalanced
@Bean
public RestTemplate getRestTemplate(){
    return new RestTemplate();
}

ResponseEntity<Account> result = restTemplate
    .exchange("http://account-service/accounts/{accountName}",
        HttpMethod.GET, null, Account.class, accountName);
```

从代码清单 4-2 中可以看到，首先注入 RestTemplate，然后通过 RestTemplate 的 exchange 方法对 account-service 执行远程调用。但是请注意，这里的 RestTemplate 已经具备了客户端负载均衡功能，因为我们在创建该工具类时添加了 @LoadBalanced 注解。@LoadBalanced 注解能够帮助 RestTemplate 自动集成负载均衡机制。这是使用 Spring Cloud LoadBalancer 的一种常见方式。关于 @LoadBalanced 注解的实现原理我们在 4.4 节中还会详细介绍。

使用 Spring Cloud LoadBalancer 的另一种常见方式就是和 OpenFeign 进行整合。基于

上一章内容的介绍，我们知道可以在 @FeignClient 中添加一个自定义的配置类，而在这个配置类中，就可以实现 HTTP 请求的拦截，如代码清单 4-3 所示。

代码清单 4-3 Spring Cloud LoadBalancer 与 OpenFeign 整合代码

```
@FeignClient(name = "MyService", configuration = MyConfiguration.class)
public interface MyClientService {
}

@Configuration
public class MyConfiguration {
    @Bean
    public RequestInterceptor requestInterceptor() {
        return new MyFeignRequestInterceptor();
    }
}
```

请注意，我们在这里定义了一个 MyFeignRequestInterceptor 拦截器，该拦截器可以获取一个 RequestTemplate 模板工具类，而基于这个模板工具类我们就可以实现对 HTTP 请求的各种负载均衡控制，如代码清单 4-4 所示。

代码清单 4-4 RequestTemplate 与负载均衡定制化示例代码

```
public class MyFeignRequestInterceptor implements RequestInterceptor {
    @Override
    public void apply(RequestTemplate requestTemplate) {
        //包括负载均衡的各种定制化处理机制扩展
    }
}
```

Spring Cloud LoadBalancer 还可以与 WebClient 进行集成。WebClient 是 Spring 中引入的一个支持响应式编程的 HTTP 客户端组件。和 RestTemplate 类似，通过 @LoadBalanced 注解，WebClient 也可以自动成为具备负载均衡机制的远程调用客户端组件。

这里出现了一个新的概念，即响应式编程（Reactive Programming）。实际上，Spring Cloud LoadBalancer 与响应式编程是天然集成的。那么，什么是响应式编程？ Spring Cloud LoadBalancer 的组成结构是什么样的？它又具备哪些负载均衡算法呢？这就是我们接下来要讨论的内容。

4.2.2 Spring Cloud LoadBalancer 组成结构

想要理解 Spring Cloud LoadBalancer 的组成结构，我们首先需要理解响应式编程的概念和应用方式。

1. 响应式编程概述

如果你使用 Spring 框架开发过 Web 应用程序，那么你一定对如代码清单 4-5 所示的这段代码非常熟悉。

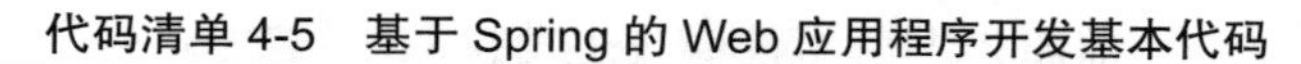

代码清单 4-5　基于 Spring 的 Web 应用程序开发基本代码

```
RestTemplate restTemplate = new RestTemplate();

ResponseEntity<User> restExchange = restTemplate.exchange("http://localhost:
    8080/users/{userName}", HttpMethod.GET, null, User.class, userName);

User result = restExchange.getBody();
process(result);
...
```

这里，我们传入用户名 UserName 调用远程服务获取一个 User 对象，技术上使用了 Spring MVC 中的 RestTemplate 模板工具类。通过该类所提供的 exchange 方法对远程 Web 服务所暴露的 HTTP 端点发起了请求，并对所获取的响应结果进行进一步处理。这是日常开发过程中非常具有代表性的一种场景，整个过程很熟悉也很自然。

那么，这个实现过程背后有没有一些可以改进的地方呢？为了更好地分析整个调用过程，我们假设服务提供者为服务 A，而服务消费者为服务 B，那么这两个服务的交互过程应该如图 4-5 所示。

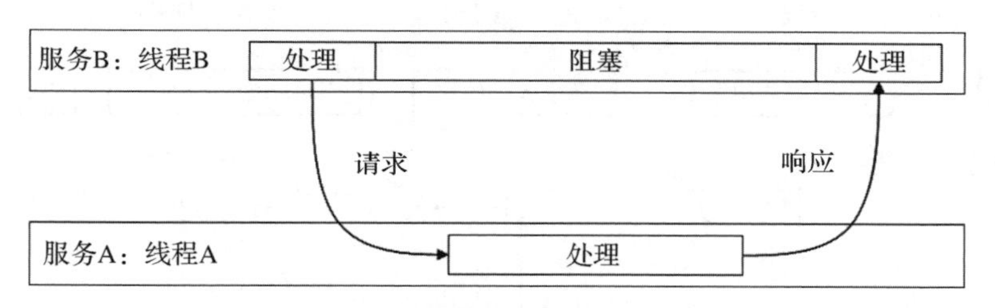

图 4-5　服务 A 和服务 B 的交互过程

从图 4-5 中可以看到，当服务 B 向服务 A 发送 HTTP 请求时，线程 B 只有在发起请求和响应结果的一小部分时间内在有效使用 CPU，而更多的时间则只是在阻塞式地等待来自服务 A 中线程的处理结果。显然，整个过程的 CPU 利用效率是很低的，很多时间线程被浪费在了 I/O 阻塞上，无法执行其他处理过程。

更进一步，我们以互联网应用中非常常见的用户信息查询场景为例继续分析服务 A 中的处理过程。如果我们采用典型的 Web 服务分层架构，那么就可以得到如图 4-6 所示的用户信息查询场景时序图，这是日常开发过程中普遍采用的一种实现方式。一般我们使用 Web 层提供的 HTTP 端点作为查询的操作入口，然后该操作入口会进一步调用包含业务逻辑处理的服务层，而服务层再调用数据访问层，数据访问层就会连接到数据库获取业务数据。业务数据从数据库中获取之后逐层向上传递，最后返回给服务的调用者。

显然，在图 4-6 所展示的整个过程中，每一步的操作过程都存在着前面描述的线程等待问题。也就是说，整个技术栈中的每一个环节都可能是同步阻塞的。

如果我们聚焦于服务 A 的内部，那么从 Web 层到服务层到数据访问层再到数据库的整个调用链路同样可以采用发布 - 订阅模式进行重构。这时候，我们希望数据库中的数据一有变化就通知到上游组件，而不是上游组件通过主动拉取数据的方式来获取数据。图 4-7 展示了这一过程。

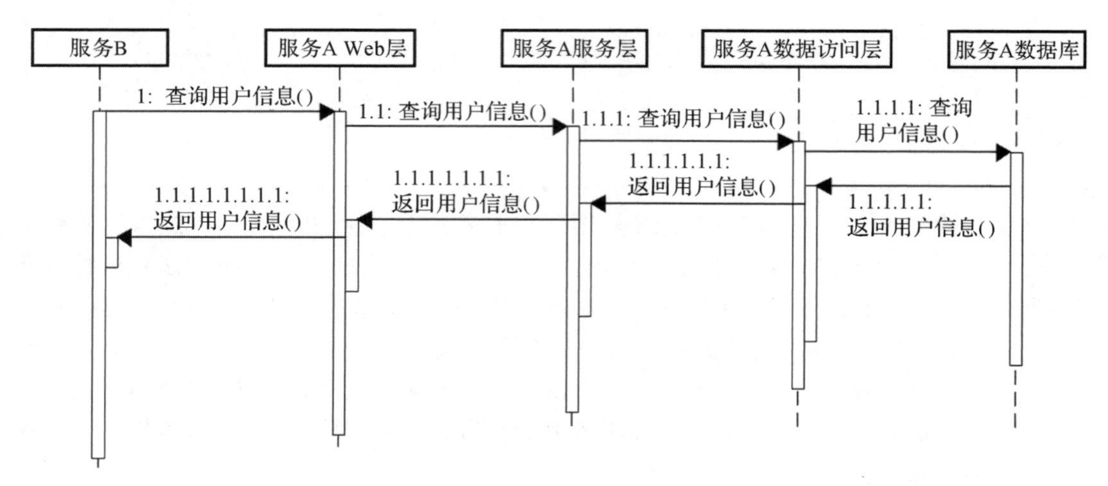

图 4-6　基于传统实现方法的用户信息查询场景时序图

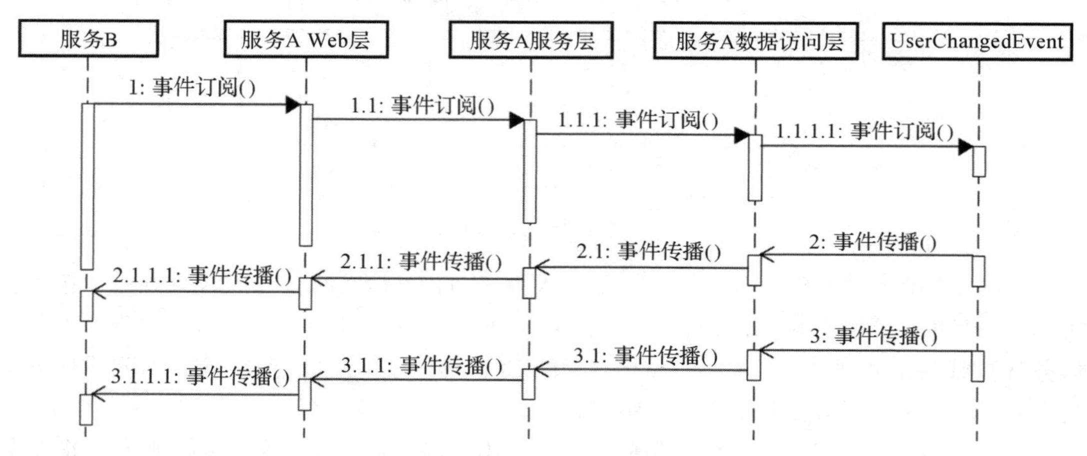

图 4-7　基于响应式实现方法的用户信息查询场景时序图

显然，现在我们的处理方式发生了本质的变化。图 4-7 中，我们没有通过同步执行的方式来获取数据，而是订阅了一个用户已变更（UserChangedEvent）事件。UserChangedEvent 事件会根据用户信息是否发生变化而进行触发，并在 Web 应用程序的各个层之间进行传播。如果我们在这些层上都对这个事件进行了订阅，那么就可以对其分别进行处理，并最终将处理结果从服务 A 传播到服务 B 中。这就是响应式编程的基本思想。

另外，响应式编程的核心目标就是对请求流量的有效控制，而针对流量控制的解决方案都包含在响应式流（Reactive Stream）规范中。在 Java 的世界中，响应式流规范只定义了四个核心接口，即 Publisher、Subscriber、Subscription 和 Processor。

- Publisher：代表的是一种可以生产无限数据的发布者。
- Subscriber：代表的是一种可以从发布者那里订阅并接收元素的订阅者。
- Subscription：代表的是一种订阅上下文对象，它在订阅者和发布者之间进行传输，从而在两者之间形成一种契约关系。
- Processor：代表的是 Subscriber 和 Publisher 的组合。

请注意，响应式流只是一种规范，不同的语言、不同的厂商可以实现不同的开发库。在 Java 领域中，目前响应式流的开发库包括 RxJava、Akka、Vert.x 和 Project Reactor 等。其中，Project Reactor 诞生在响应式流规范制定之后，所以从一开始就是严格按照响应式流规范设计并实现了它的 API，这也是 Spring 选择它作为默认响应式编程框架的核心原因。

响应式流规范的基本组件是一个异步的数据序列，Project Reactor 框架提供了两个核心组件来发布数据，分别是 Flux 和 Mono 组件。

- Flux：代表的是一个包含 0 到 *n* 个元素的异步序列。
- Mono：代表的是只包含 0 个或 1 个元素的异步序列。

Flux 和 Mono 这两个组件可以说是应用程序开发过程中最基本的编程对象。显然，在某种程度上可以把 Mono 看作 Flux 的一种特例，而两者之间也可以进行相互转换和融合。如果你有两个 Mono 对象，那么把它们合并起来就能获取一个 Flux 对象。另外，把一个 Flux 转换成 Mono 对象也有很多办法，例如对一个 Flux 对象中所包含的元素进行计数操作就能得到一个 Mono 对象。而这里合并和计数就是针对数据流的一种操作。Project Reactor 中提供了一大批非常实用的操作符来简化这些操作的开发过程，包括转换、过滤、组合、条件、数学、日志、调试等几大类。在本章后续内容中，我们会看到 Flux、Mono 以及常见操作符的使用方法。

响应式编程是一个复杂的技术体系，关于响应式编程的详细内容不是本书的重点，你可以参考笔者所译的《Spring 响应式编程》一书做进一步了解。

2. Spring Cloud LoadBalancer 类层结构

在了解了响应式编程的基本概念之后，我们就具备了理解 Spring Cloud LoadBalancer 类层结构的先决条件。图 4-8 展示了 Spring Cloud LoadBalancer 中的一组核心类层结构以及类之间的关联关系。

从图 4-8 中可以看到，位于 Spring Cloud LoadBalancer 类层结构顶部的是 Reactive-LoadBalancer 接口，代表的是一种支持响应式编程的负载均衡器，该接口定义如代码清单 4-6 所示。

代码清单 4-6　ReactiveLoadBalancer 接口定义代码

```
public interface ReactiveLoadBalancer<T> {
    Request<DefaultRequestContext> REQUEST = new DefaultRequest<>();

    Publisher<Response<T>> choose(Request request);
```

```
    default Publisher<Response<T>> choose() {
        return choose(REQUEST);
    }

    interface Factory<T> {
        default LoadBalancerProperties getProperties(String serviceId) {
            return null;
        }
        ReactiveLoadBalancer<T> getInstance(String serviceId);
        <X> Map<String, X> getInstances(String name, Class<X> type);
        <X> X getInstance(String name, Class<?> clazz, Class<?>... generics);
    }
}
```

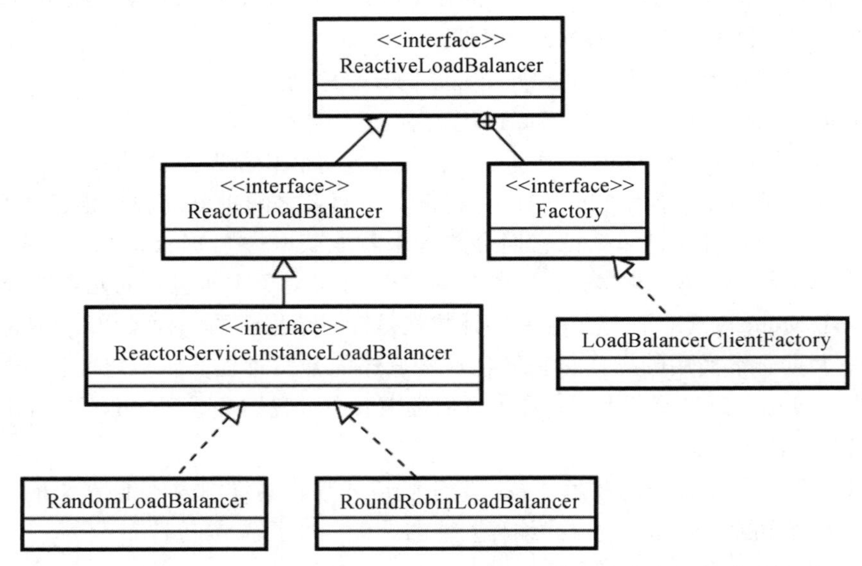

图 4-8 Spring Cloud LoadBalancer 核心类层结构以及类之间的关联关系

ReactiveLoadBalancer 接口中最核心的就是 choose 方法，该方法的返回值是一个 Publisher 对象，这是响应式流规范中的发布者。而 ReactiveLoadBalancer 的子类是 ReactorLoadBalancer，这是基于 Projector Reactor 框架所定义的负载均衡器，其定义如代码清单 4-7 所示。

代码清单 4-7 ReactorLoadBalancer 接口定义代码

```
public interface ReactorLoadBalancer<T> extends ReactiveLoadBalancer<T> {
    Mono<Response<T>> choose(Request request);

    default Mono<Response<T>> choose() {
        return choose(REQUEST);
    }
}
```

从代码清单 4-7 中可以看到，ReactorLoadBalancer 中的 choose 方法返回的不再是响应式流规范中的 Publisher 对象，而是具体 Projector Reactor 框架中的 Mono 对象。

我们继续沿着类层结构往下走，发现 ReactorServiceInstanceLoadBalancer 只是一个继承了 ReactorLoadBalancer 的空接口，而它的实现类就是各种具体的负载均衡器。

- RandomLoadBalancer：支持随机算法的负载均衡器。
- RoundRobinLoadBalancer：支持轮询算法的负载均衡器。
- NacosLoadBalancer：集成 Nacos 服务发现机制的负载均衡器。

Spring Cloud LoadBalancer 默认采用的负载均衡器是 RoundRobinLoadBalancer。如果你想要替换它的默认实现，可以实现如代码清单 4-8 所示的配置类。

代码清单 4-8　自定义负载均衡配置代码

```
@Configuration
public class RandomLoadBalancerConfig {
    @Bean
    public ReactorServiceInstanceLoadBalancer reactorServiceInstanceLoad-
        Balancer(Environment environment, LoadBalancerClientFactory
        loadBalancerClientFactory) {
        String name = environment.getProperty(LoadBalancerClientFactory.PROPERTY_
            NAME);
        //返回随机负载均衡方式
        return new RandomLoadBalancer(loadBalancerClientFactory.getLazyProvider(name,
            ServiceInstanceListSupplier.class), name);
    }
}
```

在代码清单 4-8 的配置类中，我们创建了一个 RandomLoadBalancer 对象作为 reactorServiceInstanceLoadBalancer 方法的返回值。这种代码实现方式在 Spring Cloud LoadBalancer 中是固化的，我们在后续内容中还会看到类似的案例。

如果想要让这里的配置类生效，我们还需要做一件事情，就是通过 @LoadBalancerClient 注解加载这个配置类。例如，在 SpringOrder 项目的 order-service 中，我们可以在应用程序的启动类上添加这个注解，如代码清单 4-9 所示。

代码清单 4-9　@LoadBalancerClient 注解使用代码

```
@SpringBootApplication
@LoadBalancerClient(value = "account-service", configuration =
    RandomLoadBalancerConfig.class)
public class Application {
    public static void main(String[] args) {
        SpringApplication.run(Application.class, args);
    }
}
```

@LoadBalancerClient 注解的定义非常简单，我们只需要指定目标服务名称以及对应的配置内容，如代码清单 4-10 所示。

代码清单 4-10 @LoadBalancerClient 注解定义代码

```
@Configuration(proxyBeanMethods = false)
@Import(LoadBalancerClientConfigurationRegistrar.class)
@Target(ElementType.TYPE)
@Retention(RetentionPolicy.RUNTIME)
@Documented
public @interface LoadBalancerClient {
    @AliasFor("name")
    String value() default "";

    @AliasFor("value")
    String name() default "";

    Class<?>[] configuration() default {};
}
```

基于 @LoadBalancerClient 注解，不难理解在代码清单 4-10 中，我们在访问 account-service 这个目标服务时会自动采用 RandomLoadBalancerConfig 中所定义的负载均衡策略，也就是随机策略。

4.3 扩展负载均衡策略

通过 4.2 节的介绍，我们发现 Spring Cloud LoadBalancer 内置的负载均衡器并不丰富，很难满足复杂场景下的各种定制化需求。因此，在日常开发过程中，我们通常需要对其进行扩展。基于对 RandomLoadBalancerConfig 配置类和 @LoadBalancerClient 注解的理解，我们发现想要实现这一目标并不复杂，这就是本节要介绍的内容。

在 Spring Cloud LoadBalancer 中，自定义负载均衡器的实现流程比较固化，总体可以分成三个步骤，如图 4-9 所示。

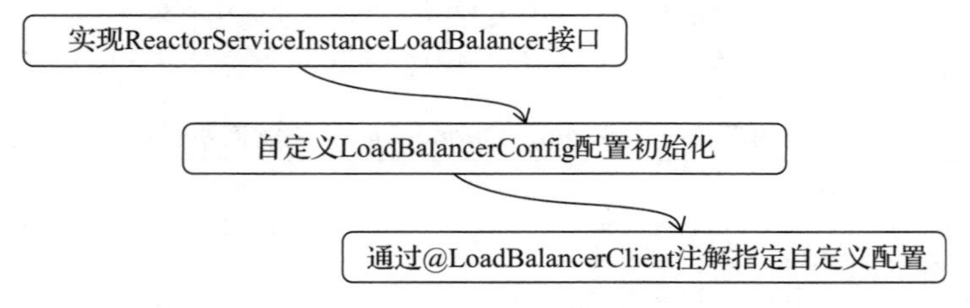

图 4-9 自定义负载均衡器实现步骤

在本节接下来的内容中，我们将通过具体的示例展示上述步骤的实现过程和技巧。

4.3.1 实现自定义负载均衡算法

首先，我们想要实现一个自定义的随机负载均衡器 CustomRandomLoadBalancer。基于

图 4-9 所示的实现步骤，我们应该先创建一个负载均衡器并让它实现 ReactorServiceInstance-LoadBalancer 接口，如代码清单 4-11 所示。

代码清单 4-11　ReactorServiceInstanceLoadBalancer 接口实现类代码

```
public class CustomRandomLoadBalancer implements ReactorServiceInstanceLoadBalancer {
    // 服务列表
    private ObjectProvider<ServiceInstanceListSupplier> serviceInstanceList
        SupplierProvider;

    public CustomRandomLoadBalancer(ObjectProvider<ServiceInstanceListSupplier>
        serviceInstanceListSupplierProvider) {
        this.serviceInstanceListSupplierProvider = serviceInstanceListSupplier-
            Provider;
    }
}
```

注意到这里通过构造函数注入了一个 ObjectProvider<ServiceInstanceListSupplier> 对象，该对象专门用来获取 ServiceInstanceListSupplier，而后者保存着目标服务的一组实例 ServiceInstance。一旦有了 ServiceInstanceListSupplier，我们就可以获取 ServiceInstance 的列表，进而嵌入各种自定义的负载均衡算法。完整版的 CustomRandomLoadBalancer 实现过程如代码清单 4-12 所示。

代码清单 4-12　完整版的 CustomRandomLoadBalancer 实现类代码

```
public class CustomRandomLoadBalancer implements ReactorServiceInstanceLoadBalancer {
    // 服务列表
    private ObjectProvider<ServiceInstanceListSupplier> serviceInstanceList-
        SupplierProvider;

    public CustomRandomLoadBalancer(ObjectProvider<ServiceInstanceListSupplier>
        serviceInstanceListSupplierProvider) {
        this.serviceInstanceListSupplierProvider = serviceInstanceListSupplier-
            Provider;
    }

    @Override
    public Mono<Response<ServiceInstance>> choose(Request request) {
        ServiceInstanceListSupplier supplier = serviceInstanceListSupplierProvider.
            getIfAvailable(NoopServiceInstanceListSupplier::new);
        return supplier.get().next().map(this::getInstanceResponse);
    }

    private Response<ServiceInstance> getInstanceResponse(List<ServiceInstance>
        instances) {
        System.out.println("进入自定义负载均衡算法");
        if (instances.isEmpty()) {
            return new EmptyResponse();
        }
```

```
        System.out.println(" 执行自定义随机选取服务操作 ");
        // 随机算法
        int size = instances.size();
        Random random = new Random();
        ServiceInstance instance = instances.get(random.nextInt(size));

        return new DefaultResponse(instance);
    }
}
```

在代码清单 4-12 中，我们通过构建一个随机数来确定 ServiceInstance 数组中的下标值，进而获取该服务实例。

介绍完自定义的随机负载均衡器，我们可以把它和 Spring Cloud LoadBalancer 中内置的 RandomLoadBalancer 进行对比。RandomLoadBalancer 的实现过程如代码清单 4-13 所示。

代码清单 4-13　RandomLoadBalancer 实现类代码

```
public class RandomLoadBalancer implements ReactorServiceInstanceLoadBalancer {
    private final String serviceId;
    private ObjectProvider<ServiceInstanceListSupplier> serviceInstanceListSupplier-
        Provider;

    public RandomLoadBalancer(ObjectProvider<ServiceInstanceListSupplier> servic-
        eInstanceListSupplierProvider, String serviceId) {
        this.serviceId = serviceId;
        this.serviceInstanceListSupplierProvider = serviceInstanceListSupplier-
            Provider;
    }

    @Override
    public Mono<Response<ServiceInstance>> choose(Request request) {
        ServiceInstanceListSupplier supplier = serviceInstanceListSupplierProvider
            .getIfAvailable(NoopServiceInstanceListSupplier::new);
        return supplier.get(request).next()
            .map(serviceInstances -> processInstanceResponse(supplier, serviceIns-
                tances));
    }

    private Response<ServiceInstance> processInstanceResponse(ServiceInstance
        ListSupplier supplier, List<ServiceInstance> serviceInstances) {
        Response<ServiceInstance> serviceInstanceResponse = getInstanceResponse(
            serviceInstances);
        ...
    }

    private Response<ServiceInstance> getInstanceResponse(List<ServiceInstance>
        instances) {
        ...
        int index = ThreadLocalRandom.current().nextInt(instances.size());
        ServiceInstance instance = instances.get(index);
```

```
            return new DefaultResponse(instance);
        }
    }
```

通过对比不难看出，Spring Cloud LoadBalancer 中内置的 RandomLoadBalancer 与自定义的 CustomRandomLoadBalancer 具有完全一致的实现过程。它们都具备类似的构造函数，也实现了 ReactorServiceInstanceLoadBalancer 接口的 choose 方法，区别只是在这个 choose 方法中采用了不同的技术实现方案来构建随机负载均衡策略。可以说，当我们想要实现自定义负载均衡器时，完全可以以 Spring Cloud LoadBalancer 内置的负载均衡器作为模板，然后进行一定程度的调整和重构，而不需要从零开始构建。

当我们完成了对自定义负载均衡器 CustomRandomLoadBalancer 的构建后，下一步就是把它应用到远程调用过程中，这部分工作还是通过 @LoadBalancerClient 注解完成，在 4.2.2 节中我们已经演示了 @LoadBalancerClient 注解的使用方法。当然，在此之前我们同样需要创建一个自定义的配置类 CustomLoadBalancerConfig，把 CustomRandomLoadBalancer 添加到 Spring 的上下文中，如代码清单 4-14 所示。

代码清单 4-14　自定义 CustomLoadBalancerConfig 配置类代码

```
@Configuration
public class CustomLoadBalancerConfig {
    @Bean
    public ReactorServiceInstanceLoadBalancer customLoadBalancer(ObjectProvider
        <ServiceInstanceListSupplier> serviceInstanceListSupplierProvider) {
        //返回自定义随机负载均衡算法
        return new CustomRandomLoadBalancer(serviceInstanceListSupplierProvider);
    }
}
```

4.3.2　实现标签化负载均衡方案

有了实现自定义负载均衡策略的基础，我们更进一步讨论基于标签（Tag）的负载均衡方案。

1. 标签化负载均衡及其应用

在日常开发过程中，标签是一个高度抽象的概念，可以通过标签对数据进行过滤、筛选等定制化操作。而对于微服务远程调用而言，我们可以通过使用标签来控制服务路由和访问的细节。图 4-10 展示了标签化负载均衡的一种设计方案。

在图 4-10 中，我们不难看出可以对微服务的实例进行标签化。例如某一个服务具有 3 个服务实例，其中服务实例 1 和服务实例 3 具备标签 X，而服务实例 2 则具备标签 Y。那么当执行远程调用时，我们就可以基于标签 X 过滤掉服务实例 2，而只确保服务实例 1 和服务实例 3 参与到负载均衡的计算过程中去。

标签化负载均衡方案的一个典型应用场景就是灰度发布。所谓灰度发布（Gray Release，又叫金丝雀发布)，就是让新开发的功能先在部分实例中生效，如果效果理想则全量发布到所有实例，如果效果不理想就可以放弃当前的发布内容。我们需要有一种机制确保请求可以访问到这些具备新功能的服务实例。灰度发布的实现步骤如图 4-11 所示。

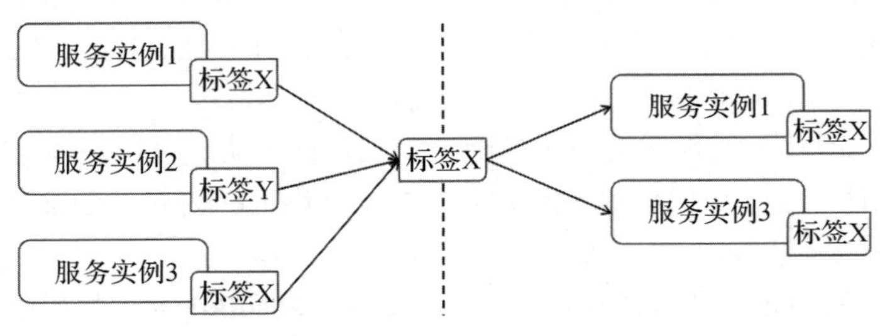

图 4-10　标签化负载均衡的一种设计方案

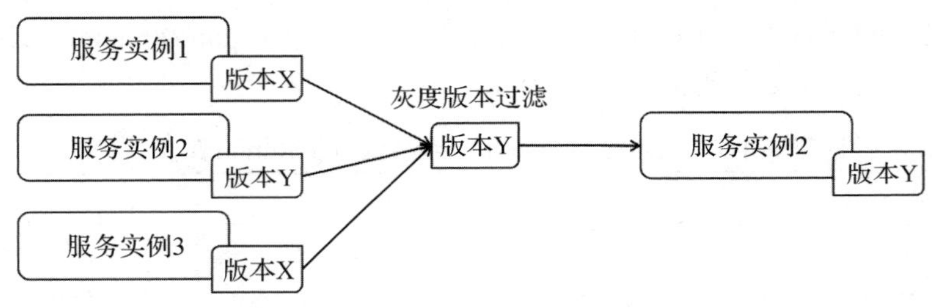

图 4-11　灰度发布的实现步骤

想要实现图 4-11 中所示的灰度发布的步骤，本质上还是设计并实现一套自定义的负载均衡策略，让我们一起来看一下。

2. 标签化负载均衡方案实现

和图 4-11 所示的实现步骤一样，我们创建一个标签化负载均衡器 TagLoadBalancer，该类实现了 ReactorServiceInstanceLoadBalancer 接口，如代码清单 4-15 所示。

代码清单 4-15　TagLoadBalancer 实现类代码

```
@Component
@RefreshScope
public class TagLoadBalancer implements ReactorServiceInstanceLoadBalancer {
    @Value("${tag}")
    private String tagValue;

    // 服务列表
    private ObjectProvider<ServiceInstanceListSupplier> serviceInstanceList-
        SupplierProvider;

    public TagLoadBalancer(ObjectProvider<ServiceInstanceListSupplier> service-
        InstanceListSupplierProvider) {
        this.serviceInstanceListSupplierProvider = serviceInstanceListSupplier-
            Provider;
```

```
    }

    @Override
    public Mono<Response<ServiceInstance>> choose(Request request) {
        ServiceInstanceListSupplier supplier = serviceInstanceListSupplierProvider.
            getIfAvailable(NoopServiceInstanceListSupplier::new);

        return  supplier.get().next().map(list -> getInstanceResponse(list,
            tagValue));
    }

    private Response<ServiceInstance> getInstanceResponse(
            List<ServiceInstance> instances, String tagValue) {
        System.out.println("进入自定义负载均衡算法");
        if (instances.isEmpty()) {
            return new EmptyResponse();
        }

        List<ServiceInstance> chooseInstances = filterList(instances, instance ->
            tagValue.equals(TagUtils.getTag(instance)));
        if (CollUtil.isEmpty(chooseInstances)) {
            System.out.println("没有满足tag:" + tagValue + "的服务实例列表，直接使用
                所有服务实例列表");
            chooseInstances = instances;
        }

        System.out.println("执行自定义随机选取服务操作");
        //直接使用Nacos提供的随机+权重算法获取实例列表
        return  new  DefaultResponse(NacosBalancer.getHostByRandomWeight3(choose-
            Instances));
    }

    public  static  <T>  List<T>  filterList(Collection<T>  from,  Predicate<T>
        predicate) {
        if (CollUtil.isEmpty(from)) {
            return new ArrayList<>();
        }

        return from.stream().filter(predicate).collect(Collectors.toList());
    }
}
```

在代码清单 4-15 中，有几个地方值得我们注意。首先，这里通过 Spring 的 @Value 注解注入了一个目标标签值“tagValue”。在实际应用中，标签值是可以动态变化的，所以这里使用配置项的方式对其进行管理。我们可以在微服务的配置文件中添加如代码清单 4-16 所示的配置项。

代码清单 4-16　自定义标签配置项代码

```
tag:
    2.0.0
```

有了目标标签值之后，接下来就是最为关键的一步，即将该标签值与服务实例中的实例标签值进行对比，具体实现过程如代码清单 4-17 所示。

代码清单 4-17　标签过滤实现代码

```
List<ServiceInstance> chooseInstances = filterList(instances, instance ->
    tagValue.equals(TagUtils.getTag(instance)));
```

这里我们基于流式语法实现了一个工具方法 filterList，该工具方法会判断传入的目标标签值与服务实例自身标签值的相等性。讲到这里，你可能会问：服务实例自身的标签值是从何而来的呢？这是一个好问题，让我们结合第 2 章中的内容进行分析。

在第 2 章中，我们介绍了 Nacos 中服务元数据的概念。在服务基本属性的基础上，服务元数据进一步定义了 Nacos 中服务的细节属性和描述信息。基于元数据，开发人员可以在注册实例时自定义想要扩展的任何业务信息，表现形式为一组 Key-Value（键值）对。而在 Nacos 控制台中，我们可以找到编辑服务实例元数据的入口，如图 4-12 所示。

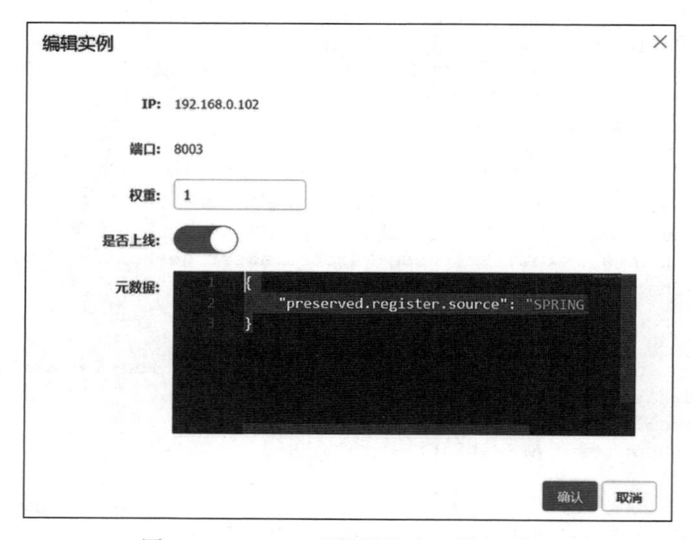

图 4-12　Nacos 元数据的入口设置界面

从图 4-12 中可以看到，在 Nacos 的服务实例中默认存在一个元数据键值对。而开发人员可以添加任何想要添加的元数据，包括服务实例的版本号，如代码清单 4-18 所示。

代码清单 4-18　版本号元数据定义代码

```
{
    "tag": "1.0.0"
}
```

现在，元数据已经有了，那么下一步要做的就是读取这个元数据信息。为此，我们可以实现如代码清单 4-19 所示的标签工具类 TagUtils。

代码清单 4-19　TagUtils 类实现代码

```java
public class TagUtils {
    private static final String TAG_NAME = "tag";

    public static String getTag(ServiceInstance instance) {
        //通过实例元数据获取版本信息
        return instance.getMetadata().get(TAG_NAME);
    }

    public static String getTag(HttpHeaders headers) {
        //根据请求头获取版本信息
        String tag = headers.getFirst(TAG_NAME);
        return tag;
    }
    public static void setTag(RequestTemplate requestTemplate, String tag) {
        requestTemplate.header(TAG_NAME, tag);
    }
}
```

在 TagUtils 中，我们通过服务实例类 ServiceInstance 的 getMetadata 方法获取了该实例的所有元数据，然后再通过 get(TAG_NAME) 方法获取了“tag”这个 Key 所对应的标签值。显然，通过这种方法我们就能获取位于各个服务实例中的标签值，进而和配置的目标标签值进行对比，从而实现标签化的负载均衡机制。

请注意，当你设置 Nacos 服务实例的元数据时，可能会出现如图 4-13 所示的异常情况。

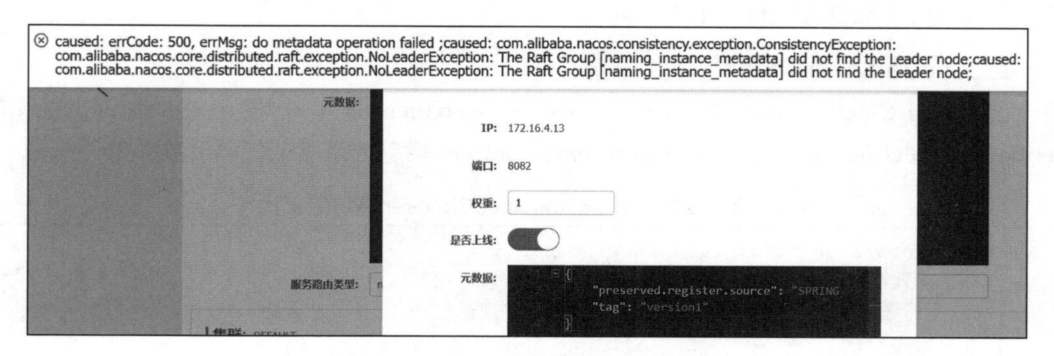

图 4-13　Nacos 元数据设置异常界面

图 4-13 中产生报错的原因是 Nacos 采用 Raft 算法来计算服务器集群中的 Leader，并且会记录前一次启动的集群地址。所以当服务器 IP 改变时，会导致 Raft 算法所记录的集群地址失效，从而导致 Leader 选举出现问题。该问题的解决方案很简单，只要删除 Nacos 根目录的 data 文件夹下的 protocol 文件夹，并重启 Nacos 即可。

4.4　Spring Cloud LoadBalancer 基本原理

无论你是使用 RestTemplate、WebClient 还是 OpenFeign 的 RequestTemplate，Spring

Cloud LoadBalancer 都为我们提供了统一的负载均衡解决方案，如图 4-14 所示。

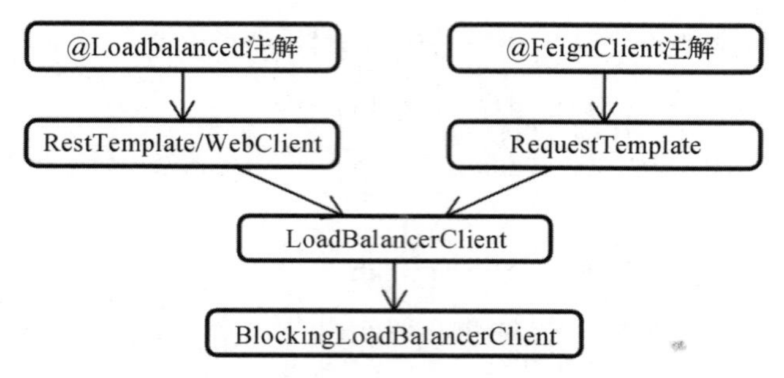

图 4-14　Spring Cloud LoadBalancer 统一的负载均衡解决方案

可以看到，图 4-14 的底层是 LoadBalancerClient 接口及其实现类 BlockingLoadBalancer-Client，而 RestTemplate、WebClient 和 RequestTemplate 都是这一接口的具体应用形式。因此，从原理角度讲，我们可以采用从底层出发来剖析负载均衡的实现机制，然后再回归到高层应用形式的讨论。这就是本节内容的讲解思路。

4.4.1　LoadBalancerClient 接口及其实现

LoadBalancerClient 是 Spring Cloud LoadBalancer 中最重要的一个接口，本节内容将围绕这一接口的实现过程进行详细展开。

1. LoadBalancerClient

在 Spring Cloud LoadBalancer 中，LoadBalancerClient 是一个核心接口，它继承自 ServiceInstanceChooser 接口。ServiceInstanceChooser 接口的定义如代码清单 4-20 所示。

代码清单 4-20　ServiceInstanceChooser 接口定义代码

```
public interface ServiceInstanceChooser {
    //根据特定服务获取服务实例
    ServiceInstance choose(String serviceId);

    //根据特定服务和请求获取服务实例
    <T> ServiceInstance choose(String serviceId, Request<T> request);
}
```

从代码清单 4-20 中可以看到，ServiceInstanceChooser 接口定义了两个 choose 重载方法，这两个方法用于根据服务的名称 serviceId 来选择其中一个服务实例，即根据 serviceId 获取 ServiceInstance。

LoadBalancerClient 接口在 ServiceInstanceChooser 接口的基础上添加了执行远程调用的相关方法，如代码清单 4-21 所示。

代码清单 4-21　LoadBalancerClient 接口定义代码

```
public interface LoadBalancerClient extends ServiceInstanceChooser {
```

```
    // 执行服务调用，使用从负载均衡器中挑选出的服务实例来执行请求内容
    <T> T execute(String serviceId, LoadBalancerRequest<T> request) throws
        IOException;
    <T> T execute(String serviceId, ServiceInstance serviceInstance,
        LoadBalancerRequest<T> request) throws IOException;

    // 根据所选 ServiceInstance 的 host 和 port 再加上服务的端点路径来构造一个真正可供访问的服务
    URI reconstructURI(ServiceInstance instance, URI original);
}
```

如代码清单 4-21 所示，LoadBalancerClient 接口包含了两个 execute 方法，均用来执行请求。而剩余的 reconstructURI 方法则用来重组目标服务的访问 URL，也就是用服务实例的 host 和 port 再加上服务的端点路径来构造一个真正可供访问的服务。

在目前的 Spring Cloud LoadBalancer 中，LoadBalancerClient 接口只有一个实现类，那就是 BlockingLoadBalancerClient。从命名上看，BlockingLoadBalancerClient 是一个阻塞式的 LoadBalancerClient。那么，为什么这个类要这样命名呢？我们来看它的 choose 方法就明白了，该方法的实现过程如代码清单 4-22 所示。

代码清单 4-22　BlockingLoadBalancerClient 类实现代码

```
public class BlockingLoadBalancerClient implements LoadBalancerClient {
    @Override
    public <T> ServiceInstance choose(String serviceId, Request<T> request) {
        // 通过 LoadBalancerClientFactory 获取负载均衡器实例
        ReactiveLoadBalancer<ServiceInstance> loadBalancer = loadBalancer-
            ClientFactory.getInstance(serviceId);

        // 通过 block 方法阻塞获取负载均衡执行结果
        Response<ServiceInstance> loadBalancerResponse = Mono.from(loadBalancer.
            choose(request)).block();

        return loadBalancerResponse.getServer();
    }
}
```

可以看到，这里使用了 Mono 对象的 block 方法来获取请求的响应结果。在响应式编程框架 Project Reactor 中，block 方法的作用就是触发对响应式流的订阅，从而获取数据结果。通过该方法我们可以获取负载均衡的结果。由于这一执行过程是阻塞式的，所以 Spring Cloud LoadBalancer 将该类命名为 BlockingLoadBalancerClient。

讲到这里，你可能会问：既然我们采用了响应式编程技术，那么为什么 Spring Cloud LoadBalancer 不提供支持响应式流的非阻塞式的 LoadBalancerClient 实现类呢？原因在于全栈式响应式编程的设计理念。所谓全栈式响应式编程，指的是响应式开发方式的有效性取决于在整个请求链路的各个环节是否都采用了响应式编程模型。如果某一个环节或步骤不是响应式的，就会出现同步阻塞，从而导致响应式流无法生效。如果某一层组件（例如数据访问层或 Web 服务层）无法采用响应式编程模型，那么响应式编程的概念对于整个请求链

路的其他层而言就没有意义。如果我们调用的是一个普通的 HTTP 端点，那么即使你采用了响应式编程技术也无法构建响应式流，因此只能通过阻塞式的方式获取请求结果。

在 BlockingLoadBalancerClient 中，choose 方法的调用入口是在 execute 方法中，如代码清单 4-23 所示。

代码清单 4-23 BlockingLoadBalancerClient 类的 execute 方法实现代码

```
public <T> T execute(String serviceId, LoadBalancerRequest<T> request) throws
    IOException {
    // 基于 Hint 机制实现强制负载均衡
    String hint = getHint(serviceId);

    LoadBalancerRequestAdapter<T, DefaultRequestContext> lbRequest = new LoadBalancer-
        RequestAdapter<>(request, new DefaultRequestContext(request, hint));
    // 基于 choose 方法获取目标服务实例
    ServiceInstance serviceInstance = choose(serviceId, lbRequest);

    return execute(serviceId, serviceInstance, lbRequest);
}

public <T> T execute(String serviceId, ServiceInstance serviceInstance,
    LoadBalancerRequest<T> request) throws IOException {
    try {
        T response = request.apply(serviceInstance);
        // 执行远程调用
        Object clientResponse = getClientResponse(response);
        return response;
    }
    ...
    return null;
}
```

注意这里通过 LoadBalancerRequestAdapter 对象对所选中的 ServiceInstance 发起请求并最终获取响应结果。

2. LoadBalancerClientFactory

让我们回到代码清单 4-22，注意到这里通过一个 LoadBalancerClientFactory 对象获取了 ReactiveLoadBalancer 实例。顾名思义，LoadBalancerClientFactory 的作用就是获取 LoadBalancerClient，它实现了 ReactiveLoadBalancer.Factory 接口，如代码清单 4-24 所示。

代码清单 4-24 LoadBalancerClientFactory 类实现代码

```
public class LoadBalancerClientFactory extends NamedContextFactory<LoadBalancer-
    ClientSpecification> implements ReactiveLoadBalancer.Factory<ServiceInstance> {
    @Override
    public ReactiveLoadBalancer<ServiceInstance> getInstance(String serviceId) {
        // 根据 serviceId 获取 ReactorServiceInstanceLoadBalancer 实现类
        return getInstance(serviceId, ReactorServiceInstanceLoadBalancer.class);
    }
}
```

LoadBalancerClientFactory 扩展了 Spring 框架内置的 NamedContextFactory 工厂类，并调用它的 getInstance 方法获取 ReactorServiceInstanceLoadBalancer 的实例，该方法的实现过程如代码清单 4-25 所示。

代码清单 4-25　Spring 中 NamedContextFactory 抽象类实现代码

```
public abstract class NamedContextFactory<C extends NamedContextFactory.
    Specification> implements DisposableBean, ApplicationContextAware {
    public <T> T getInstance(String name, Class<T> type) {
        AnnotationConfigApplicationContext context = getContext(name);
        try {
            // 直接通过 ReactorServiceInstanceLoadBalancer 类的类型从 Spring 容器中加载
              类目标实例
            return context.getBean(type);
        }
        return null;
    }
}
```

从代码清单 4-25 中可以看到，NamedContextFactory 的 getInstance 方法的实现过程非常简单，直接通过 ReactorServiceInstanceLoadBalancer 类的类型从 Spring 容器中加载类目标实例。回想 4.3 节中介绍自定义负载均衡算法时所实现的 CustomLoadBalancerConfig 配置类，相信你不难理解这一实现过程。

4.4.2　@LoadBalanced 注解

介绍完底层的 LoadBalancerClient 接口及其实现，让我们来到它的应用形式，这里以 @LoadBalanced 注解为例展开讨论。用过 @LoadBalanced 注解的读者可能会问：为什么添加了这个注解的 RestTemplate 就能自动具备客户端负载均衡的能力呢？这是一个面试过程中经常被问到的问题。

事实上，在 Spring Cloud LoadBalancer 中存在一个 LoadBalancerAutoConfiguration 类，即 LoadBalancer 的自动配置类，该类位于 spring-cloud-commons 工程的 org.springframework.cloud.client.loadbalancer 包中。在 LoadBalancerAutoConfiguration 类中，首先维护了一个被 @LoadBalanced 注解修饰的 RestTemplate 对象的列表。在初始化的过程中，对于所有被 @LoadBalanced 注解修饰的 RestTemplate，系统会调用 RestTemplateCustomizer 的 customize 方法进行定制化，该定制化的过程就是对目标 RestTemplate 增加拦截器 LoadBalancerInterceptor，如代码清单 4-26 所示。

代码清单 4-26　LoadBalancerAutoConfiguration 中的 RestTemplate 对象列表定义代码

```
@Configuration(proxyBeanMethods = false)
@ConditionalOnClass(RestTemplate.class)
@ConditionalOnBean(LoadBalancerClient.class)
@EnableConfigurationProperties(LoadBalancerClientsProperties.class)
public class LoadBalancerAutoConfiguration {
```

```
    ...
    @Configuration
    @ConditionalOnMissingClass("org.springframework.retry.support.RetryTemplate")
    static class LoadBalancerInterceptorConfig {
        @Bean
        public LoadBalancerInterceptor ribbonInterceptor(LoadBalancerClient
            loadBalancerClient, LoadBalancerRequestFactory requestFactory) {
            return new LoadBalancerInterceptor(loadBalancerClient, requestFactory);
        }

        @Bean
        @ConditionalOnMissingBean
        public RestTemplateCustomizer restTemplateCustomizer(final LoadBalancer
            Interceptor loadBalancerInterceptor) {
                return restTemplate -> {
                    List<ClientHttpRequestInterceptor> list = new ArrayList<>(
                        restTemplate.getInterceptors());
                    list.add(loadBalancerInterceptor);
                    restTemplate.setInterceptors(list);
            };
        }
    }
}
```

这里的 LoadBalancerInterceptor 用于实现对请求的拦截，可以看到在它的构造函数中传入了一个对象 LoadBalancerClient，而在它的拦截方法中本质上就是使用这个 LoadBalancerClient 来执行真正的负载均衡。LoadBalancerInterceptor 类实现代码如代码清单 4-27 所示。

代码清单 4-27　LoadBalancerInterceptor 类实现代码

```
public class LoadBalancerInterceptor implements ClientHttpRequestInterceptor {
    private LoadBalancerClient loadBalancer;
    private LoadBalancerRequestFactory requestFactory;

    public LoadBalancerInterceptor(LoadBalancerClient loadBalancer,
        LoadBalancerRequestFactory requestFactory) {
        this.loadBalancer = loadBalancer;
        this.requestFactory = requestFactory;
    }

    public LoadBalancerInterceptor(LoadBalancerClient loadBalancer) {
        this(loadBalancer, new LoadBalancerRequestFactory(loadBalancer));
    }

    @Override
    public ClientHttpResponse intercept(final HttpRequest request, final byte[]
        body, final ClientHttpRequestExecution execution) throws IOException {
        final URI originalUri = request.getURI();
        String serviceName = originalUri.getHost();
        Assert.state(serviceName != null, "Request URI does not contain a valid
            hostname: " + originalUri);
```

```
        return this.loadBalancer.execute(serviceName, requestFactory.createRequest
            (request, body, execution));
    }
}
```

可以看到这里的拦截方法 intercept 直接调用了 LoadBalancerClient 的 execute 方法完成对请求的负载均衡执行。这样我们就把 LoadBalancerClient 和 @LoadBalanced 注解整合在了一起。图 4-15 展示了这一整合过程涉及的核心类和关联关系。

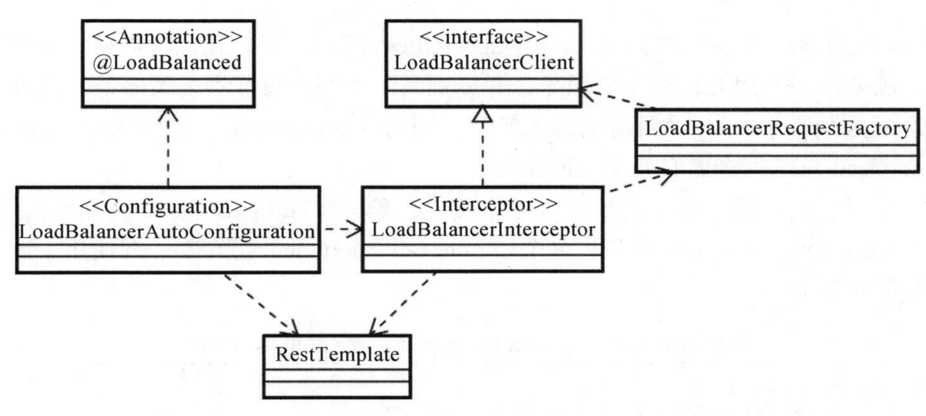

图 4-15　Spring Cloud LoadBalancer 核心类和关联关系

4.5　案例系统演进

介绍完使用 Spring Cloud LoadBalancer 实现负载均衡的方法和过程，本节我们回到 SpringOrder 项目，讨论如何在案例系统中嵌入负载均衡机制。

4.5.1　案例分析

在 SpringOrder 项目中，我们回想在上一章中梳理的远程服务调用交互图，如图 4-16 所示。

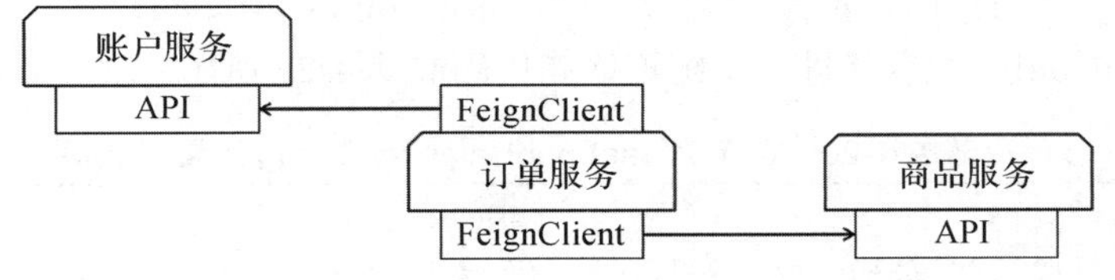

图 4-16　SpringOrder 基于 OpenFeign 的交互场景

当我们使用 OpenFeign 执行远程调用时，事实上 Spring Cloud LoadBalancer 已经发挥

了作用，也就是说 order-service 对 account-service 和 product-service 触发的每一次远程调用都自动集成了负载均衡功能，这部分功能对于开发人员而言是透明的。这种自动化的集成机制为我们提供了很大的便利性，但很多时候，我们希望对负载均衡过程施加一定的定制化能力，比如针对 product-service 的远程调用应该具备灰度发布能力，因为 product-service 的变动对 order-service 中业务流程的正常执行可能会造成比较大的影响。

4.5.2 实现负载均衡

我们已经在 4.2 节中介绍了 @LoadBalancerClient 注解。现在我们考虑另一种场景，假设一个微服务需要调用另外两个微服务，并分别采用不同的负载均衡策略，那应该如何实现呢？这就是 SpringOrder 项目所面临的问题，因为 order-servcie 会同时向 account-service 和 product-service 这两个微服务发起远程调用。

为了应对上述场景，我们需要引入一个复合注解，即 @LoadBalancerClients 注解。@LoadBalancerClients 注解的作用是将多个 @LoadBalancerClient 组合在一起使用，使用方法如代码清单 4-28 所示。

代码清单 4-28 @LoadBalancerClients 注解使用代码

```
@SpringBootApplication
@LoadBalancerClients(
        value = {
            @LoadBalancerClient(value = "account-service", configuration =
                RandomLoadBalancerConfig.class),
            @LoadBalancerClient(value = "product-service", configuration =
                TagLoadBalancerConfig.class)
        }, defaultConfiguration = LoadBalancerClientConfiguration.class
)
public class Application {
    public static void main(String[] args) {
        SpringApplication.run(Application.class, args);
    }
}
```

不难看出，在代码清单 4-28 中，我们分别针对 account-service 和 product-service 这两个服务配置了两个不同的负载均衡器，一个是 Spring Cloud LoadBalancer 内置的 RandomLoadBalancer，一个是我们自定义的支持灰度发布的 TagLoadBalancer，我们通过新建一个 TagLoadBalancerConfig 配置类进行了配置，如代码清单 4-29 所示。

代码清单 4-29 自定义 TagLoadBalancerConfig 配置类代码

```
@Configuration
public class TagLoadBalancerConfig {
    @Bean
    public ReactorServiceInstanceLoadBalancer customLoadBalancer(ObjectProvider
        <ServiceInstanceListSupplier> serviceInstanceListSupplierProvider) {
        //返回自定义标签负载均衡算法
```

```
        return new TagLoadBalancer(serviceInstanceListSupplierProvider);
    }
}
```

从代码清单 4-29 中可以看到，TagLoadBalancerConfig 中配置的是我们在 4.3 节中介绍的标签化负载均衡实现方案，通过这种方式就能够确保不同的远程调用集成不同的负载均衡策略。

4.6　本章小结

本章介绍了 Spring Cloud Alibaba 中用于提供负载均衡功能的 Spring Cloud LoadBalancer 组件。在 Spring Cloud Alibaba 中，Spring Cloud LoadBalancer 组件与第 2 章介绍的 Nacos 组件以及第 3 章介绍的 OpenFeign 组件的关系都非常密切，需要相互结合作为一个整体进行理解。

Spring Cloud LoadBalancer 是一种客户端负载均衡工具，4.1 节对负载均衡的类型和基本算法做了简要展开，帮助读者了解工具背后的背景和设计思想。

本章重点关注 Spring Cloud LoadBalancer 的使用方法和工作流程，可以看到 Spring Cloud Alibaba 已经为我们提供了非常简单的集成方式。实际上，当使用 OpenFeign 组件时，我们不需要做额外的开发工作就能在代码中自动嵌入客户端负载均衡机制。但很多时候内置的负载均衡机制并不能满足我们的需求，这时候可以引入自定义负载均衡方案来对现有负载均衡机制进行扩展，从而满足灰度发布等复杂应用场景的具体需求。

工具的使用固然简单，但我们还是需要对工具内部的实现机制做深入了解。本章同样对 Spring Cloud LoadBalancer 的基本架构展开讨论，分析了 Spring Cloud LoadBalancer 中几个核心接口的定义以及关键注解的工作原理。

在本章的最后，我们回到 SpringOrder 案例系统，分析了该案例系统中与负载均衡相关的需求，并给出了对应的实现方式。

扫描下方二维码，查看本章视频教程。

①使用 Spring Cloud LoadBalancer 实现负载均衡

②使用 Spring Cloud LoadBalancer 实现自定义负载均衡

③基于标签机制实现定制化路由机制

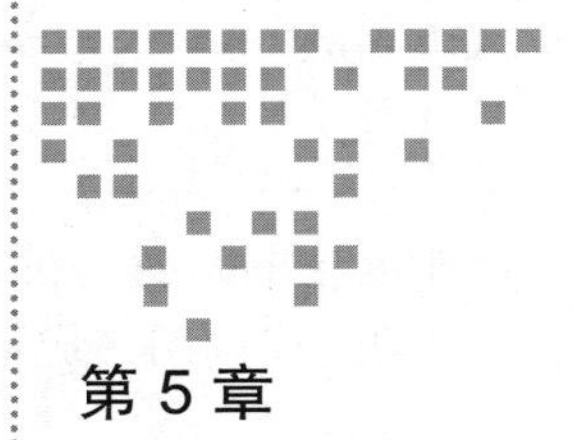

Chapter 5 第5章

配置中心和 Nacos

配置管理的需求在任何类型的系统中都存在，而且随着业务复杂度的提升和技术架构的演变，系统对配置信息的管理能力也会提出越来越高的要求。例如在单体系统中，配置管理方式典型的演变过程往往是这样的：刚开始时配置文件比较少，更新频率也不会太高，所以倾向于把所有配置跟源代码一起放在代码仓库中；之后由于配置文件数量和改动频率的增加，就会考虑将配置文件从代码仓库中分离出来放在CI（持续集成）服务器上通过打包脚本打入应用包中，或者直接放到运行服务实例的服务器特定目录下，剩下的非文件形式的关键配置则存入数据库中。

上述配置管理的演变过程在单体系统阶段非常常见，在确保配置信息安全性的前提下也往往可以运行得很好。但到了微服务阶段，面对爆发式增长的应用数量和服务器数量，传统的管理方式就显得无能为力。为此，在微服务架构中，一般都需要引入配置中心（Configuration Center）的设计思想和相关工具。

本章重点介绍基于 Nacos 的分布式配置中心方案。Nacos 是一款支持动态服务发现、配置和服务管理平台，同时具备注册中心和配置中心的核心能力。在一个微服务系统中，各个服务都可能会依赖配置中心以完成配置信息的统一管理。我们也会基于 SpringOrder 项目来演示 Nacos 作为配置中心时的各项功能特性。

5.1 配置中心的模型和作用

考虑到服务的数量和配置信息的分散性，在微服务系统中，各个服务中所用到的配置信息都应该维护在配置中心中。本节将围绕配置中心的基本概念展开讨论，我们试图梳理分布式配置模型，涉及配置信息的分类、组成结构，以及配置中心的核心需求和实现工具等各个方面。

5.1.1　配置中心的基本模型

所谓配置中心，简单来说就是一种统一管理各种应用配置信息的基础服务组件。我们先来看配置中心的基本模型。

1. 配置信息的分类

配置中心中存放的是各种配置信息，这些配置信息相关的内容可以分成以下几类。

- 按配置的来源划分：可分为源代码文件、数据库和远程调用。
- 按配置的适用环境划分：可分为开发环境、测试环境、预发布环境和生产环境等。
- 按配置的集成阶段划分：可分为编译时、打包时和运行时。编译时的配置信息最常见的有两种，一种是源代码级的配置，一种是把配置文件和源代码一起提交到代码仓库中。打包时的配置信息会在应用打包阶段以某种方式将配置嵌入到最终的应用包中。而运行时配置信息是指应用启动前并不知道具体的配置，而是先从本地或者远程获取配置，然后再正常启动应用程序。
- 按配置的加载方式划分：可分为单次加载型配置和动态加载型配置，后者也被叫作热加载型配置。

如果我们设计一款完整而全面的配置中心，就需要考虑上述的各个因素，从而抽象出相应的概念。例如，我们需要抽象出一个概念来指定配置信息的版本，也可能需要另一个概念来表示开发、生产和测试等不同的运行环境，如图 5-1 所示。

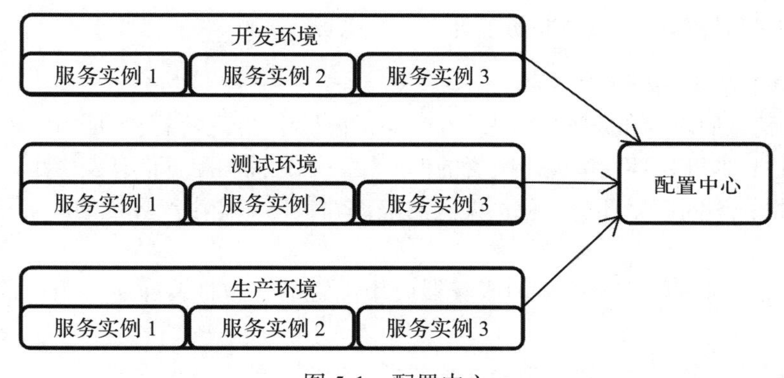

图 5-1　配置中心

事实上，我们在本书第 2 章介绍 Nacos 注册中心模型时已经提到过环境的资源隔离的问题。而在后续内容中，我们会发现 Nacos 也考虑到了将这些概念应用到配置中心中去。

2. 配置中心的组成结构

每一个微服务系统都应该有一个配置中心，图 5-2 展示了微服务系统中配置中心的定位以及它所应具备的基本结构。

在图5-2中，我们看到配置中心由两个核心组件构成，分别是配置仓库和配置服务器。

（1）配置仓库

配置中心中的所有配置信息都存放在一个配置仓库（Repository）中。配置仓库的实现方式有很多，我们可以采用SVN和Gitlab等具备版本控制功能的第三方工具，也可以自建一个具有持久化或内存存储功能的存储媒介。通常，开发人员通过配置管理和持续交付的各项模式和实践，并借助特定工具完成配置仓库中配置信息的更新。

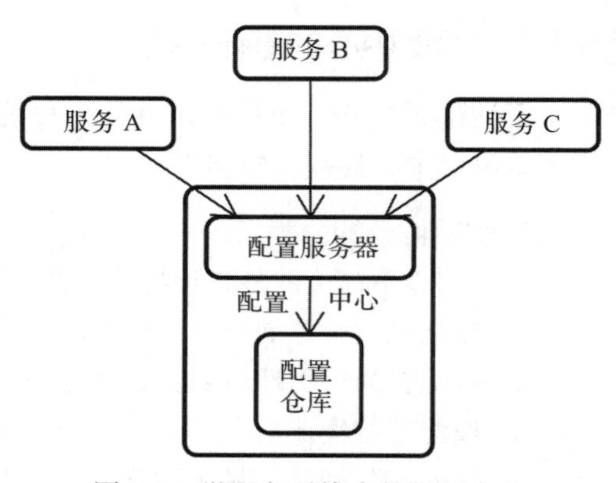

图5-2　微服务系统中的配置中心

（2）配置服务器

配置服务器封装对配置仓库的相关操作，本身也是作为独立的微服务而存在。当需要使用配置信息的微服务启动时，这些微服务会通过配置服务器提供的RESTful接口获取存储在配置仓库中的所需配置信息。显然，配置服务器需要屏蔽不同配置仓库在技术实现上的差异。另外，配置服务器也需要提供一种通知机制，确保配置仓库中的配置信息变化之后能够告知各个微服务，以便各个微服务及时更新本地服务中的配置数据。与第2章中介绍的注册中心实现方式类似，这种通知机制可以是轮询机制，也可以是监听机制。

5.1.2　配置中心的核心需求和实现工具

介绍完配置中心的基本模型，我们来进一步分析配置中心所需要实现的核心需求，以及围绕这些需求所诞生的一系列开源工具。

1. 配置中心的核心需求

基于配置信息的内容和分类，构建一个完整的配置中心至少需要满足如下4个核心需求。

- 安全性：非开发环境下应用配置的保密性，避免关键配置信息发生泄露。
- 隔离性：不同部署环境下应用配置的隔离性，比如非生产环境的配置不能用于生产环境。
- 一致性：同一部署环境下的服务器应用配置的一致性，即所有服务器使用同一份配置。
- 易管理性：分布式环境下应用配置的可管理性，即提供远程管理配置的能力。

2. 配置中心的实现工具

基于配置中心的实现需求，业界存在一批典型的分布式配置中心实现工具。这里列举部分知名的开源实现工具并给出了相应的特性描述。

（1）Etcd

Etcd是一个轻量级分布式键－值对数据库，基于Raft协议提供了集群环境的服务发现和注册机制。在功能上实现了数据变更监视、目录监听、分布式锁原子操作等特性，并通过这些特性来管理节点状态。

（2）Consul

Consul是Google开源的一个使用Go语言开发的服务发现和配置管理中心服务，内置了服务注册与发现框架、分布一致性协议实现、健康检查、键-值对存储、多数据中心方案等诸多特性。在内部实现上，Consul使用了一种称为SWIM的协议完成分布式环境下的数据计算。

（3）Zookeeper

Zookeeper是一种分布式协调工具，目前在分布式配置、分布式锁、集群管理、Leader选举等领域应用非常广泛。

（4）Disconf

Disconf是国内由百度开源的一款分布式配置管理工具，在使用上提供了友好的Web管理界面。从实现机制上讲，Disconf把配置信息都存储在MySQL中，并基于Zookeeper提供的监听机制实现数据的实时推送。

（5）Diamond

Diamond由国内阿里巴巴提供，同样把配置数据存储在MySQL中，但在获取配置数据时不是使用的推送模式，而是每隔一段时间进行全量数据的拉取，实现过程比较简单。相较Disconf同时提供的基于配置文件和键-值对的数据管理模式，Diamond只支持键-值对结构的数据。

（6）Nacos

Nacos同样也是一款由阿里巴巴提供的支持服务注册与发现、配置管理以及微服务管理的开源组件。Nacos功能非常强大，集成了注册中心和配置中心的功能，做到了合二为一。

5.2　使用Nacos实现集中式配置管理

在本书中，我们将基于Nacos框架来实现配置中心。和注册中心一样，我们先从Nacos配置中心的分级模型讲起，然后介绍如何在微服务中集成配置中心的实现方法。

5.2.1　配置中心分级模型和DataId

在本书第2章中，我们给出了Nacos注册中心的分级模型。我们知道注册中心是围绕“服务”这一概念来展开的，而对于配置中心而言管理的对象是配置信息。在Nacos中，我们同样将这些配置信息抽象成一个新的概念，即DataId。配置中心的DataId等同于注册中心的服务，所有关于注册中心的分级模型都适用于配置中心，如图5-3所示。

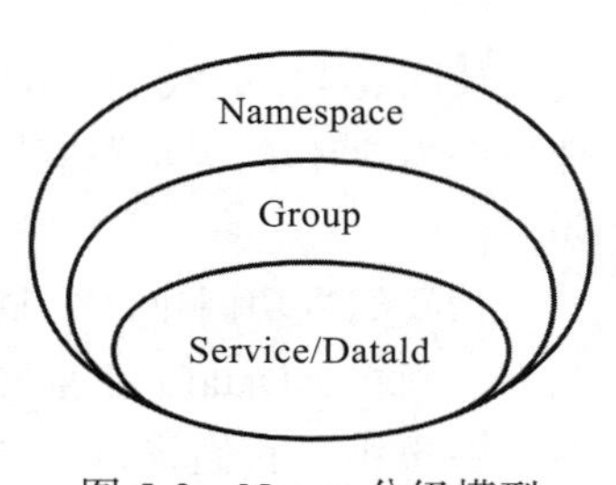

图5-3　Nacos分级模型

图 5-3 中的命名空间和分组的概念我们已经在第 2 章中做了详细介绍，而 DataId 作为 Nacos 中配置信息的抽象，具备特定的命名规则。官方推荐的命名规则如代码清单 5-1 所示。

代码清单 5-1　Nacos DataId 官方命名规则代码

```
${prefix}-${spring.profile.active}.${file-extension}
```

从代码清单 5-1 中可以看到，DataId 命名规则中包含三部分。

- prefix：默认即为所属服务 spring.application.name 的值，开发人员也可以通过配置项 spring.cloud.nacos.config.prefix 进行设置。
- spring.profile.active：是指当前环境对应的 Profile，当该值为空时 DataId 的表现形式变成 ${prefix}.${file-extension}。关于 Profile 的概念我们在第 2 章中已经做了详细介绍，你可以做一些回顾。
- file-exetension：是指配置内容的数据格式，主流采用 .yml 或 .properties 格式，开发人员可以通过 spring.cloud.nacos.config.file-extension 来配置，推荐使用 .yml 格式。请注意，配置文件的后缀必须与 DataId 的后缀保持一致，例如本地使用 .yml 格式，则 Nacos 中配置文件也应该是 .yml 格式。

当我们掌握了 DataId 的基本概念和命名规则之后，接下来就可以在 Nacos 控制台中创建 DataId 了，图 5-4 展示了已经创建的三个 DataId。

图 5-4　Nacos 中的三个 DataId

从图 5-4 中，我们不难看出可以通过 DataId 来实现对不同环境的切换，“-local”后缀即代表本地环境。同样，我们可以通过“-dev”“-test”等不同的 Profile 来实现不同环境的隔离。

当我们成功创建一个 DataId 之后，就可以往这个 DataId 中添加任何你想要添加的配置信息。现在，DataId 已经被创建成功，相当于作为服务端的 Nacos 配置中心已经构建完成。在下一节中，我们将讨论如何在各个微服务中集成配置中心，也就是实现微服务对 DataId 的有效访问。

5.2.2 集成配置中心

如果你想在微服务中集成 Nacos 配置中心，需要在 POM 文件中添加如代码清单 5-2 所示的依赖包。

代码清单 5-2　引入 Nacos 配置中心依赖包代码

```
<dependency>
    <groupId>org.springframework.cloud</groupId>
    <artifactId>spring-cloud-starter-alibaba-nacos-config</artifactId>
</dependency>
```

一旦引入配置中心的依赖包，该服务就会自动实现与 Nacos 配置中心的集成。然后，我们就可以在微服务中嵌入来自配置中心的各种配置项，并实现配置信息的热更新。

1. 配置嵌入

我们知道 Spring Cloud/Spring Cloud Alibaba 构建在 Spring Boot 之上，而在 Spring Boot 中有两种上下文，一种是 bootstrap，另外一种是 application。以 .yml 为例，这两种上下文对应的配置文件分别是 bootstrap.yml 和 application.yml。bootstrap.yml 和 application.yml 都可以用来配置参数，但 bootstrap.yml 在程序引导时被读取，可以将其理解为系统级别的参数配置，这些参数一般不会变动。而 application.yml 可以用来定义应用程序特有的配置信息，读取时机晚于 bootstrap.yml。

为了在微服务中集成 Nacos 配置中心，我们可以创建一个 bootstrap.yml，然后添加如代码清单 5-3 所示的配置信息。

代码清单 5-3　Nacos 配置中心配置项代码

```
spring:
    application:
        name: provider-service
    profiles:
        active: @spring.profiles.active@
    cloud:
        nacos:
            config:
                server-addr: @spring.cloud.nacos.config.server-addr@
                file-extension: yml
                refresh-enabled: true
            discovery:
                server-addr: @spring.cloud.nacos.discovery.server-addr@
```

可以看到，这里采用了和第 2 章中类似的配置方法来组织 Nacos 注册中心和配置中心的服务地址。通过这种配置方式，我们就在微服务与 Nacos 服务器之间建立了关联关系。一旦微服务启动成功，就会自动加载位于配置中心中的 DataId。

请注意，想要使用 bootstrap.yml，不要忘记在代码工程的 POM 文件中添加如代码清单 5-4 所示的依赖包。

代码清单 5-4 引入 Spring Bootstrap 依赖包代码

```
<dependency>
    <groupId>org.springframework.cloud</groupId>
    <artifactId>spring-cloud-starter-bootstrap</artifactId>
</dependency>
```

接下来，我们要讨论的问题是：DataId 中的配置信息如何被微服务所用呢？这就涉及接下来要讨论的话题，即配置注入。假设在 Nacos 中存在如代码清单 5-5 所示的一个配置项。

代码清单 5-5 Nacos 配置项示例代码

```
spring:
    order:
        point: 10
```

这里我们设置了每个订单对应的积分为 10。想要获取这个配置项内容，通常有两种方法。一种是使用 @Value 注解，另一种则是使用 @ConfigurationProperties 注解。

使用 @Value 注解来注入配置项内容是一种传统的实现方法。针对前面给出的自定义配置项，我们可以构建一个 SpringConfig 类，如代码清单 5-6 所示。

代码清单 5-6 基于 @Value 注解注入配置项代码

```
@Component
public class SpringConfig {
    @Value("${spring.order.point}")
    private int point;
}
```

在 SpringConfig 类中，我们要做的就是在字段上添加 @Value 注解，并指向配置项的名称即可。

相较 @Value 注解，更为现代的一种做法是使用 @ConfigurationProperties 注解。在使用该注解时，我们通常会设置一个“prefix”属性用于指定配置项的前缀，如代码清单 5-7 所示。

代码清单 5-7 基于 @ConfigurationProperties 注解注入配置项代码

```
@Component
@ConfigurationProperties(prefix = "spring.order")
public class SpringConfig {
    private int point;
    // 省略 getter/setter
}
```

相比于 @Value 注解只能用于指定具体某一个配置项，@ConfigurationProperties 注解可以用来批量提取配置内容。只要指定 prefix，我们就可以把该 prefix 下的所有配置项按照名称自动注入业务代码中。

现在，让我们考虑一种更为复杂的场景。假设用户根据下单操作获取的积分并不是固定的，而是根据每个不同类型的订单获取不同的积分，那么现在的配置项内容，如果使用 Yaml 格式的话就应该如代码清单 5-8 所示。

代码清单 5-8　Nacos 数组类配置项代码

```
spring:
    points:
        orderType[1]: 10
        orderType[2]: 20
        orderType[3]: 30
```

如果想把这些配置项全部加载到业务代码中，使用 @ConfigurationProperties 注解同样也很容易实现。我们可以直接在配置类 SpringConfig 中定义一个 Map 对象，然后通过 Key-Value 对来保存这些配置数据，如代码清单 5-9 所示。

代码清单 5-9　基于 @ConfigurationProperties 注解注入数组类配置项代码

```
@Component
@ConfigurationProperties(prefix="spring.points")
public class SpringConfig {
    private Map<String, Integer> orderType = new HashMap<>();
    // 省略 getter/setter
}
```

可以看到这里通过创建一个 HashMap 来保存这些 Key-Value 对。类似地，我们也可以实现一些常见数据结构的自动嵌入。

2. 配置热更新

现在，我们已经掌握了如何在微服务中嵌入配置信息的实现方法。那么问题就来了，如果位于 Nacos 配置中心的配置信息发生了变化，依赖这些配置的微服务能否及时获取更新之后的配置内容呢？答案是肯定的，这就是配置热更新问题。所谓配置热更新，指的就是微服务无须重启就可以感知到 Nacos 中的配置变化。我们分两种场景来讨论如何实现这一目标。

第一种是使用 @Value 注解。@Value 注解本身并不具备实时刷新配置项的功能，所以需要搭配 @RefreshScope 注解一起使用。使用示例如代码清单 5-10 所示。

代码清单 5-10　@Value 注解和 @RefreshScope 注解组合实现配置热更新代码

```
@Component
@RefreshScope
public class MyConfig {
    @Value("${project.config.item}")
    private String item;
}
```

第二种是使用 @ConfigurationProperties 注解，该注解为开发人员自动集成热更新机制，因此代码清单 5-10 中的实现方法可以重构为如代码清单 5-11 所示的实现方式。

代码清单 5-11 @ConfigurationProperties 注解内置配置热更新代码

```
@Component
@ConfigurationProperties(prefix = "project.config")
public class MyConfig {
    private String item;
}
```

显然，相较于 @Value 注解，更推荐你使用 @ConfigurationProperties 注解。但是，关于配置信息的热更新，我们还需要注意一点，那就是配置信息的类型和热更新之间的关系，并不是所有的配置信息都可以（或者说应该）执行热更新。事实上，我们可以把配置信息分成两大类，即业务运行所需配置、应用运行所需配置。

针对业务运行所需要的数据，我们只需要直接修改配置数据就可以使其生效，这类配置信息就可以执行热更新。这方面的典型例子就是用户默认密码。而有些配置项内容会影响容器的自动装载过程，也就无法做到热更新。这方面的典型例子就是数据库连接配置。我们知道，只有在应用程序启动时，应用程序才能和数据库进行有效连接。所以这类影响应用程序自身运行状态的配置不属于热更新的控制范围。

5.3 Nacos 配置中心的高级特性

在介绍完如何在应用程序中集成 Nacos 配置中心之后，本节将分析 Nacos 作为配置中心的一组高级特性，包括配置隔离和配置共享以及灰度发布。

5.3.1 配置隔离和配置共享

第 2 章的内容已经分析了 Nacos 作为注册中心时的资源隔离机制，我们可以使用命名空间、分组等手段来有效管理服务实例的访问边界。命名空间和分组的概念对于 DataId 而言同样适用，这是配置隔离的基本实现手段。代码清单 5-12 展示了集成命名空间和分组机制的配置隔离方式。

代码清单 5-12 集成命名空间和分组机制的配置隔离方式代码

```
spring:
    application:
        name: order-service
    profiles:
        active: @spring.profiles.active@
    cloud:
        nacos:
            config:
                server-addr: @spring.cloud.nacos.config.server-addr@
                namespace: @nacos.discovery.namespace@
```

```
            group: ORDER_GROUP
            file-extension: yml
            refresh-enabled: true
```

另外，我们在介绍 DataId 的命名规范时，提到可以通过 spring.profiles.active 来指定当前环境对应的 Profile。也就是说，当我们使用 DataId 时可以自动嵌入 Profile 机制。在一个 Nacos 集群中，我们可以基于某一个服务名称自动搜索不同环境下的配置项，所以可以根据 Profile 区分环境。代码清单 5-13 展示的就是服务启动时 Nacos 对不同 DataId 的监听效果。

代码清单 5-13　Nacos 监听不同 DataId 日志代码

```
[restartedMain] c.a.c.n.refresh.NacosContextRefresher: listening config:
    dataId=test-service, group=DEFAULT_GROUP
[restartedMain] c.a.c.n.refresh.NacosContextRefresher: listening config:
    dataId=test-service.yml, group=DEFAULT_GROUP
...
[config_rpc_client] [subscribe] test-service+DEFAULT_GROUP
[config_rpc_client] [subscribe] test-service.yml+DEFAULT_GROUP
[config_rpc_client] [subscribe] test-service-dev.yml+DEFAULT_GROUP
```

因此，对于 DataId 而言，采用合适的命名规范有助于我们合理管理配置资源的访问边界，这是一项最佳实践。

另外，在配置隔离的基础上我们还需要考虑如何对配置信息进行共享，这点和服务实例的管理策略不同。在日常开发过程中，数据库和缓存连接信息、系统监控等配置会被多个服务所共用，我们希望把这些共用配置抽取出来单独进行维护，避免各个服务重复创建和管理，这就是配置共享的价值所在。图 5-5 展示了配置共享的实现效果。

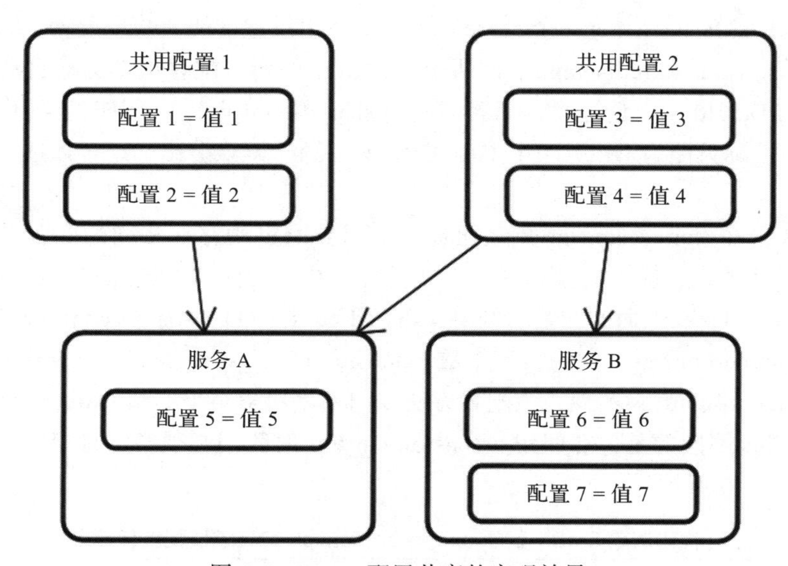

图 5-5　Nacos 配置共享的实现效果

在图 5-5 中，对于服务 A 而言，最终的配置项应该是配置 1+2+3+4+5，而对于服务 B 而言，则是配置 3+4+6+7。对于这两个服务而言，配置 3 和配置 4 都是共享配置。

为了实现图 5-5 中的效果，Nacos 专门提供了 shared-configs 和 extension-config 这两类配置方法，它们都支持三个属性。

- data-id：目标 DataId 名称。
- group：分组信息，默认为 DEFAULT_GROUP。
- refresh：动态刷新标志位，默认为 true。

我们先来看 shared-configs 配置方法，该配置方法允许我们指定一个或多个共享配置，配置示例如代码清单 5-14 所示。

代码清单 5-14 基于 shared-configs 实现共享配置代码

```
spring:
    cloud:
        nacos:
            config:
                server-addr: local:8848
                namespace: d73a49df-ceb9-425f-b7a5-87d33a110dfd
                group: my_group
                ......
                shared-configs[0]:
                    data-id: database.yaml
                    refresh: true
                shared-configs[1]:
                    data-id: redis.yaml
                    refresh: true
```

可以看到，这里我们通过一个 shared-configs 数组设置了两个共享配置，它们的 DataId 分别是 database.yaml 和 redis.yaml，这两个 DataId 中的所有配置项都会被自动融合到当前服务所指定的 DataId 中。请注意，当我们使用 shared-configs 时，不能设置自定义的分组，这意味着分组名称只能为 DEFAULT_GROUP，只有这个默认分组的配置才适合被所有其他服务所共享。

另外，如果在 shared-configs 数组配置的不同 DataId 中存在相同的配置项，那么数组元素对应的下标越大，优先级就越高。也就是排在数组后面的相同配置，将覆盖排在前面的同名配置。例如，在上面的配置示例中，shared-configs[1] > shared-configs[0]。

介绍完 shared-configs，我们接着来看 extension-configs。extension-configs 配置方法的实现过程与 shared-configs 类似，该配置方法专门用来覆盖某个共享 DataId 上的特定属性。和 shared-configs 不同的是，在使用 extension-configs 时我们必须指定特定的分组，配置示例如代码清单 5-15 所示。

代码清单 5-15 基于 extension-configs 实现扩展配置代码

```
spring:
    cloud:
```

```
nacos:
    config:
        server-addr: local:8848
        namespace: d73a49df-ceb9-425f-b7a5-87d33a110dfd
        group: my_group
        ......
        shared-configs[0]:
            data-id: database.yaml
            refresh: true
        ......
        extension-configs[0]:
        data-id: database_ext.yaml
        group: ext_group
        refresh: true
        extension-configs[1]:
        data-id: redis_ext.yaml
        group: ext_group
        refresh: true
```

在使用 extension-configs 时，对同种配置，数组元素对应的下标越大，优先级越高，这点和 shared-configs 是一样的。但是，extension-configs 中配置的优先级要高于 shared-configs。为了帮助你更好管理 Nacos 中的配置信息，这里对微服务系统中所有配置内容的优先级做统一的梳理，如图 5-6 所示。

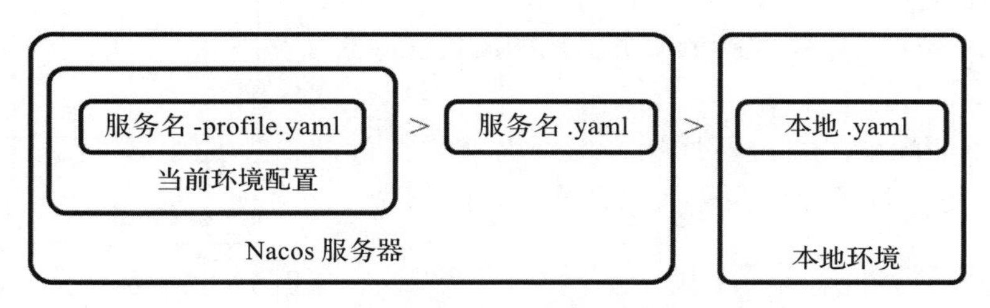

图 5-6　Nacos 配置优先级

图 5-6 展示了我们在涉及配置信息优先级时的几条基本原则。

- 指定当前环境的配置项优先级最高。
- 不指定环境的配置项优先级其次。
- 本地环境的配置项优先级最低。

你可以根据这些原则合理组织配置信息，但对于 shared-configs 和 extension-configs 的使用要持谨慎态度，因为太多的共享配置和扩展配置在提供配置灵活性的同时也会降低配置维护性，最终导致配置信息的管理出现混乱。

5.3.2　灰度发布

我们在第 4 章中已经讨论过基于 Nacos 服务发现和 Spring Cloud LoadBalancer 负载均衡机制实现灰度发布的方法和技巧。本节我们同样讨论灰度发布，但灰度发布的目标不再是服务实例，而是配置信息。所谓配置灰度发布，指的是让配置先在部分新服务实例生效，如果没有问题则全量发布到所有实例，如果出现问题了就可以放弃当前的配置项内容。例如对于一些开关类的、影响比较大的配置，可以先在一个或者多个实例中启用新配置，观察一段时间没问题后再全量发布配置。另外，对于一些需要调优的配置参数，我们也可以通过灰度发布功能来实现 A/B 测试。图 5-7 展示了配置灰度发布的执行效果。

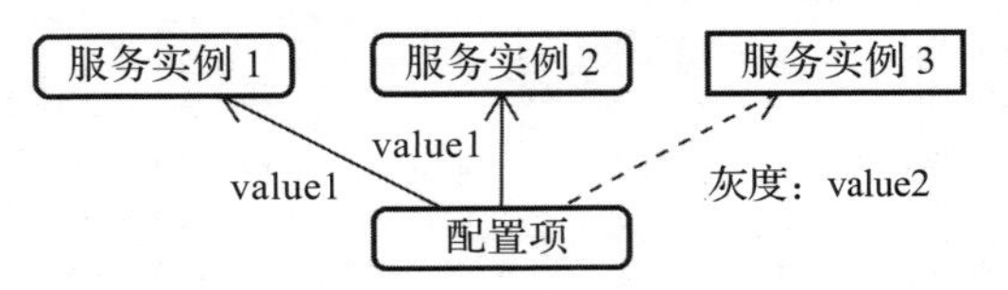

图 5-7 Nacos 配置灰度发布的执行效果

在 Nacos 配置管理中，与灰度发布有相同效果的发布方式被称为 Beta 发布，两者本质是一样的。当我们在 Nacos 控制台成功创建一个 DataId 之后，通过编辑操作就可以为该 DataId 创建一份 Beta 版本的配置内容，如图 5-8 所示。

在图 5-8 编辑配置界面中，我们可以对配置信息进行调整从而创建一个灰度配置版本。请注意，我们可以在图 5-8 所示的“Beta 发布”这一栏中选择需要灰度发布的目标服务实例的主机 IP，多个 IP 用逗号分隔即可。Beta 配置发布之后，正常情况下，图 5-8 中的 192.168.217.204 这个 IP 上运行的服务实例的配置项会立刻动态刷新。

Beta 发布的配置可以进行回退，也可以全量发布。Nacos 为我们提供可视化的操作入口，你可以尝试做一些练习。

图 5-8 Nacos 控制台 Beta 发布设置

5.4 Nacos 配置信息热更新和长轮询机制

类比注册中心的服务实例变更通知机制，对于一款配置中心工具而言，配置变更通知机制同样是一项核心技术。而对于 Nacos 而言，我们也可以通过剖析它的热更新实现过程来进一步掌握框架的设计方法和底层原理。在本节中，我们将对 Nacos 配置信息的热更新原理进行解析。

在对 Nacos 配置信息热更新机制进行展开讨论之前，我们有必要先来讨论配置信息更新的两种基本模式，即拉模式和推模式，如图 5-9 所示。

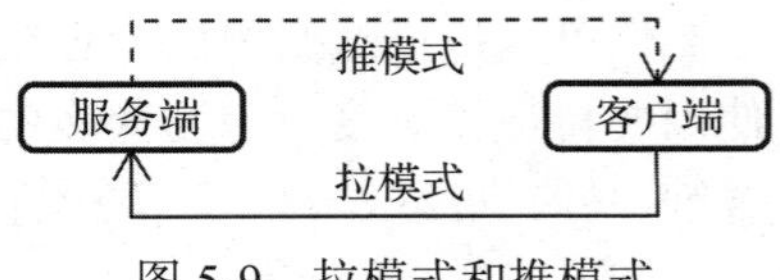

图 5-9 拉模式和推模式

拉模式中客户端会主动去服务器请求数据，实现简单，但时效性差。而且重复请求会导致服务器压力过大，过多的空轮询也会造成资源的不必要浪费。

推模式中服务端主动将数据变更信息推送给客户端，时效性好，但复杂度高。由于服务端和客户端需要更多资源来维持连接，所以资源的消耗也会引起潜在的性能问题。

有没有一种办法能够兼顾拉模式和推模式的优点呢？答案是肯定的，那就是长轮询（Long-Polling）机制。在Nacos中，配置信息热更新的实现正是采用了长轮询技术，执行过程如图5-10所示。

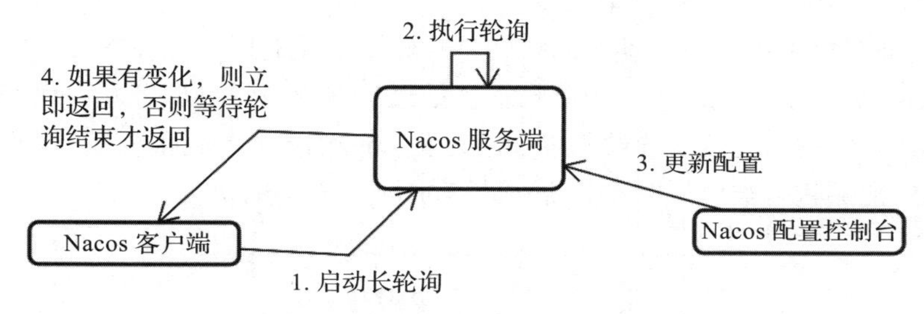

图5-10 Nacos配置热更新执行过程

那么，究竟什么是长轮询呢？所谓长轮询，是指当客户端向服务端发送请求之后，服务端会在有数据变化时进行实时响应，否则会在一定时间后才返回。长轮询的执行过程如图5-11所示。

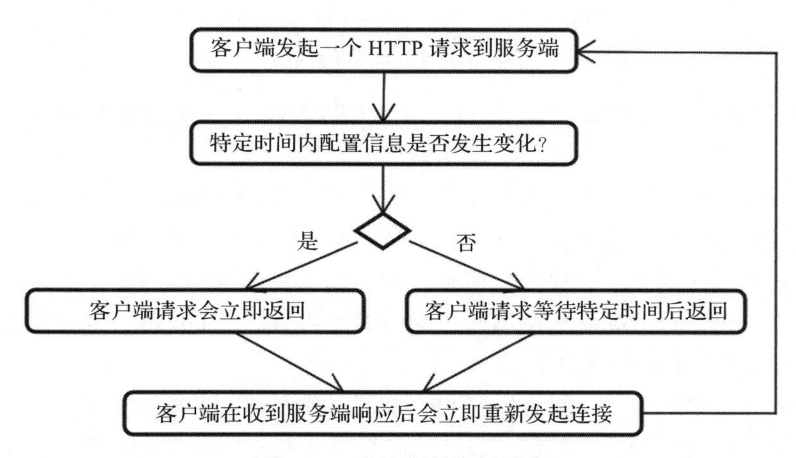

图5-11 长轮询的执行过程

通过图5-11我们可以清晰看到，客户端发起长轮询，服务端感知到数据发生变更后能立刻返回响应给客户端。也就是说一旦变更就会变成实时响应，这时候长轮询就演变成一种推模式。而如果数据没有发生变更，服务端会一直保持此次请求，直到超时。这意味着在没有变更时，长轮询就变成了拉模式下的普通轮询。

显然，长轮询机制具备明显的技术实现优势，主要体现在两个方面。

- 低延时：客户端发起长轮询，服务端感知到数据发生变更后，能立刻返回响应给客户端。

- ❑ 轻资源：客户端发起长轮询，如果数据没有发生变更，服务端会维持住此次客户端请求，不会消耗太多服务端资源。

我们知道如果采用长连接技术，那么就需要通过心跳机制一直保持连接不断开。而一旦采用长轮询机制，客户端不会频繁发起轮询，而服务端也不需要维持与客户端的心跳，兼顾了时效性和复杂度。

关于长轮询有个关键的技术参数，那就是长轮询的超时时间。在 Nacos 中，一旦开发人员通过控制台更新了配置信息，控制台就会把最新变更发送到服务端。而 Nacos 的长轮询超时时间是 30s，也就是说客户端每隔 30s 会发送一次请求，而服务端如果没有发现数据变更会在 29.5s 之后进行响应。图 5-12 展示了 Nacos 长轮询的执行过程。

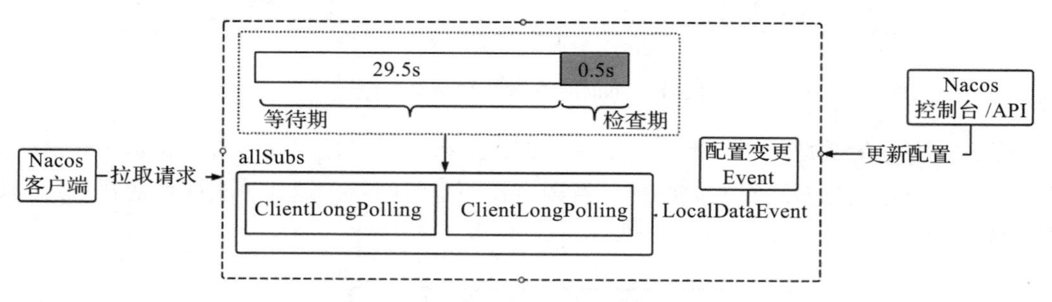

图 5-12　Nacos 长轮询的执行过程

如果我们把图 5-12 进行进一步的分析，可以发现 Nacos 长轮询的实现有如下四个核心步骤。

- ❑ 客户端发起长轮询。客户端发起一个 HTTP 请求，请求信息包含配置中心的地址以及监听的 DataId。若配置没有发生变化，客户端与服务端之间一直处于连接状态。
- ❑ 配置数据变化通知。当接收到来自控制台的变更配置信息之后，Nacos 服务端内部会触发一个 LocalDataEvent 事件。通过这个事件，Nacos 就可以把变更信息在服务端进行传播，供监听者进行监听。
- ❑ 服务端监听数据变化。服务端会维护 DataId 和长轮询的映射关系。如果配置发生变化，服务端会找到对应的连接，并为响应写入更新后的配置内容。如果在超时时间内配置未发生变化，服务端返回 304 响应码。304 在 HTTP 响应码中代表“未改变”，并不代表错误，比较契合配置未发生变更的场景。
- ❑ 客户端接收长轮询响应。客户端一旦收到来自服务端的响应，首先查看响应码是 200 还是 304，以判断配置是否变更，并根据状态码执行对应的配置信息更新操作，执行完毕之后再次发起下一次长轮询。

讲到这里你可能会问，既然长轮询的超时时间是 30s，为什么服务端会在 29.5s 之后进行响应呢？这是因为检查数据变更这一操作本身也需要花费时间，因此 Nacos 预留了 0.5s 来执行检查操作。

5.5　案例系统演进

介绍完 Nacos 作为配置中心的基本功能和高级特性，本节我们继续对 SpringOrder 项目进行演进，讨论在案例系统中集成配置中心的实现过程。

5.5.1　案例分析

对于配置中心而言，我们要做的事情就是把原本位于微服务中的配置项转移到 Nacos 中。因此，从案例分析角度讲，和注册中心类似，我们只需要实现 SpringOrder 中 order-service、account-service 和 product-service 这三个微服务的配置中心升级改造即可。

5.5.2　集成配置中心

在 SpringOrder 中，我们可以在 Nacos 配置中心中添加不同环境下不同服务的 DataId。例如，我们可以创建一个命名为 order-service-local.yml 的 DataId，然后添加如代码清单 5-16 所示的配置信息。

代码清单 5-16　order-service-local.yml 配置示例代码

```
server:
    port: 8081

management:
    endpoints:
        web:
            exposure:
                include: "*"
    endpoint:
        health:
            show-details: always

spring:
    jackson:
        date-format: yyyy-MM-dd HH:mm:ss
        time-zone: Asia/Shanghai

    datasource:
        driver-class-name: com.mysql.cj.jdbc.Driver
        url: jdbc:mysql://127.0.0.1:3306/order
        username: root
        password: root

tag:
    version2
```

图 5-13 给出了对应配置在 Nacos 中的效果。

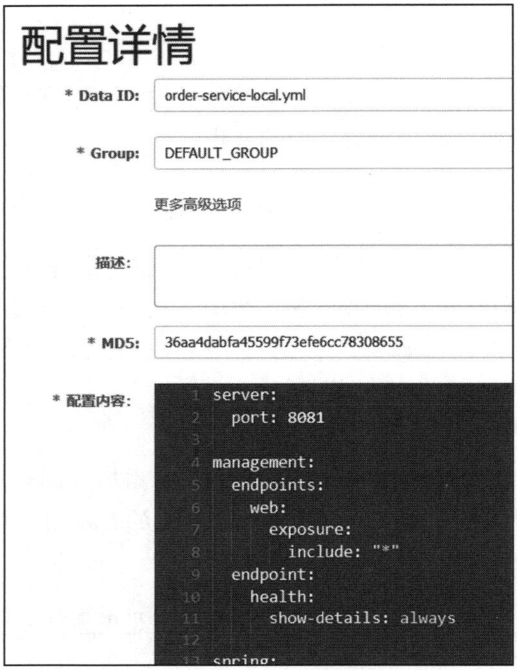

配置详情

* Data ID: order-service-local.yml

* Group: DEFAULT_GROUP

更多高级选项

描述:

* MD5: 36aa4dabfa45599f73efe6cc78308655

* 配置内容:

```
1  server:
2    port: 8081
3
4  management:
5    endpoints:
6      web:
7        exposure:
8          include: "*"
9    endpoint:
10     health:
11       show-details: always
12
13 spring:
```

图 5-13　Nacos 配置详情

现在，order-service 代码工程的 application.yml 配置文件中的内容就全部迁移到了 Nacos 配置中心中，客户端配置也就不需要进行维护了。类似地，我们可以把 account-service 和 product-service 中原有的配置项也迁移到 Nacos 中，实现代码和配置之间的完全隔离。

当我们把配置项迁移到 Nacos 之后，微服务如何访问这些配置项呢？可以分两种情况进行讨论。如果是关系型数据库连接配置等信息，Spring Boot 已经帮我们实现了对这些配置信息的自动读取，因此不需要对代码做任何的调整。而如果是那些自定义的配置项，我们就需要引入 @Value 注解或 @ConfigurationProperties 注解。关于这两个注解的使用方式，我们在 5.2 节中已经做了详细介绍，你可以进行回顾。

5.6　本章小结

针对微服务架构中的配置管理场景，本章介绍了 Spring Cloud Alibaba 中的独立组件 Nacos。作为一款同时具备注册中心和配置中心的开源框架，Nacos 能够满足日常开发中对配置信息管理的需求，并提供了诸多优秀的特性。

本章首先围绕分布式配置中心的解决方案展开讨论，详细介绍了在微服务架构中配置信息的基本模型以及配置中心的核心需求和实现工具。业界关于配置中心的实现工具有很多，这些工具的背后都具有一定的共性，这些共性是我们理解 Nacos 以及其他工具的基础。

使用 Nacos 实现配置管理涉及服务端和客户端两方面内容。首先我们需要理解 Nacos 服务端的分级模型和 DataId。另外，作为客户端的各个微服务需要通过 Nacos 获取配置信息并以热更新的方式嵌入到业务系统中，本章对这些方面都做了详细展开。

作为内容的扩展，本章还对 Nacos 所具备的配置隔离、配置共享以及配置灰度发布等高级特性进行了展开，并分析了如何基于长轮询机制实现配置信息的热更新。

在本章的最后，我们回到 SpringOrder 案例系统，分析了该案例系统中与配置中心相关的需求，并给出了对应的实现方式。

扫描下方二维码，查看本章视频教程。

①使用 Nacos 实现配置管理

②使用 Nacos 配置中心高级特性

Chapter 6 第6章

服务网关和 Spring Cloud Gateway

在微服务架构中，服务网关（Service Gateway）或 API 网关的出现有其必然性。通常，微服务提供的 API 粒度与客户端的要求不一定完全匹配，微服务一般提供细粒度的 API，这意味着客户端需要与多个服务进行交互才能完成某一个业务功能。更为重要的是，网关能够起到客户端与微服务之间的隔离作用，随着业务需求的变化和时间的演进，网关背后的各个微服务的划分和实现可能需要做相应的调整和升级，这种调整和升级需要实现对客户端透明。

另外，当我们引入服务网关时，第 4 章所介绍的负载均衡机制仍然是有用的，特别是在面向特定服务组合的前置场景中。但是把负载均衡器放置在系统中所有服务的前面往往不是一个很好的解决方案，因为这会导致负载均衡器成为系统的运行时瓶颈，更好的解决方案是在负载均衡器的背后再添加一层网关。

在微服务架构中，我们可以根据需要在服务提供者和服务消费者之间架设这层服务网关，从而确保能够满足上文中提到的各种需求。在注册中心和负载均衡的基础上，添加了服务网关之后的系统架构如图 6-1 所示。当然，并不是所有的服务调用链路上都需要添加这层网关，我们也可以根据具体场景直接通过负载均衡器进行服务访问。在实际应用过程中，这种混合式的服务调用管理方式也是一种常见的做法。

在本章中，我们将使用 Spring 家族自研的 Spring Cloud Gateway 组件来实现服务网关。我们将介绍 Spring Cloud Gateway 的基本架构和配置方法，阐述它的工作流程和原理，并详细分析如何对网关功能进行扩展的方法和实践。

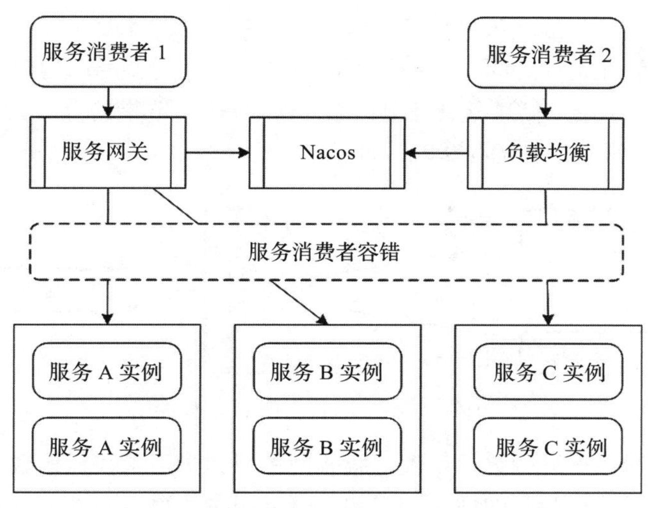

图 6-1　添加服务网关之后的系统架构

6.1　服务网关的基本概念和模型

那么，究竟什么是服务网关？它应该具备什么样的作用和结构呢？本节将给出服务网关的核心概念。

6.1.1　服务网关的作用

作为系统访问的唯一入口，服务网关是一种服务端应用。从设计模式上讲，我们也可以把服务网关看作外观（Facade）模式的一种具体表现形式。外观模式的作用就是把复杂度屏蔽在系统内部，从而缓解耦合，如图 6-2 所示。

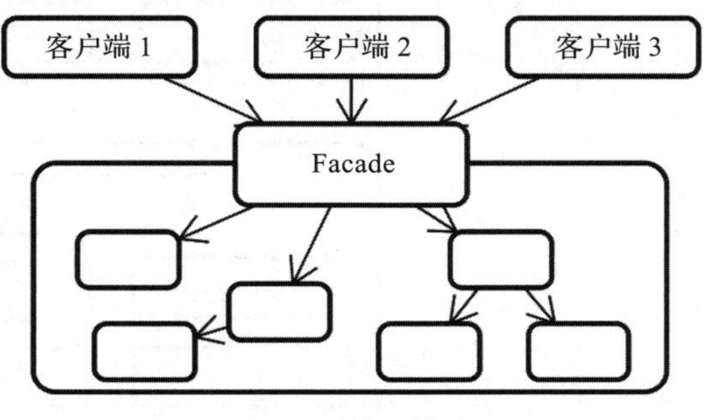

图 6-2　外观模式

在微服务架构中，服务网关的核心要点在于，所有的客户端和第三方服务都通过统一的网关接入到微服务系统，并在网关层处理所有的非业务功能。服务网关的作用体现在解耦、API 优化和简化调用过程等主要方面。

服务网关使客户端和服务端在调用关系和部署环境上进行解耦，向客户端隐藏了应用如何被划分到各个服务的细节。对于任何系统交互行为而言，解耦都是必须要考虑的设计原则。尽管微服务架构支持客户端直接与微服务交互的方式，但当需要交互的微服务数量较多时，解耦就成为一项核心需求。

服务网关向每个客户端提供最优的 API。在多客户端场景中，考虑到不同客户端页面展示上的差异性，就算是针对同一个场景下的业务请求，需要返回的数据可能也会有所不同。例如，对于同一个用户信息分页查询功能，PC 端和 App 端的分页大小就会不一样，我们需要针对不同客户端提供最优的 API，如图 6-3 所示。

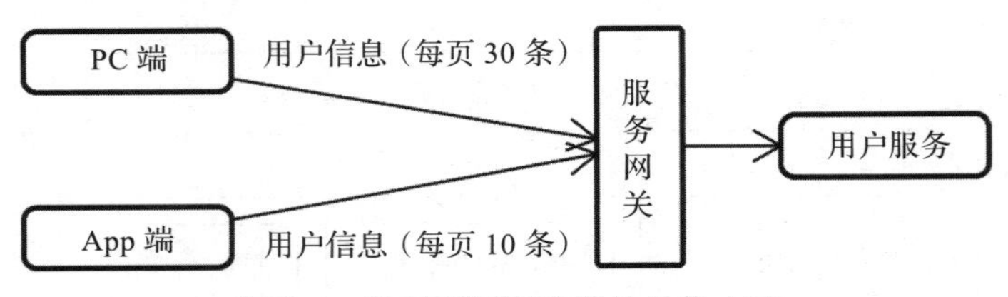

图 6-3 针对不同客户端的最优 API

由于能够对返回数据进行灵活处理，服务网关减少了请求往返次数，从而简化了客户端的调用，也提高了服务访问的性能。比如，服务网关使得客户端可以在一次请求中向多个服务拉取数据。请求数量的减少也会直接提升用户体验。

另外，服务网关也增加了系统的复杂性和响应时间，因为服务网关作为单独的应用程序也需要进行开发、部署和管理。为了暴露每个微服务的 HTTP 端点，开发人员必须更新服务网关。同时，通过服务网关访问服务也间接多了一层网络跳转。但是我们认为服务网关模式的优点远大于缺点，因此该模式目前被广泛应用在微服务架构设计和实现中。

6.1.2 服务网关的组成结构

服务网关的基本结构如图 6-4 所示。在这个结构背后，我们需要挖掘其所应具备的核心功能，从而发挥上文中所提到的各项作用。

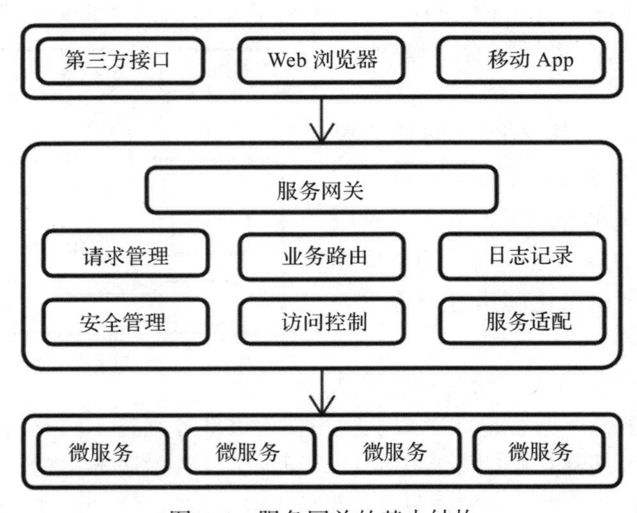

图 6-4 服务网关的基本结构

服务网关封装了系统内部架构，为每个客户端提供一个定制的 API。同时，它可能还具有身份验证、监控、缓存、请求管理、静态响应处理等功能。

业务路由支持是服务网关的核心功能，我们可以在网关层制定灵活的路由策略。针对一些特定的 API，我们需要设置白名单、路由规则等各类限制。更常见的情况，我们需要将网关背后的各种微服务进行统一管理，从而为外部请求提供更加简单高效的路由服务。关于业务功能之间的整合关系以及变更都可以在网关层单独操作。

一般而言，对于来自客户端的任何请求都需要考虑安全性，而服务网关是统一管理安全性的绝佳场所。实现访问安全性的前提是提供用户认证。我们可以将用于身份认证的部分功能抽取到网关层，而常见的安全性技术如密钥交换、报文加解密等功能也都可以在网关中加以实现。

最后，我们需要强调一下服务网关所具备的访问控制功能。在高并发系统中，我们通常会采用限流和降级的手段来防止服务出现不可用。这时候，我们就可以在服务网关上设置对应阈值或规则，从而确保来自客户端的请求不会流转到后台服务。

6.2 使用 Spring Cloud Gateway 实现服务网关

Spring Cloud Gateway 是 Spring Cloud 的一个全新服务网关项目，替换 Zuul 所开发的网关服务。Spring Cloud Gateway 基于 Spring 5、Spring Boot 2 和 WebFlux 等技术进行构建，并内置响应式编程模型。在本节中，我们将介绍 Spring Cloud Gateway 的基本架构和核心组件，并详细阐述配置方法。当你掌握了 Spring Cloud Gateway 的基本用法之后，你会发现你所需要做的事情只是合理组织一些配置项。

6.2.1 Spring Cloud Gateway 组件

Spring Cloud Gateway 中的核心组件有三个，分别是路由（Route）、谓词（Predicate）和过滤器（Filter）。

（1）路由

路由是网关最基础的部分，路由信息由一个 ID，一个目标 URL、一组断言工厂和一组过滤器组成。如果断言为真，则说明请求 URL 和配置的路由匹配。

（2）谓词

Spring Cloud Gateway 中的谓词函数允许开发者去定义匹配来自 HTTP 请求的任何信息，比如请求头和参数等，符合谓词规则的请求才能通过。而所谓谓词，本质上是一种判断条件，用于将 HTTP 请求与路由进行匹配。Spring Cloud Gateway 内置了大量的谓词组件，可以分别对 HTTP 请求的消息头、请求路径等常见的路由媒介进行自动匹配以便决定路由结果。

（3）过滤器

一个标准的 Spring WebFilter，Spring Cloud Gateway 中的 Filter 分为两种类型，即

Gateway Filter 和 Global Filter。过滤器可以对请求处理过程进行拦截，从而添加定制化处理机制。Spring Cloud Gateway 中的过滤器和 Zuul 等其他框架中的过滤器是同一个概念，都可以用于响应 HTTP 请求之前或之后修改请求本身及对应的响应结果，区别在于两者的类型和实现方式不同。

基于对 Spring Cloud Gateway 核心组件的理解，我们可以进一步梳理它的整体架构，如图 6-5 所示。

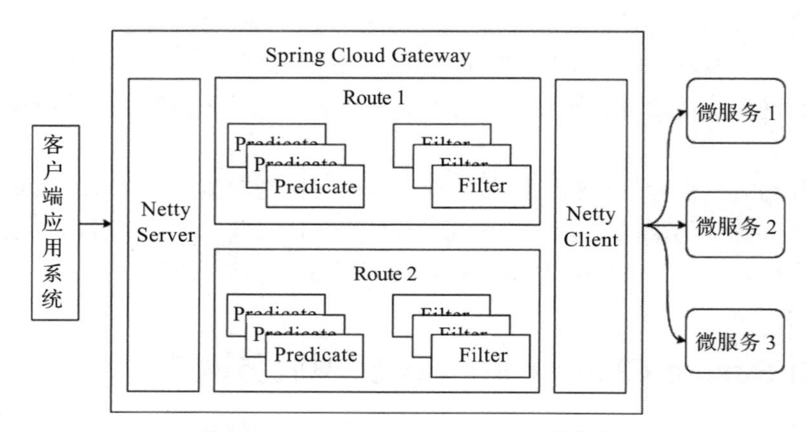

图 6-5 Spring Cloud Gateway 整体架构

当我们了解了 Spring Cloud Gateway 的核心组件之后，下一步就可以使用这个框架了。实际上，Spring Cloud Gateway 的使用方法都是业务无侵入性的，开发人员只需要通过一组简单的配置就可以实现强大的网关功能。

6.2.2 Spring Cloud Gateway 配置

Spring Cloud Gateway 的配置遵循一定的固定结构，这就是它的配置框架。而在日常开发过程中，我们主要的配置工作是指定谓词和过滤器。在接下来的内容中，我们将首先给出 Spring Cloud Gateway 配置框架，然后重点对谓词和过滤器的配置方法和功能进行展开介绍。

1. Spring Cloud Gateway 配置框架

我们先来通过一个示例展示 Spring Cloud Gateway 的配置方法，如代码清单 6-1 所示。

代码清单 6-1 Spring Cloud Gateway 配置示例代码

```
spring:
    main:
        web-application-type: reactive                    ①
    cloud:
        gateway:
            discovery:
```

```
        locator:
          enabled: true                              ②
          lower-case-service-id: true                ③
    routes:
      - id: taobaoroute
        uri: https://www.taobao.com
        predicates:
          - Path=/taobao/**
      - id: test-service
        uri: lb://test-service                       ④
        predicates:                                  ⑤
          - Path=/test/**
        filters:                                     ⑥
          - StripPrefix=1
          - PrefixPath=/tests
```

如代码清单 6-1 所示，配置项构成了使用 Spring Cloud Gateway 时完整的配置结构框架，我们在重点配置项上进行了编号。接下来，我们对这些重点配置项做一一展开。

在配置项①处，我们设置了 web-application-type 的值为 reactive，指定以响应式 Web 的方式运行 Spring Cloud Gateway 这个 Web 应用，防止与 MVC（模型、视图、控制器）冲突。如果不添加该配置项，Spring Cloud Gateway 启动时会报 "Please set spring.main.web-application-type=reactive or remove spring-boot-starter-web dependency." 这个错误。我们会在接下来的 6.3 节中介绍 Spring Cloud Gateway 与响应式 Web 之间的关系。配置项①是一个固定的配置，你直接使用即可。

在配置项②处，我们设置了 spring.cloud.gateway.discovery.locator.enabled 配置项的值为 true，代表集成注册中心并基于服务名动态创建路由。如果我们使用 Nacos 作为注册中心，那么通过这个配置项就会集成 Nacos 来实现服务的自动发现。

在配置项③处，我们配置以小写形式的请求路径进行服务名匹配，这样做的目的是为了避免服务名是大写的情况下导致无法匹配的问题。

在配置项④处，我们指定路由 URI，这里的 lb 代表 Load Balance，也就是说通过这段配置，经由网关的请求会自动对位于注册中心中的服务实例执行负载均衡。

在配置项⑤处，我们指定了谓词，Spring Cloud Gateway 内置了一组常用的谓词，本章后续内容会对其进行展开。

在配置项⑥处，我们设置了过滤器，Spring Cloud Gateway 同样也内置了一组常用的过滤器，本章后续内容会对其进行展开。

当然，想要让上述配置项能够生效，我们需要创建一个新的代码工程并将所有的配置内容保存在这个代码工程中。不要忘记在该代码工程的 POM 文件中添加如代码清单 6-2 所示的依赖包。

代码清单 6-2 引入 Spring Cloud Gateway 依赖包代码

```
<dependency>
    <groupId>org.springframework.cloud</groupId>
    <artifactId>spring-cloud-starter-gateway</artifactId>
</dependency>
```

2. Spring Cloud Gateway 谓词和过滤器配置

Spring Cloud Gateway 中谓词种类非常多，几乎包含了你所能想到的所有条件判断场景，可以用来对时间、消息头、请求路由、Cookie 等执行断言操作。关于这些谓词的详细描述不是本书的重点，你可以参考官方网站进行学习：https://spring.io/projects/spring-cloud-gateway。

这里我们以常见的路由谓词为例来介绍 Spring Cloud Gateway 谓词的使用方法。Spring Cloud Gateway 包括许多内置的路由谓词。所有这些谓词都与 HTTP 请求的不同属性匹配，其中最常用的路由谓词就是 Path 谓词。所谓 Path 谓词，就是当请求 URL 中包含某路径时触发路由操作。Path 谓词的使用方法如代码清单 6-3 所示。

代码清单 6-3 Path 谓词配置代码

```
spring:
    cloud:
        gateway:
            routes:
                - id: test-route
                  uri: lb://test-service
                  predicates:
                      - Path=/test/**
```

代码清单 6-3 所示的配置的作用在于当我们的请求 URL 路径中包含了“test”关键词时就会将请求自动转发给 test-service 这个位于注册中心的微服务。

介绍完谓词我们接着来看过滤器。Spring Cloud Gateway 中同样包含一组实用的过滤器组件，我们可以在前面配置示例的基础上添加两个过滤器组件，如代码清单 6-4 所示。

代码清单 6-4 过滤器配置代码

```
spring:
    cloud:
        gateway:
            routes:
                - id: test-route
                  uri: lb://test-service
                  predicates:
                      - Path=/test/**
                  filters:
                      - StripPrefix=1
                      - PrefixPath=/users
```

可以看到，这里出现了两个过滤器 StripPrefix 和 PrefixPath。其中，StripPrefix 过滤器的作用是去掉请求 URL 路径中的部分内容，这里指定 StripPrefix=1 的效果就是去掉第一段路由。而 PrefixPath 过滤器的效果是在请求 URL 路径上添加一个自定义前缀。在上述配置中，假设 test-service 的地址是 localhost:8080/users/，网关地址是 localhost:9999，那么访问 localhost:9999/test/ 相当于是 localhost:8080/users/。因为 StripPrefix 过滤器去掉了 test 段路径，而 PrefixPath 过滤器则添加了 users 前缀。

讲到这里，你可能会问如果我们在 Spring Cloud Gateway 中设置了一组谓词和过滤器，如何分析它们是否已经生效呢？这时候你可以访问 Spring Cloud Gateway 所暴露的路由监控端点 http://localhost:8080/actuator/gateway/routes，代码清单 6-5 展示了该端点所返回的结果。

代码清单 6-5 路由监控端点显示效果代码

```
[
    {
        "predicate":"Paths: [/test/**], match trailing slash: true",
        "route_id":"test-route",
        "filters":[
            "[[StripPrefix parts = 1], order = 1]",
            "[[PrefixPath prefix = '/users'], order = 2]"
        ],
        "uri":"lb://test-service",
        "order":0
    }
]
```

Spring Cloud Gateway 内部集成了 Spring Boot 所提供的 Actuator 组件来暴露监控端点。从监控端点的返回结果来看，我们不难验证路由配置的结果。

在使用 Spring Cloud Gateway 过程中，一方面我们可以使用框架内置的谓词和过滤器，另一方面我们也可以开发符合特定场景下的自定义谓词和过滤器组件。但在此之前，我们需要掌握 Spring Cloud Gateway 的工作流程和基本原理，这样才能更好地完成对该框架的扩展，这就是下一节要讨论的内容。

6.3 Spring Cloud Gateway 的工作流程和实现原理

在本节中，我们将探讨 Spring Cloud Gateway 的工作流程和实现原理，为 6.4 节中实现对 Spring Cloud Gateway 的扩展打好基础。

6.3.1 管道 – 过滤器架构模式

在面向请求 – 响应式的系统中，我们经常需要在多个请求之间实现一些集中而通用的处理，比如检查每个请求的数据编码方式、为每个请求记录日志信息或压缩输出等。这些需求相当于在请求 – 响应的代码主流程中嵌入了一些定制化组件。从架构设计上讲，我们就需要在这些定制化处理组件与请求处理主流程之间实现松耦合，这样添加或删除这些定制化组件就很容易，不会干扰主流程。同时，我们也需要确保这些组件之间相互独立，每个组件都能自主存在，从而提升它们的重用性，请求 – 响应式系统处理过程如图 6-6 所示。

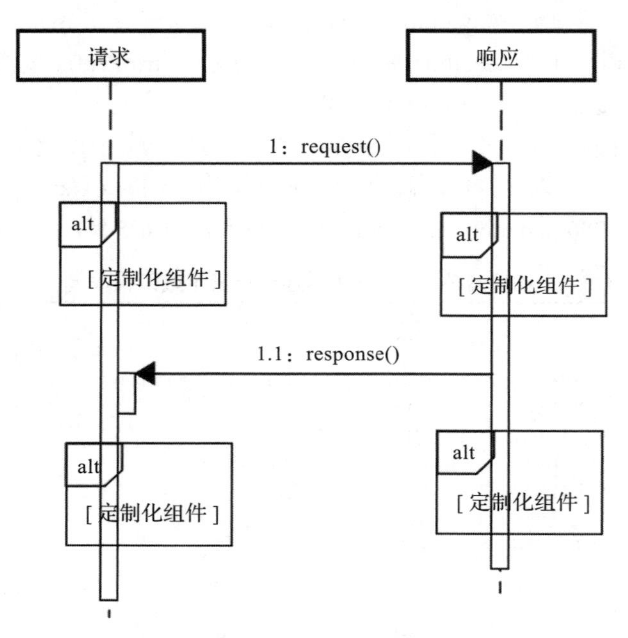

图 6-6 请求 – 响应式系统处理过程

如何实现图 6-6 中的效果呢？幸好，在架构模式中存在一种类似的模式，即管道 – 过滤器模式。

1. 管道 – 过滤器基本结构

管道 – 过滤器在结构上是一种组合行为，通常以切面（Aspect）的方式在主流程上添加定制化组件。当我们在阅读一些开源框架代码时，看到 Filter（过滤器）或 Interceptor（拦截器）等名词时，往往就是碰上了管道 – 过滤器模式。

管道 – 过滤器结构主要包括过滤器和管道两种元素，如图 6-7 所示。

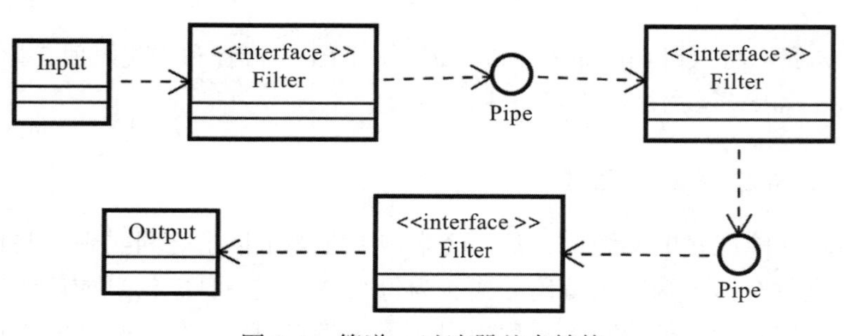

图 6-7 管道 – 过滤器基本结构

在管道 – 过滤器结构中，执行定制化功能的组件被称为过滤器，负责执行具体的业务逻辑。每个过滤器都会接收来自主流程的请求，并返回一个响应结果到主流程中。另外，管道用来获取来自过滤器的请求和响应，并把它们传递到后续的过滤器中，相当于是一种通道。

管道 – 过滤器模式的一个典型应用是 Web 容器中的过滤器机制，如图 6-8 所示。

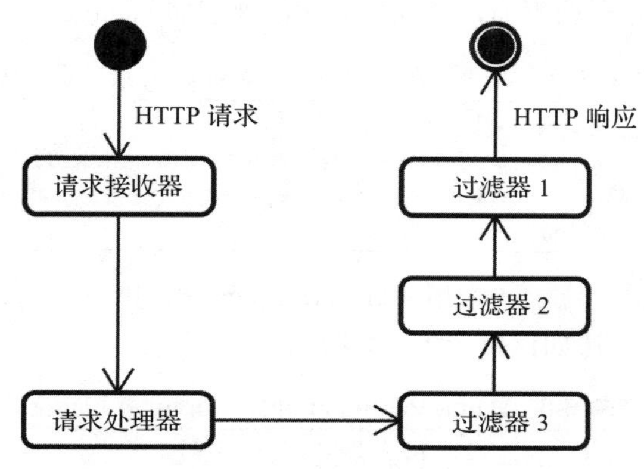

图 6-8　Web 容器中的过滤器机制

从图 6-8 中可以看到在生成最终的 HTTP 响应之前，可以通过添加多个过滤器对处理器所产生的输出内容进行处理。我们可以直接把图 6-8 所示的处理流程映射到主流的 Web 处理框架，例如 Spring WebMVC 和 Spring WebFlux，让我们一起来看一下。

2. 管道 – 过滤器与 Spring Web 框架

说起 Spring 中的 Web 框架，首先想到的是 Spring WebMVC。Spring WebMVC 作为一种处理 Web 请求的典型实现方案，同样使用了 Servlet 中的过滤器链（FilterChain）来对请求进行拦截，如图 6-9 所示。

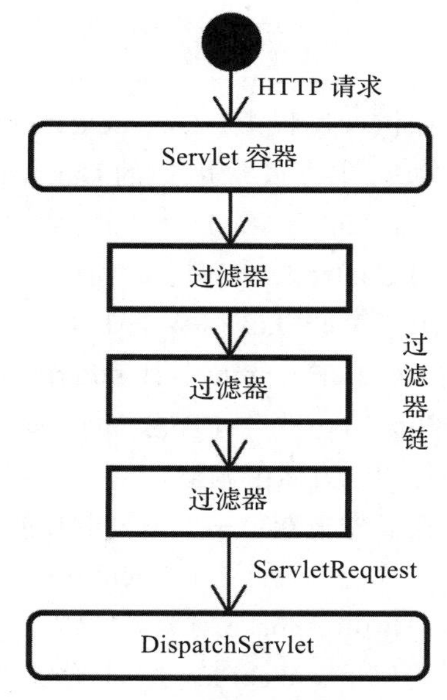

图 6-9　Spring WebMVC 中的过滤器链

我们知道 WebMVC 运行在 Servlet 容器上，这些容器常见的包括 Tomcat、JBoss 等。当 HTTP 请求通过 Servlet 容器时就会被转换为一个 ServletRequest 对象，而最终返回一个 ServletResponse 对象，FilterChain 的定义如代码清单 6-6 所示。

代码清单 6-6　WebMVC 中 FilterChain 接口定义代码

```
public interface filterChain {
    public void dofilter (ServletRequest request, ServletResponse response )
        throws IOException, ServletException;
}
```

当 ServletRequest 通过过滤器链中所包含的一系列过滤器之后，最终就会到达作为前端控制器的 DispatcherServlet。DispatcherServlet 是 WebMVC 的核心组件，扩展了 Servlet 对象，并持有一组 HandlerMapping 和 HandlerAdapter。当 ServletRequest 请求到达时，DispatcherServlet 负责搜索 HandlerMapping 实例并使用合适的 HandlerAdapter 对其进行适配。其中，HandlerMapping 的作用是根据当前请求找到对应的处理器 Handler，如代码清单 6-7 所示。

代码清单 6-7　WebMVC 中 HandlerMapping 接口定义代码

```
public interface HandlerMapping {
    // 找到与请求对应的 Handler，封装为一个 HandlerExecutionChain 返回
    HandlerExecutionChain getHandler(HttpServletRequest request) throws Exception;
}
```

而 HandlerAdapter 根据给定的 HttpServletRequest 和 HttpServletResponse 对象真正调用给定的 Handler，核心方法如代码清单 6-8 所示。

代码清单 6-8　WebMVC 中 HandlerAdapter 接口定义代码

```
public interface HandlerAdapter {
    // 针对给定的请求 / 响应对象调用目标 Handler
    ModelAndView handle(HttpServletRequest request, HttpServletResponse response,
        Object handler) throws Exception;
}
```

在执行过程中，DispatcherServlet 会在应用上下文中搜索所有 HandlerMapping。日常开发过程中，最常用到的 HandlerMapping 包含 BeanNameUrlHandlerMapping 和 RequestMappingHandlerMapping，前者负责检测所有 Controller 并根据请求 URL 的匹配规则映射到具体的 Controller 实例上，而后者基于 @RequestMapping 注解来找到目标 Controller。

虽然 WebFlux 和 WebMVC 是两个时代的技术体系，但事实上，传统 Spring WebMVC 中的 HandlerMapping、HandlerAdapter 等组件在 WebFlux 都有同名的响应式版本。这是 WebFlux 的一种设计理念，即在现有设计的基础上提供新的实现版本，只对部分需要增强和弱化的地方做了调整。

我们先来看第一个需要调整的地方。显然，我们应该替换掉原有的 Servlet API 以便融入响应式流。因此，在 WebFlux 中，代表请求和响应的是全新的 ServerHttpRequest 对象和 ServerHttpResponse 对象。

类似地，WebFlux 中同样提供了一个过滤器链 WebFilterChain，定义如代码清单 6-9 所示。

代码清单 6-9　WebFlux 中 WebFilterChain 定义代码

```
public interface WebfilterChain {
    Mono<Void> filter(ServerWebExchange exchange);
}
```

这里的 ServerWebExchange 相当于一个上下文容器，保存了 ServerHttpRequest、Server-

HttpResponse 以及一些框架运行时状态信息。

在 WebFlux 中，和 WebMVC 中的 DispatcherServlet 相对应组件是 DispatcherHandler。与 DispatcherServlet 类似，DispatcherHandler 同样使用了一套响应式版本的 HandlerMapping 和 HandlerAdapter 完成对请求的处理。请注意，这两个接口定义在 org.springframework.web.reactive 包中，而不是在原有的 org.springframework.web 包中。响应式版本的 HandlerMapping 接口定义如代码清单 6-10 所示，可以看到这里返回的是一个 Mono 对象，从而启用了响应式行为模式。

代码清单 6-10　响应式 HandlerMapping 接口定义代码

```
public interface HandlerMapping {
    Mono<Object> getHandler(ServerWebExchange exchange);
}
```

同样，我们找到响应式版本的 HandlerAdapter，如代码清单 6-11 所示。

代码清单 6-11　响应式 HandlerAdapter 接口定义代码

```
public interface HandlerAdapter {
    Mono<HandlerResult> handle(ServerWebExchange exchange, Object handler);
}
```

对比非响应式版本的 HandlerAdapter，这里的 ServerWebExchange 中同时包含了 ServerHttpRequest 和 ServerHttpResponse 对象，而 HandlerResult 则代表了处理结果。相比 WebMVC 中 ModelAndView 这种比较模糊的返回结果，HandlerResult 更加直接和明确。

在 WebFlux 中，同样实现了响应式版本的 RequestMappingHandlerMapping 和 RequestMappingHandlerAdapter，因此我们仍然可以采用注解来构建 Controller。另外，WebFlux 中还提供了 RouterFunctionMapping 和 HandlerFunctionAdapter 组合，专门用来提供基于函数式编程的开发模式。这样 Spring WebFlux 的整体架构就演变成如图 6-10 所示的架构。

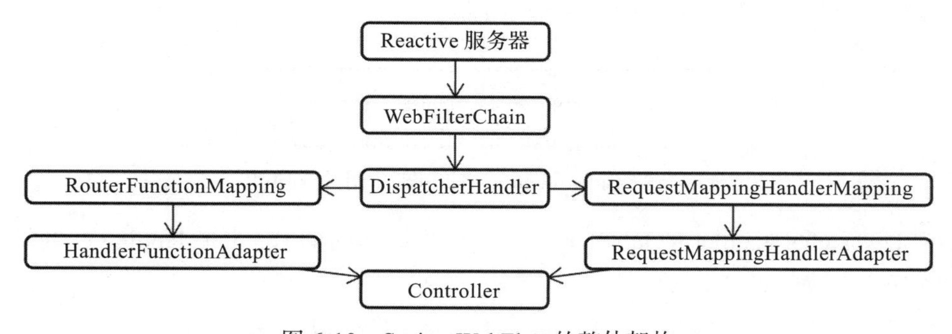

图 6-10　Spring WebFlux 的整体架构

请注意，在处理 HTTP 请求上，我们需要使用支持异步非阻塞的响应式服务器引擎，常见的包括 Netty、Undertow 以及支持 Servlet 3.1 及以上版本的 Servlet 容器。

讲到这里，你可能会问，我们为什么要花这么多的篇幅来介绍 Spring 中的 Web 框架？

原因实际上很简单，即 Spring Cloud Gateway 的核心功能就是对 Web 请求进行路由和过滤，其内部大量依赖于这里介绍的响应式 Web 框架 WebFlux。

6.3.2 Spring Cloud Gateway 执行流程

在 Spring Cloud Gateway 中，我们通过谓词判断获取 Web 请求的路由，然后基于一组过滤器执行过滤，并最终输出结果。Spring Cloud Gateway 的过滤器种类非常丰富，也是我们对该框架进行扩展的主要手段。在对其进行详细展开之前，我们先来看一下 Spring Cloud Gateway 的整体请求处理流程。

我们知道 Spring MVC 中有一个核心类 DispatcherServlet，而 WebFlux 中对应的核心类是 DispatcherHandler，该类作为请求的入口，整个请求处理流程如图 6-11 所示。

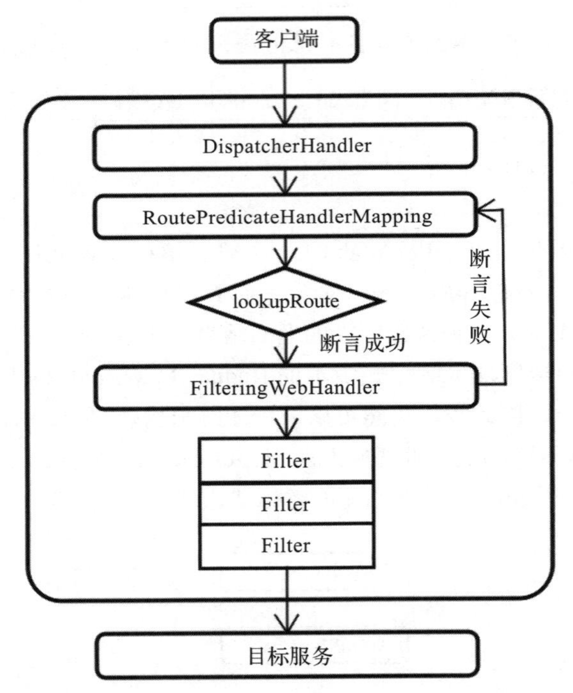

图 6-11 Spring Cloud Gateway 请求处理流程

其中 DispatcherHandler 的 handler 方法用来匹配不同的 HandlerMapping 并处理请求，实现过程如代码清单 6-12 所示。

代码清单 6-12 DispatcherHandler 的 handler 方法代码

```
@Override
public Mono<Void> handle(ServerWebExchange exchange) {
    if (this.handlerMappings == null) {
        return createNotFoundError();
```

```
    }
    return Flux.fromIterable(this.handlerMappings)
        .concatMap(mapping -> mapping.getHandler(exchange))
        .next()
        .switchIfEmpty(createNotFoundError())
        // 这里根据获取到的 handler 进行处理
        .flatMap(handler -> invokeHandler(exchange, handler))
        .flatMap(result -> handleResult(exchange, result));
}
```

基于代码清单 6-12 中的实现过程，DispatcherHandler 就能找到 RoutePredicateHandlerMapping。和前面讨论的 WebFlux 中的 RouterFunctionMapping 一样，RoutePredicateHandlerMapping 同样实现了 AbstractHandlerMapping 这个抽象类。同时，我们注意到 RoutePredicateHandlerMapping 也是在自动配置类 GatewayAutoConfiguration 中进行装配的，如代码清单 6-13 所示。

代码清单 6-13 自动配置类 GatewayAutoConfiguration 代码

```
public class GatewayAutoConfiguration {
    @Bean
    public RoutePredicateHandlerMapping routePredicateHandlerMapping(Filtering
        WebHandler webHandler, RouteLocator routeLocator, GlobalCorsProperties
        globalCorsProperties, Environment environment) {
        return new RoutePredicateHandlerMapping(webHandler, routeLocator,
            globalCorsProperties, environment);
    }
}
```

虽然在 DispatcherHandler 的 handler 方法中，使用的是响应式编程的代码语法，但整个流程和 WebMVC 中的处理机制非常类似。而在 RoutePredicateHandlerMapping 中，通过 getHandlerInternal 方法获取了当前请求的路由信息放入了上下文中，并返回了 FilteringWebHandler。注意到在这个方法中存在一个 lookupRoute 方法，该方法用来查找真正的路由信息，如代码清单 6-14 所示。

代码清单 6-14 lookupRoute 方法代码

```
protected Mono<Route> lookupRoute(ServerWebExchange exchange) {
    return this.routeLocator.getRoutes()
        .concatMap(route -> Mono.just(route).filterWhen(r -> {
        exchange.getAttributes().put(GATEWAY_PREDICATE_ROUTE_ATTR, r.getId());
        // 根据断言获取真正的 Route
        return r.getPredicate().apply(exchange);
    })
        .doOnError(…)
        .onErrorResume(e -> Mono.empty()))
            .next()
            .map(route -> {
                …
                // 自定义的路由校验方法入口
                validateRoute(route, exchange);
```

```
                return route;
        });
    }
```

显然，这里通过断言来获取路由信息。一旦获取路由信息之后，下一步就是加载各种过滤器了，这时候就来到 FilteringWebHandler。该类实现了 WebHandler 接口，并在它的构造函数中通过一个 loadFilters 方法加载了过滤器，如代码清单 6-15 所示。

代码清单 6-15　FilteringWebHandler 类中的 loadFilters 方法代码

```
public class FilteringWebHandler implements WebHandler {
    protected static final Log logger = LogFactory.getLog(FilteringWebHandler.
        class);
    private final List<GatewayFilter> globalFilters;

    public FilteringWebHandler(List<GlobalFilter> globalFilters) {
        this.globalFilters = loadFilters(globalFilters);
    }

    // 将传入的 GlobalFilter 转化为 GatewayFilter
    private static List<GatewayFilter> loadFilters(List<GlobalFilter> filters) {
        return filters.stream().map(filter -> {
            GatewayFilterAdapter gatewayFilter = new GatewayFilterAdapter(filter);
            if (filter instanceof Ordered) {
                int order = ((Ordered) filter).getOrder();
                return new OrderedGatewayFilter(gatewayFilter, order);
            }
            return gatewayFilter;
        }).collect(Collectors.toList());
    }
    …
}
```

从代码清单 6-15 中可以看到，loadFilters 方法的作用就是将传入的 GlobalFilter 转化为 GatewayFilter。我们接着来看 FilteringWebHandler 的 handle 方法，如代码清单 6-16 所示。

代码清单 6-16　FilteringWebHandler 的 handle 方法代码

```
@Override
public Mono<Void> handle(ServerWebExchange exchange) {
    // 从 ServerWebExchange 获取 Route
    Route route = exchange.getRequiredAttribute(GATEWAY_ROUTE_ATTR);
    // 从 Route 获取到 Filter
    List<GatewayFilter> gatewayFilters = route.getFilters();

    // 将 GlobalFilter 和路由的 Filter 合并
    List<GatewayFilter> combined = new ArrayList<>(this.globalFilters);
    combined.addAll(gatewayFilters);
    // 对 Filter 排序
    AnnotationAwareOrderComparator.sort(combined);

    // 创建 FilterChain 并执行过滤
```

```
        return new DefaultGatewayFilterChain(combined).filter(exchange);
    }
```

如代码清单 6-16 所示，方法中的几个步骤都很明确，而出现的 DefaultGateway-FilterChain 就是一种过滤器链，用来基于该链中的各个过滤器执行过滤操作，具体如代码清单 6-17 所示。

代码清单 6-17　DefaultGatewayFilterChain 类中的 filter 方法代码

```
@Override
public Mono<Void> filter(ServerWebExchange exchange) {
    return Mono.defer(() -> {
        if (this.index < filters.size()) {
            GatewayFilter filter = filters.get(this.index);
            DefaultGatewayFilterChain chain = new DefaultGatewayFilterChain(this,
                this.index + 1);
            return filter.filter(exchange, chain);
        }
        else {
            return Mono.empty(); // complete
        }
    });
}
```

显然，DefaultGatewayFilterChain 是一种典型的管道 - 过滤器架构模式的应用方式，关于这一架构模式我们在本节前面的内容中已经做了详细的介绍。

6.4　Spring Cloud Gateway 扩展

我们知道 Spring Cloud Gateway 的核心功能就是请求路由和转发，而围绕这一核心功能，开发人员可以做的事情有很多，比如实现对服务的灰度发布、实现对请求的拦截并添加异常处理机制、实现对请求的限流降级等，如图 6-12 所示。

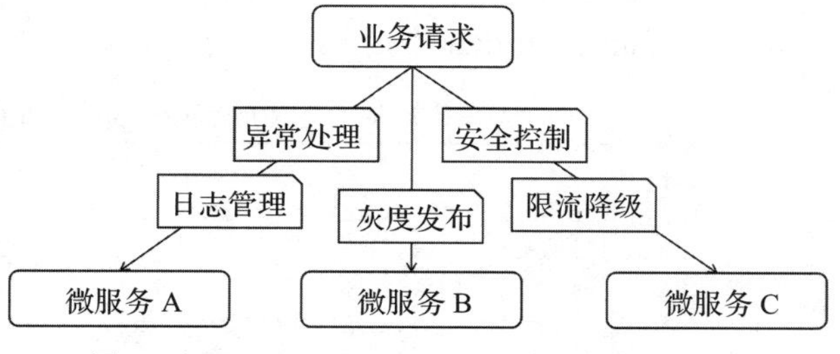

图 6-12　Spring Cloud Gateway 功能扩展方式

一方面，Spring Cloud Gateway 针对图 6-12 中的部分场景需求提供了内置的解决方案。另一方面，我们也可以根据具体需求实现定制化功能。在本节中，我们首先介绍 Spring Cloud Gateway 的内置过滤器，然后给出基于过滤器实现功能扩展的方法和技巧。

6.4.1　Spring Cloud Gateway 内置过滤器

在 Spring Cloud Gateway 中内置了许多过滤器，这些过滤器可以分成两大类，即

GatewayFilter 和 GlobalFilter，正如我们在 FilteringWebHandler 中所看到的。其中，GatewayFilter 通过配置作用于每个路由，而 GlobalFilter 则作用于所有的请求。当请求匹配到对应路由时，会将 GlobalFilter 和已绑定路由的 GatewayFilter 合并到一起。所有的过滤器都实现了 org.springframework.core.Ordered 接口，因此会根据过滤器的 Order 值进行排序。

1. GlobalFilter

Spring Cloud Gateway 中主要的 GlobalFilter 及其 Order 值如表 6-1 所示。

表 6-1　Spring Cloud Gateway 中主要的 GlobalFilter 及其 Order 值

GlobalFilter	Order 值
RemoveCachedBodyFilter	Integer.MIN_VALUE;
AdaptCachedBodyGlobalFilter	Integer.MIN_VALUE + 1000
NettyWriteResponseFilter	−1
ForwardPathFilter	0
GatewayMetricsFilter	0
RouteToRequestUrlFilter	1000
LoadBalancerClientFilter	10100
WebsocketRoutingFilter	Integer.MAX_VALUE −1
NettyRoutingFilter	Integer.MAX_VALUE
ForwardRoutingFilter	Integer.MAX_VALUE

这里我们以 RouteToRequestUrlFilter 为例来分析 GlobalFilter 的实现机制，该过滤器用于根据请求信息和路由规则生成真正的请求 URL，并放入请求上下文中供后续 Filter 使用。RouteToRequestUrlFilter 中的 filter 方法如代码清单 6-18 所示。

代码清单 6-18　RouteToRequestUrlFilter 中的 filter 方法代码

```
@Override
public Mono<Void> filter(ServerWebExchange exchange, GatewayFilterChain chain) {
    Route route = exchange.getAttribute(GATEWAY_ROUTE_ATTR);
    if (route == null) {
        return chain.filter(exchange);
    }
    // 获取请求的 URI
    URI uri = exchange.getRequest().getURI();
    // 判断是否包含诸如 % 等的编码部分内容
    boolean encoded = containsEncodedParts(uri);
    // 获取 Route 的 uri
    URI routeUri = route.getUri();
    // 判断是否为其他类型的协议，如果是代表负载均衡的 lb 则会将 lb 去掉
    if (hasAnotherScheme(routeUri)) {
        // 将当前请求的 schema 放入上下文中
```

```
        exchange.getAttributes().put(GATEWAY_SCHEME_PREFIX_ATTR, routeUri.
            getScheme());
        routeUri = URI.create(routeUri.getSchemeSpecificPart());
    }

    // 如果 RouteUri 以 lb 开头，则请求中必须带有 host，否则直接抛出异常
    if ("lb".equalsIgnoreCase(routeUri.getScheme()) && routeUri.getHost() ==
        null) {
        throw new IllegalStateException("Invalid host: " + routeUri.toString());
    }

    // 生成 RequestURL，并放入上下文中
    URI mergedUrl = UriComponentsBuilder.fromUri(uri).
    scheme(routeUri.getScheme()).
    host(routeUri.getHost()).
    port(routeUri.getPort()).build(encoded).toUri();
    exchange.getAttributes().put(GATEWAY_REQUEST_URL_ATTR, mergedUrl);
    return chain.filter(exchange);
}
```

我们在代码清单 6-18 中 filter 方法的关键代码语句中添加了注释。可以看到，一个 GlobalFilter 的实现过程基本就是从 ServerWebExchange 上下文中获取路由，然后根据路由中的详细信息来执行对应的操作。

2. GatewayFilter

我们再来看一个使用 GatewayFilter 的场景。以下代码展示了一个用于处理响应的 PostGatewayFilter 的实现方式。我们首先继承一个 AbstractGatewayFilterFactory 类，然后通过覆写 apply 方法来提供针对 ServerHttpResponse 对象的任何操作，如代码清单 6-19 所示。

代码清单 6-19　自定义 GatewayFilter 实现类示例代码

```
public class PostGatewayFilterFactory extends AbstractGatewayFilterFactory {
    public PostGatewayFilterFactory() {
        super(Config.class);
    }

    public GatewayFilter apply() {
        return apply(o -> {
        });
    }

    @Override
    public GatewayFilter apply(Config config) {
        return (exchange, chain) -> {
            return chain.filter(exchange).then(Mono.fromRunnable(() -> {
                ServerHttpResponse response = exchange.getResponse();
                // 针对 Response 的各种处理
            }));
        };
    }
```

```
    public static class Config {
    }
}
```

注意到这里使用了 Project Reactor 框架中的 then 操作符，该操作符的含义是等到上一个操作完成再做下一个。所以，我们在过滤器链执行完对 exchange 对象的过滤之后，再通过 Mono.fromRunnable 方法创建一个新的线程，可以在这里添加各种针对 Response 对象的处理过程。

6.4.2 Spring Cloud Gateway 功能扩展方式和实现

在本节中，我们将通过一个具体场景来给出 Spring Cloud Gateway 功能扩展的实现过程。这个场景非常常见，就是灰度发布。

1. 灰度发布的网关配置

我们在本书第 4 章介绍负载均衡时已经提到了灰度发布的概念和实现方法，现在我们继续讨论这个话题。事实上，通过服务网关实现灰度发布和通过负载均衡实现灰度发布的底层逻辑和执行效果是完全一样的，但是前者采用了更为优雅的实现方案，因为它把服务请求和负载均衡的逻辑限制在网关这一独立的媒介中，确保了业务代码的无侵入性，基于服务网关的灰度发布机制如图 6-13 所示。

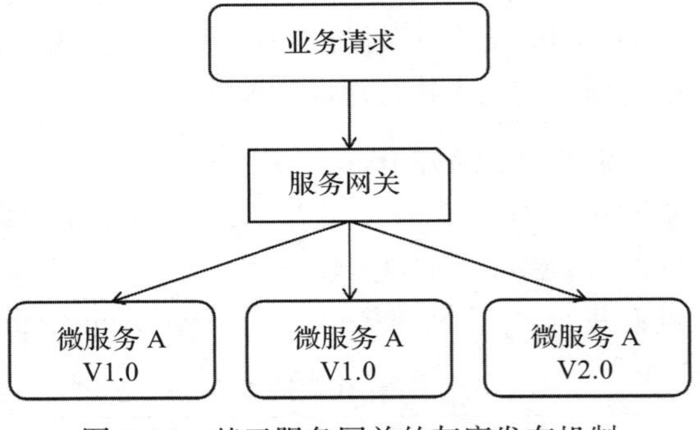

图 6-13　基于服务网关的灰度发布机制

在微服务架构中，网关负责请求的统一入口，主要功能之一是请求路由。而灰度发布实质就是让指定用户路由到指定版本的服务上，所以该功能可以在网关这一层实现。想要达到如图 6-13 所示的路由效果，我们先来分析对应的配置内容，如代码清单 6-20 所示。

代码清单 6-20　灰度发布网关配置代码

```
- id: user-route
  uri: grayLb://login
  predicates:
      - Path=/user/**
  filters:
      - AddRequestHeader=Version,V1.0
```

这里路由规则表示只要请求 URL 符合 /user/** 则都会匹配到 user-route 这条路由规则中。那么，有了这段配置之后想要实现灰度发布应该怎么做呢？我们可以自己写一个谓词，来实现指定用户匹配到指定的路由规则当中。添加了自定义谓词之后的配置信息如代码清单 6-21 所示。

代码清单 6-21　添加自定义谓词后的灰度发布网关配置代码

```
- id: user-route-gray
    uri: grayLb://login
    predicates:
        - Path=/user/**
        - HeaderUsername=GrayUser
    filters:
        - AddRequestHeader=Version,V2.0
```

这里路由规则表示请求 URL 符合 /user/** 并且请求的 HTTP 消息头中的 Username 属性值为 GrayUser 的请求会匹配到 user-route-gray 这条路由规则中。

同时，注意到在这两段配置信息中，我们都配置了一个 AddRequestHeader 过滤器，该过滤器专门用来对请求头中的版本信息执行过滤逻辑。这部分配置的效果相当于动态修改请求，将版本号信息添加到 HTTP 消息头中。

2. 灰度发布的网关实现

现在，让我们首先来实现根据用户名匹配路由规则的谓词，如代码清单 6-22 所示。

代码清单 6-22　用户名匹配路由规则谓词实现代码

```
@Component
public class HeaderUsernameRoutePredicateFactory extends AbstractRoutePredicateFactory
    <HeaderUsernameRoutePredicateFactory.Config> {
    public static final String USERNAME = "Username";

    @Override
    public Predicate<ServerWebExchange> apply(Config config) {
        List<String> usernames = config.getUsername();
        return new GatewayPredicate() {
            @Override
            public boolean test(ServerWebExchange serverWebExchange) {
                String username = serverWebExchange.getRequest().getHeaders().
                    getFirst(USERNAME);
                if (!StringUtils.isEmpty(username)) {
                    // 对比 Header 中是否有对应的 Username
                    return usernames.contains(username);
                }
                return false;
            }
        };
    }

    @Data
    public static class Config {
        private List<String> username;
    }
}
```

代码清单 6-22 中的代码展示的就是一个谓词的典型实现过程。我们可以通过配置项传入对应的用户名称，然后基于 ServerWebExchange 中携带的消息头信息完成对用户名称的对比，从而实现谓词的判断逻辑。

接下来，让我们重写负载均衡算法，根据版本号信息从注册中心的服务实例上选择相应的服务版本进行请求的转发，如代码清单 6-23 所示。

代码清单 6-23　灰度轮询负载均衡器实现代码

```
public class GrayRoundRobinLoadBalancer implements ReactorServiceInstanceLoad
    Balancer {
    @Override
    public Mono<Response<ServiceInstance>> choose(Request request) {
        HttpHeaders headers = (HttpHeaders) request.getContext();
        ServiceInstanceListSupplier supplier = serviceInstanceListSupplierProvider
            .getIfAvailable(NoopServiceInstanceListSupplier::new);
        return supplier.get(request).next().map(list -> getInstanceResponse(list,
            headers));
    }

    private Response<ServiceInstance> getInstanceResponse(List<ServiceInstance>
        instances, HttpHeaders headers) {
        List<ServiceInstance> serviceInstances = instances.stream()
            .filter(instance -> {
                // 根据请求头中的版本号信息，选取注册中心中的相应服务实例
                String version = headers.getFirst("Version");
                if (version != null) {
                    return version.equals(instance.getMetadata().get("version"));
                } else {
                    return true;
                }
            }).collect(Collectors.toList());
        ...
        // 通过 RoundRobin 负载均衡算法确定目标实例
        int pos = Math.abs(this.position.incrementAndGet());
        ServiceInstance instance = serviceInstances.get(pos % serviceInstances.
            size());
        return new DefaultResponse(instance);
    }
}
```

相信你对代码清单 6-23 中的这段代码的实现过程并不陌生，这里我们根据 HTTP 消息头中的版本信息和 Nacos 服务实例中的元数据进行比对，从而确定灰度发布的目标服务实例。关于自定义负载均衡机制的实现方法可以回顾第 4 章内容。

接下来我们要考虑的最后一个问题就是如何调用自定义的负载均衡算法。这就需要我们实现一个 GlobalFilter 并对请求进行拦截，如代码清单 6-24 所示。

代码清单 6-24　灰度发布请求拦截 GlobalFilter 实现代码

```
@Component
public class GrayReactiveLoadBalancerClientFilter implements GlobalFilter,
    Ordered {
```

```
    @Override
    public Mono<Void> filter(ServerWebExchange exchange, GatewayFilterChain
        chain) {
        URI url = (URI) exchange.getAttribute(ServerWebExchangeUtils.GATEWAY_
            REQUEST_URL_ATTR);
        String schemePrefix = (String) exchange.getAttribute(ServerWebExchange
            Utils.GATEWAY_SCHEME_PREFIX_ATTR);
        //根据灰度标识进行判断
        if (url != null && ("grayLb".equals(url.getScheme()) || "grayLb".
            equals(schemePrefix))) {
            return this.choose(exchange).doOnNext((response) -> {
                ...
            }).then(chain.filter(exchange));
        } else {
            return chain.filter(exchange);
        }
    }

    private Mono<Response<ServiceInstance>> choose(ServerWebExchange exchange) {
        URI uri = (URI) exchange.getAttribute(ServerWebExchangeUtils.GATEWAY_
           REQUEST_URL_ATTR);
        //通过自定义负载均衡器实现灰度发布
        GrayRoundRobinLoadBalancer loadBalancer = new GrayRoundRobinLoadBalancer(
            clientFactory.getLazyProvider(uri.getHost(), ServiceInstanceListSupplier.
                class), uri.getHost());
        return loadBalancer.choose(this.createRequest(exchange));
    }
    ...
}
```

在代码清单 6-24 中，这段代码实际上模仿了 Spring Cloud Gateway 内置 RouteTo-RequestUrlFilter 中的实现逻辑，你可以进行对比学习。

6.5　案例系统演进

介绍完 Spring Cloud Gateway 作为服务网关的基本功能和扩展方式，本节我们继续对 SpringOrder 项目进行演进，讨论在案例系统中集成 Spring Cloud Gateway 的实现过程。

6.5.1　案例分析

在 SpringOrder 中添加 Spring Cloud Gateway 的过程比较简单，如图 6-14 所示。

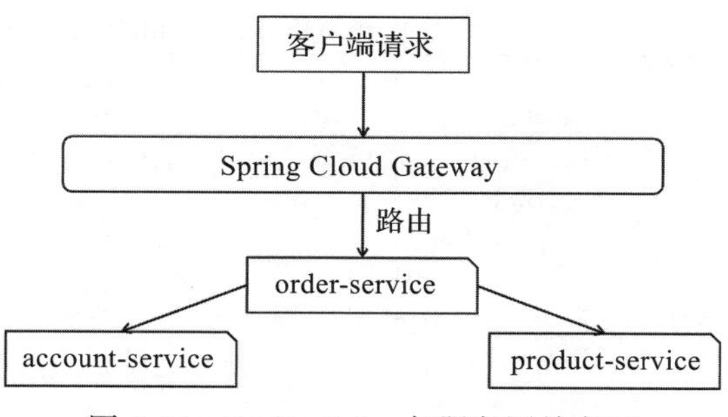

图 6-14　SpringOrder 与服务网关交互

因为我们通过 order-service 对外暴露了用户下单的入口，所以需要在 order-service 之前架设一层服务网关，从而实现客户端请求和业务服务之间的隔离并通过网关嵌入请求路由等机制。图 6-14 展示了这一过程。当然，如果你需要将 account-service 和 product-service 也暴露给客户端，那么同样可以在这两个微服务的调用链路中添加 Spring Cloud Gateway 网关支持。

请注意，Spring Cloud Gateway 是一个服务端组件，因此我们需要在 SpringOrder 项目中添加一个新的代码工程，这个代码工程的命名为 gateway，如图 6-15 所示。

显然，我们需要在 Spring Cloud Gateway 中添加一组配置项才能实现服务路由，接下来我们看一下网关配置。

```
spring-order
  .idea
  account-service
  dependency
  gateway
  infrastructure-utility
  order-service
  product-service
  pom.xml
```

图 6-15　添加服务网关之后的 SpringOrder 代码工程

6.5.2　网关配置

来到图 6-15 所示的 gateway 代码工程，我们可以创建一个 bootstrap.yml 配置文件，并添加如代码清单 6-25 所示的配置项内容。

代码清单 6-25　gateway 代码工程 bootstrap.yml 配置代码

```yaml
server:
    port: 18080

spring:
    application:
        name: gateway-server
    cloud:
        nacos:
            discovery:
                server-addr: 127.0.0.1:8848

logging:
    level:
        org.springframework.cloud.gateway: debug
```

请注意，gateway 本身也是一个微服务，也需要注册到 Nacos 中，所以我们在这里指定了该服务的端口、名称以及 Nacos 服务器地址。

接下来我们在 application.yml 配置文件中添加如代码清单 6-26 所示的配置内容。

代码清单 6-26　gateway 代码工程 application.yml 配置代码

```yaml
spring:
    main:
        web-application-type: reactive
    cloud:
        gateway:
            enabled: true
            discovery:
                locator:
                    # 开启从注册中心动态创建路由的功能，利用微服务名进行路由
                    enabled: true
```

```
                    # 用小写的请求路径的服务名匹配服务
                    lower-case-service-id: true
            routes:
                - id: order-service
                    uri: lb://order-service
                    predicates:
                        - Path=/order/**
                    filters:
                        - StripPrefix=1         # 去掉部分 URL 路径：第一个前缀
                - id: account-service
                    uri: lb://account-service
                    predicates:
                        - Path=/account/**
                    filters:
                        - StripPrefix=1         # 去掉部分 URL 路径：第一段路由
                        - PrefixPath=/accounts  # 设置自定义前缀
                - id: product-service
                    uri: lb://product-service
                    predicates:
                        - Path=/product/**
                    filters:
                        - StripPrefix=1         # 去掉部分 URL 路径：第一段路由
                        - PrefixPath=/products  #设置自定义前缀
```

可以看到，这里我们创建了三条路由信息，分别作用于 order-service、account-service 和 product-service。为了简单起见，对于每一条路由，我们采用了同一种路由配置方法，即通过 Path 谓词对请求路径进行映射，然后通过 StripPrefix 和 PrefixPath 这两个过滤器重写请求路径。

一旦完成这些配置并启动 gateway 服务，我们就可以通过代码清单 6-27 所示的请求方法对其发起请求。

代码清单 6-27 通过网关发起 HTTP 请求代码

```
GET localhost:18080/account/100
Content-Type: application/json
```

在代码清单 6-27 中，该请求的执行效果相当于访问了 localhost:/8080/account./100 这个端点，因为我们通过 Path 谓词匹配到了“account”请求路径，然后通过 StripPrefix 过滤器去掉了“account”段路径，并通过 PrefixPath 过滤器再添加了“accounts”前缀。

同样，如果你希望通过网关来执行用户下单操作，那么就可以采用如代码清单 6-28 所示的请求方式。

代码清单 6-28 通过网关执行用户下单操作代码

```
POST localhost:18080/order/orders/
Content-Type: application/json

{
    "accountId" : "1",
```

```
    "deliveryAddress" : "deliveryAddress",
    "goodsCodeList" : [
        "book1"
    ]
}
```

在代码清单 6-28 中，该请求会触发 order-service 调用 account-service 和 product-service，从而完成整个下单调用链路，我们已经在第 3 章中详细分析了这个调用链路，你可以做一些回顾。

6.5.3 全局异常处理

当请求通过网关路由到服务，整个过程不可避免地会出现异常情况。加上网关还有限流、熔断等功能，这些功能同样会抛出异常。一旦发生异常，我们就需要对这些异常进行全局化的统一处理。针对全局异常处理，Spring Cloud Gateway 已经为我们提供了一个默认的处理器 DefaultErrorWebExceptionHandler 类，该类间接实现了如代码清单 6-29 所示的 WebExceptionHandler 接口。

代码清单 6-29 WebExceptionHandler 接口定义代码

```
public interface WebExceptionHandler {
    Mono<Void> handle(ServerWebExchange exchange, Throwable ex);
}
```

可以看到，WebExceptionHandler 的 handle 方法传入了代表请求上下文的 ServerWebExchange 对象以及代表异常信息的 Throwable 对象。显然，我们基于这两个对象就可以实现一套符合特定需求的自定义异常处理机制。在 SpringOrder 项目中，让我们实现 WebExceptionHandler 接口并创建如代码清单 6-30 所示的 GlobalExceptionHandler 异常处理类。

代码清单 6-30 GlobalExceptionHandler 类实现代码

```
@Component
@Order(-1)
@Slf4j
public class GlobalExceptionHandler implements ErrorWebExceptionHandler {
    @Override
    public Mono<Void> handle(ServerWebExchange exchange, Throwable ex) {
        // 已经 commit，则直接返回异常
        ServerHttpResponse response = exchange.getResponse();
        if (response.isCommitted()) {
            return Mono.error(ex);
        }

        // 转换成自定义 Result
        Result<?> result;
        if (ex instanceof ResponseStatusException) {
            //处理网关默认抛出的 ResponseStatusException 异常
            result = responseStatusExceptionHandler(exchange, (Response
                StatusException) ex);
```

```
        } else {
            //处理其他任何系统异常
            result = globalExceptionHandler(exchange, ex);
        }

        // 返回异常信息
        return writeResult(exchange, result);
    }
}
```

在代码清单 6-30 所示的代码中，我们首先在 GlobalExceptionHandler 类上添加了一个 @Order(-1) 注解，该注解用来指定过滤器的执行顺序，这里的 -1 代表它的优先级最高，从而确保该过滤器在 Spring Cloud Gateway 默认的 ErrorWebExceptionHandler 之前被执行。

然后，我们针对抛出异常的类型做了定制化处理。如果该异常是一种网关默认抛出的 ResponseStatusException 则单独交由 responseStatusExceptionHandler 方法进行处理，反之则调用 globalExceptionHandler 方法执行默认的全局处理逻辑。最后，我们通过 writeResult 方法把处理完的结果返回给调用方。responseStatusExceptionHandler 和 globalExceptionHandler 方法的实现都比较简单，关键点还是通过 ServerWebExchange 获取请求或响应对象，然后结合异常信息组织成自定义的数据结构，如代码清单 6-31 所示。

代码清单 6-31　GlobalExceptionHandler 类自定义异常处理代码

```
private Result<?> responseStatusExceptionHandler(ServerWebExchange exchange,
    ResponseStatusException ex) {
    ServerHttpRequest request = exchange.getRequest();
    log.error("[responseStatusExceptionHandler][uri({}/{}) 发生异常 ]", request.
        getURI(), request.getMethod(), ex);
    return Result.error(ex.getRawStatusCode(), ex.getReason());
}

@ExceptionHandler(value = Exception.class)
public Result<?> globalExceptionHandler(ServerWebExchange exchange, Throwable ex)
{
    ServerHttpRequest request = exchange.getRequest();
    log.error("[globalExceptionHandler][uri({}/{}) 发生异常 ]", request.getURI(),
        request.getMethod(), ex);
    return Result.error(500, " 服务网关全局异常 ");
}
```

请注意，这里的 Result 对象就是我们自定义的一种数据结构。原则上，你可以构建任何你想要的返回类型给到服务的调用者，然后和服务的调用者就返回类型的结构和使用方法达成一致即可。

6.6　本章小结

服务网关在微服务架构中具备重要地位，它是连接各个服务之间的一种桥梁。本章首先对服务网关的作用、结构以及核心功能进行了分析。

Spring 家族专门提供了一款服务网关实现工具 Spring Cloud Gateway。Spring Cloud Gateway 同样是一个微服务，需要构建独立的服务器组件。而我们使用 Spring Cloud Gateway 的主要方式是配置各种服务路由。服务路由是服务网关的核心功能，在使用上可以组合 Spring Cloud Gateway 内置的谓词和过滤器来实现各种复杂的路由效果。

除了服务路由，服务网关也是微服务系统中实现各种非功能性需求的最佳组件，我们可以基于 Spring Cloud Gateway 所提供的扩展性实现各种符合日常需求的定制化功能，例如本章介绍的灰度发布机制就是比较常见的应用场景。

在本章的最后，我们回到 SpringOrder 案例系统，分析了该案例系统中与服务网关相关的需求，并给出了对应的实现方式。

扫描下方二维码，查看本章视频教程。

① 使用 Spring Cloud Gateway 实现服务网关

② 使用 Spring Cloud Gateway 自定义扩展功能

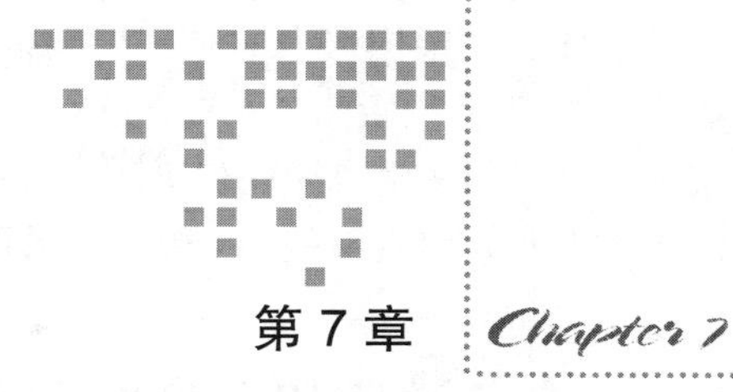

第 7 章 Chapter 7

消息通信和 RocketMQ

在本章中，我们将讨论事件驱动架构（Event-Driven Architecture，EDA）及其在微服务架构中的应用。事件驱动架构定义了一种设计和实现应用系统的架构风格，在这个架构风格中，事件可以在松耦合的服务和服务之间进行传输。

在微服务设计和开发过程中会存在这样的需求，即系统中的某个服务因为用户操作或内部行为发布一个事件时，该服务知道这个事件在将来的某一个时间点会被其他某个服务所消费，但是并不知道这个服务具体是谁，也不关心什么时候被消费。同样，消费该事件的服务也不一定需要知道该事件是由哪个服务发布的。满足以上场景的系统代表着一种松耦合的架构，也就是事件驱动架构。

事件驱动架构的基本组成结构如图 7-1 所示，包括事件的发布（Publish）、订阅（Subscribe）和消费（Consume）等基本过程。微服务系统中的某一个服务发布事件时，该服务可以广播一个或多个事件到事件中心（Event Center），而每一个对该事件感兴趣的服务都可以订阅该事件。每当事件被传播时，系统就将负责自动调用那些已经订阅了该事件的服务，服务中的事件处理程序将被触发。每个服务消费者都可以有自己一套独立的事件处理程序，服务提供者并不关心它所发布的事件被如何消费。

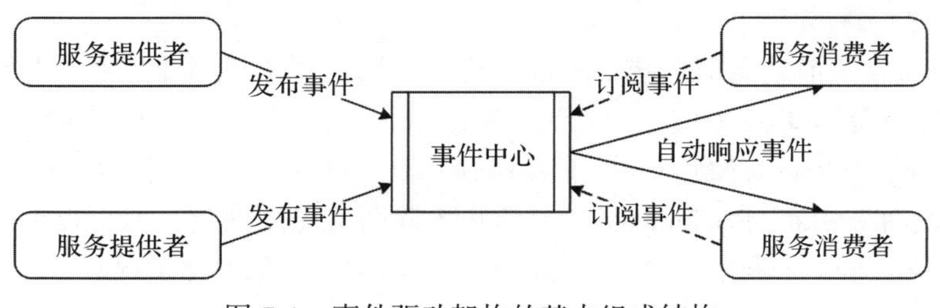

图 7-1　事件驱动架构的基本组成结构

事件驱动架构代表的是一种架构设计风格，实现方法和策略有很多，目前最主流的做法是引入消息中间件。在 Spring Cloud Alibaba 中也为我们提供了一个专门在微服务系统中实现消息通信的消息中间件 RocketMQ。本章将引入 RocketMQ 并结合案例给出如何进行事件建模以及如何实现图 7-1 中所示的服务提供者和服务消费者。

7.1 消息通信和消息中间件

事件驱动架构和消息通信机制的诞生有其必然性，我们希望使用它来实现一种更为灵活的集成方式。在微服务架构中，引入消息通信的设计思想也是基于这一目标。本节将就消息中间件的基本结构以及消息通信的作用展开讨论。

7.1.1 消息中间件的基本结构

消息中间件的基本结构如图 7-2 所示。在图 7-2 中，我们看到消息通信机制在消息发送方和消息接收方之间添加了存储转发（Store and Forward）功能。存储转发是计算机网络领域使用最为广泛的技术之一，基本思想就是将数据先缓存起来，再根据其目的地址发送出去。

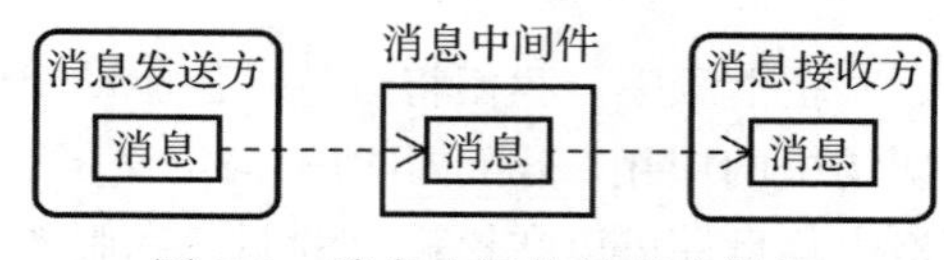

图 7-2 消息中间件的基本结构

在消息通信系统中，消息的生产者负责产生消息，一般由业务系统充当生产者；消息的消费者负责消费消息，一般是后台系统负责异步消费。生产者行为模式单一，而消费者根据消费方式的不同有一些特定的分类，常见的有推送型消费者（Push Consumer）和拉取型消费者（Pull Consumer）。推送指的是应用系统向消费者对象注册一个 Listener 接口并通过回调 Listener 接口方法实现消息消费。而在拉取方式下应用系统通常主动调用消费者的拉消息方法消费消息，主动权由应用系统控制。

消息通信有两种基本模型，即发布 - 订阅（Pub-Sub）模型和点对点（Point to Point）模型。发布 - 订阅模型支持生产者和消费者之间的一对多关系，是典型的推送消费者实现机制；而点对点模型中有且仅有一个消费者，通过基于间隔性拉取的轮询方式进行消息消费。在生产者和消费者数量较多的场景下，也可以引入组（Group）的概念，生产者组（Producer Group）和消费者组（Consumer Group）分别代表一类生产者和消费者的集合名称，使用统一逻辑发送信息和接收消息。

上述概念构成了消息通信系统最基本的模型，围绕这个模型业界有一些实现规范和工具，代表性的规范有 JMS（Java Message Service，Java 消息服务）和 AMQP（Advanced Message Queuing Protocol，高级消息队列协议），对应的实现框架包括 ActiveMQ 和 RabbitMQ 等，而 Kafka、RocketMQ 等工具并不遵循特定的规范，但也提供了消息通信的设计和实现方案。表 7-1 展示了目前主流的三款消息中间件的对比情况。

表 7-1　主流的消息中间件对比

比较维度	Kafka	RocketMQ	RabbitMQ
设计定位	系统间的数据流管道	非日志类的可靠消息传输	可靠消息传输，和 RocketMQ 类似
数据可靠性	很好，支持同步刷盘、同步复制，但会导致性能下降	很好，支持同步刷盘、异步刷盘、同步双写、异步复制	好，支持同步、异步 Ack，支持队列数据持久化
消息写入性能	非常好，每条 10 个字节测试：每秒百万条	很好，每条 10 个字节测试：单机单 Broker 约每秒 7 万条	一般，约为 RocketMQ 的 1/3～1/2
性能的稳定性	队列、分区多时不稳定，明显下降，消息堆积时性能稳定	队列较多、消息堆积时性能稳定	消息堆积时性能不稳定，明显下降
消息消费方式	消费者 Pull	消费者 Pull/Broker Push	Broker Push

在本章中，我们将引入阿里巴巴开源的 RocketMQ 作为我们实现消息通信机制的基本框架。RocketMQ 同时支持推送型消费者和拉取型消费者，也具备生产者组和消费者组的概念。功能完备性是我们选择 RocketMQ 的主要原因，从表 7-1 中我们不难看出只有 RocketMQ 才支持延迟消息、事务消息、消息过滤、消息查询等功能。

7.1.2　消息通信的作用

在介绍具体的消息中间件之前，我们必须对消息通信机制的核心作用进行系统分析。只有深入理解这一点，才能在日常开发过程中选择合适的消息中间件并结合具体业务场景设计合理的技术解决方案。消息通信机制在现代系统架构设计和实现方面发挥了重要作用，主要体现在系统解耦、流量削峰填谷、系统扩展和数据一致等四个方面。

1. 系统解耦

从软件设计的耦合上讲，无论是 RPC 还是 REST 都存在一定的耦合问题。就 RPC 而言，存在三种耦合，即技术耦合、空间耦合和时间耦合，如图 7-3 所示。

（1）技术耦合

技术耦合表现在服务提供者与服务消费者之间需要使用同一种技术实现方式。一个典型的例子是服务提供者与服务消费者都使用 RMI（Remote Method Invocation，远程方法调用）作为通信的基本技术，而 RMI 是 Java 领域特有的技术，也就意味着其他服务消费者想要使用该服务只能采用 Java 作为其开发语言。

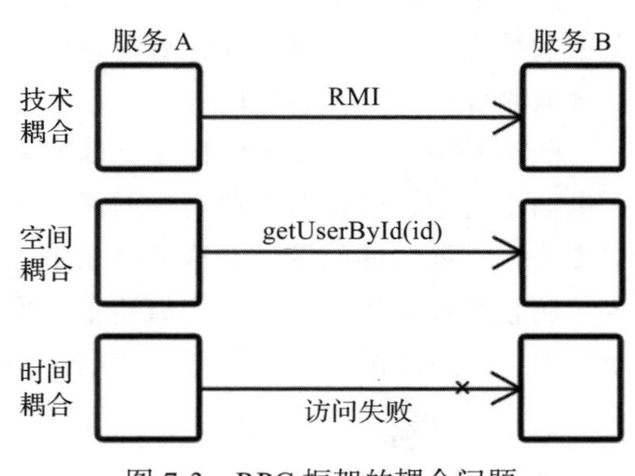

图 7-3　RPC 框架的耦合问题

（2）空间耦合

空间耦合指的是服务提供者与服务消费者

都需要使用统一的方法签名才能相互协作，图 7-3 所示的 getUserById(id) 这个方法名称和参数的定义就是这种耦合的具体体现。

（3）时间耦合

时间耦合则是指服务提供者与服务消费者只有同时在线才能完成一个完整的服务调用过程。如果出现图 7-3 中所示的服务提供者不可用的情况，显然服务消费者调用该服务就会发生失败。

对于 REST 而言，情况相对会好一点。基于 HTTP 的面向资源的架构风格能够支持在服务提供者与服务消费者之间采用多种不同的技术实现方式，从而规避技术耦合问题。而对于空间耦合，也可以采用 HATEOAS（Hypermedia As The Engine Of Application State，基于超媒体的应用状态引擎）技术在一定程度上缓解。但在时间耦合上，REST 风格面临与 RPC 同样的场景和问题。

接下来，我们分析消息通信机制。事实上，对于消息通信而言，技术耦合、空间耦合和时间耦合都可以有对应的解决方案。

对于技术耦合，消息是消息通信的基本媒介，而关于消息本身的定义和实现并没有任何技术实现上的约束。目前市面上常见的消息中间件都支持 Java、Python、Go 等主流开发语言，技术耦合几乎可以不用考虑。

对于空间耦合，消息的发布和消费构成了消息通信的基本操作，而这套基本操作都是事先约定并统一实现的，这就为开发人员使用消息中间件提供了极大的便利。我们要做的只是根据消息中间件所开放的标准入口实现消息通信，而不需要关心发布消息和消费消息的方法是否会影响业务流程的执行。

对于时间耦合，当我们使用消息中间件时，不需要关注消费发布者是谁，也不需要关注消息消费者是否在线。所有的消息会统一存储在消息中间件中，并通过一定的发布 - 订阅机制进行消息的传播和消费，紧耦合的单阶段方法调用就转变成松耦合的两阶段消息处理过程。

2. 流量削峰填谷

流量削峰填谷是流量控制的一种常见技术手段，也是消息中间件的核心作用之一。消息中间件削峰填谷，是指通过对消息中间件中的消息传输速率进行控制来达到削减消息流量峰值的目的，如图 7-4 所示。

图 7-4 所展示的流量变化在互联网系统的秒杀、团购活动等场景中非常常见。例如，在电商平台中，通过对订单消息的流量进行削峰处理，可以避免流量瞬时量过大而导致用户无法正常使用的问题。在这类场景中，系统的峰值流量往往集中在一小段时间内，所以为了防止系统被短时间内的峰值流量冲垮，我们可以使用消息中间件来削弱峰值流量。这时候消息中间件相当于是一种缓冲机制。

3. 系统扩展

扩展性是系统架构设计领域的一个永恒主题。我们可以通过引入现实中的一个真实场景来说明消息通信机制在实现系统扩展性上的作用。

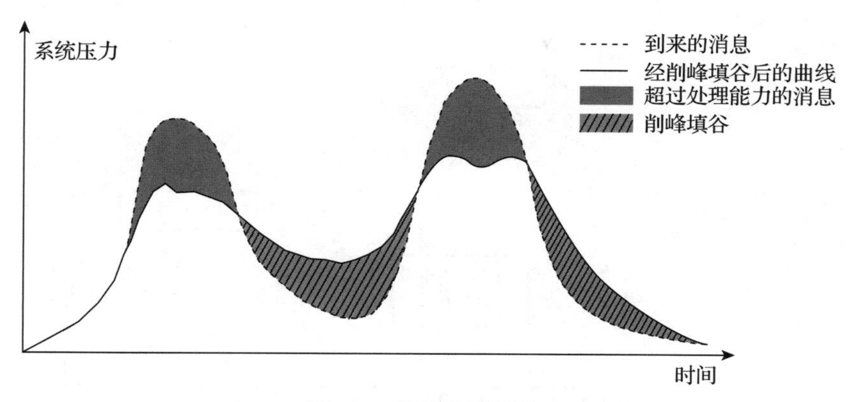

图 7-4　流量削峰填谷

在电商系统中通常都会存在订单处理相关的业务场景，常见的订单处理涉及商品、用户账户和订单自身信息维护等功能，我们可以对应提取 Product 服务、Account 服务和 Order 服务这 3 个微服务。显然，这 3 个服务需要进行服务之间的调用和协调从而完成业务闭环，如图 7-5 所示。如果在不久的将来，订单处理过程中需要引入其他服务才能形成完整的业务流程，那么这几个服务之间的交互模式就需要进行相应的调整。

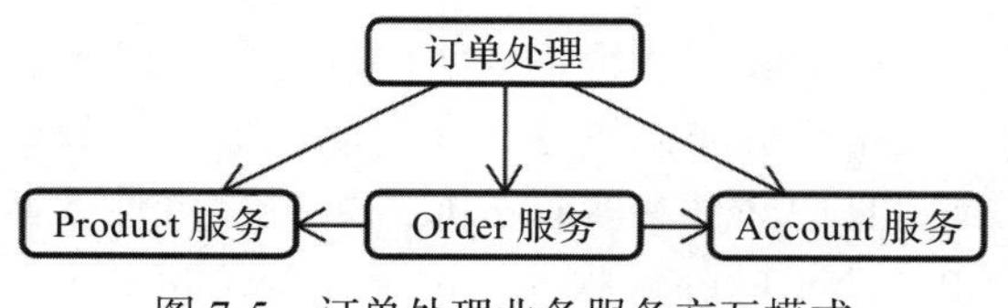

图 7-5　订单处理业务服务交互模式

一般而言，一个用户的账户信息变动并不会太频繁，所以很多时候我们会想到引入本地数据库来存放用户账户信息，并在订单处理过程中直接从本地数据库中获取下单用户的用户账户。在这样的设计和实现方式下，一旦某个用户账户信息发生变化，我们应该如何正确和高效地应对这一场景呢？

考虑到系统扩展性，显然图 7-5 中所示的通过访问 Account 服务实时获取用户账户信息的服务交互模式并不是一个好的选择，因为用户账户更新的时机我们无法事先预知，而事件驱动架构为我们提供了一种更好的实现方案。当用户账户信息发生变更时，Account 服务可以发送一个事件，该事件表明了某个用户账户信息已经发生变化，并将通知所有对该事件感兴趣的微服务，这些微服务就相当于这个事件的订阅者和消费者。通过这种方式，某个特定服务就可以获取用户账户变更事件，从而正确且高效地更新本地数据信息。用户账户更新场景中的事件驱动架构如图 7-6 所示。

在图 7-6 中，事件驱动架构的优势就在于，当系统中需要添加新的用户账户变更事件处理逻辑时，我们只需要对该事件添加一个订阅者即可，不需要对订单处理系统做任何修改。考虑到在微服务架构中，服务数量较多且不可避免地需要对服务进行重构，事件驱动架构在系统扩展性上的优势就尤为明显。而在技术实现上，通过消息通信机制，我们不必花费太大代价就能实现事件驱动架构。事实上，在本章后续实现 SpringOrder 项目时就采用了如图 7-6 所示的设计方法。

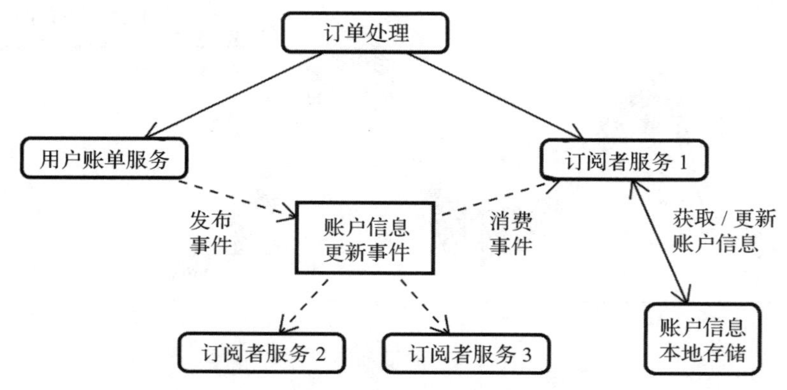

图 7-6 用户账户更新场景中的事件驱动架构

4. 数据一致

在微服务架构中，如何避免各个服务之间的数据不一致是一个技术难题，我们往往需要引入分布式事务机制来确保数据一致性。分布式事务的实现有很多不同的模式，但是消息中间件在实现分布式数据一致性方面也发挥了重要作用，为我们提供了可靠事件（Reliable Event）模式。关于分布式事务以及可靠事件模式的实现我们会在本书第 8 章中进行详细介绍。

7.2 使用 RocketMQ 实现消息发布和消息消费

在本节中，将引入 RocketMQ 来实现消息的发布和消费，我们需要在 Maven 工程的 POM 文件中添加如代码清单 7-1 所示的依赖包。

代码清单 7-1 引入 RocketMQ 依赖包代码

```
<dependency>
    <groupId>org.apache.rocketmq</groupId>
    <artifactId>rocketmq-spring-boot-starter</artifactId>
</dependency>
```

在介绍具体的消息发布和消息消费方式之前，我们有必要先掌握 RocketMQ 的基本概念和工作流程，因为这些基本概念和工作流程直接影响了消息的发布过程和消费过程。

7.2.1 RocketMQ 的基本概念和工作流程

关于消息的定义、发布和消费，业界存在一定的规范和标准，例如我们在 7.1 节中讨论的 JMS 和 AMQP 规范。但是 RocketMQ 的设计和实现并没有采用业界统一的规范和标准，而是根据阿里巴巴多年的技术沉淀和积累抽象出一套独立的概念体系和架构。

1. RocketMQ 基本概念

RocketMQ 基本概念包括消息（Message）、主题（Topic）、队列（Queue）和标签（Tag）。

（1）消息

消息是 RocketMQ 生产和消费数据的最小单位，生产者将业务数据的负载和扩展属性包装成消息发送给 RocketMQ 服务端，服务端按照相关语义将消息投递到消费端进行消费。RocketMQ 中 Message 的定义如代码清单 7-2 所示。

代码清单 7-2　RocketMQ 中 Message 定义代码

```
public class Message implements Serializable {
    private String topic;
    private int flag;
    private Map<String, String> properties;
    private byte[] body;
    private String transactionId;
}
```

根据 Message 对象的定义，RocketMQ 中的每条消息必须有且只有一个主题。请注意，Message 对象中的 properties 属性代表了一种泛化结构，我们可以通过该属性为 Message 对象添加各种键值对。同时，我们也注意到这里有一个 transactionId 字段，该字段与事务消息这个概念相关，我们会在第 8 章中进一步讨论事务消息的概念和使用方法。

（2）主题

主题表示一类消息的集合，每个主题包含若干条消息，是 RocketMQ 进行消息订阅的基本单位。一个生产者可以同时发送多种主题的消息，而一个消费者只可以订阅和消费一种主题的消息。消息、主题、生产者和消费者之间的关联关系如图 7-7 所示。

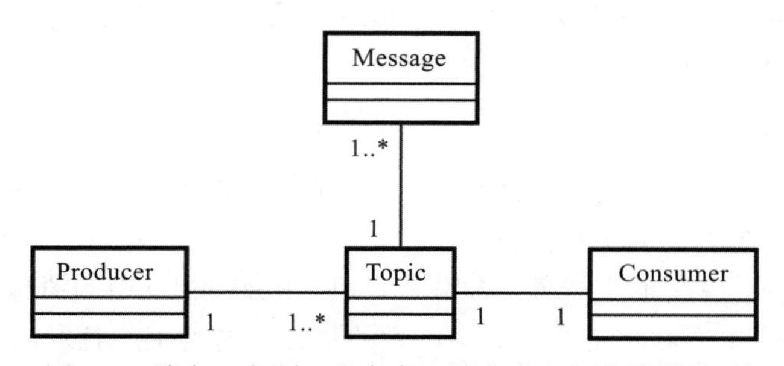

图 7-7　消息、主题、生产者和消费者之间的关联关系

在 RocketMQ 中引入主题这个概念有两方面的考虑，即定义数据的分类隔离机制，以及定义数据的身份和权限。在 RocketMQ 的方案设计中，建议将不同业务类型的数据拆分到不同的主题中进行管理，通过主题实现存储隔离性和订阅隔离性。同时，RocketMQ 消息本身是匿名无身份的，同一分类的消息使用相同的主题来进行身份识别和权限管理。

（3）队列

在 RocketMQ 中，队列是存储消息的物理实体。一个主题中可以包含多个队列，每个队列中存放的就是该主题的消息。队列也被称为该主题的分区（Partition）。一个队列中的消息不允许同一个消费者组中的多个消费者同时消费。图 7-8 展示了生产者、主题、队列与消费者之间的关联关系。

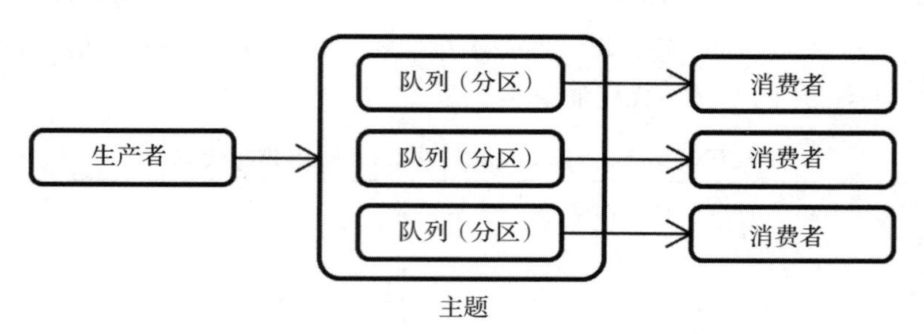

图 7-8　生产者、主题、队列与消费者之间的关联关系

在每个队列中，头部为最早写入的消息，尾部为最新写入的消息。消息在队列中的位置和消息之间的顺序通过偏移量（Offset）进行标记管理。RocketMQ 这种基于队列的存储模型可确保消息从任意偏移量读取任意数量的消息，以此实现类似聚合读取、回溯读取等特性，这些特性是 RabbitMQ、ActiveMQ 等非队列存储模型所不具备的。

（4）标签

在 RocketMQ 中，标签的作用在于为同一主题区分不同类型的消息。标签是一个字符串，可以附加在消息上，并与消息一起发送到 RocketMQ 中。消费者可以仅订阅自己感兴趣标签的消息，而忽略其他标签的消息。通过这种方式，我们就可以利用标签实现精准的过滤和消息的选择。

另外，标签也被作为管理消息类型的一种有效手段。你可以认为主题是消息的一级分类，而标签是消息的二级分类。

2. RocketMQ 角色

介绍完 RocketMQ 基本概念，我们来进一步了解它的角色。图 7-9 展示了 RocketMQ 中的 4 种角色以及它们之间的交互关系。

我们首先来看图 7-9 中的生产者组和消费者组。RocketMQ 中的消息生产者都是以生产者组的形式出现的。生产者组是同一类生产者的集合，这类生产者发送相同主题类型的消息。一个生产者组可以同时发送多个主题的消息。而 RocketMQ 中的消息消费者同样也都是以消费者组的形式出现的。消费者组是同一类消费者的集合，这类消费者消费的是同一个主题类型的消息。图 7-10 展示了生产者组、消费者组和主题之间的对应关系。

对于 RocketMQ 而言，Broker 充当着消息中转角色，负责接收并存储从生产者发送过来的消息，为消费者的消费请求做准备，同时存储着消息相关的各种元数据。主题、队列、消息消费的偏移量等信息都保存在 Broker 中。

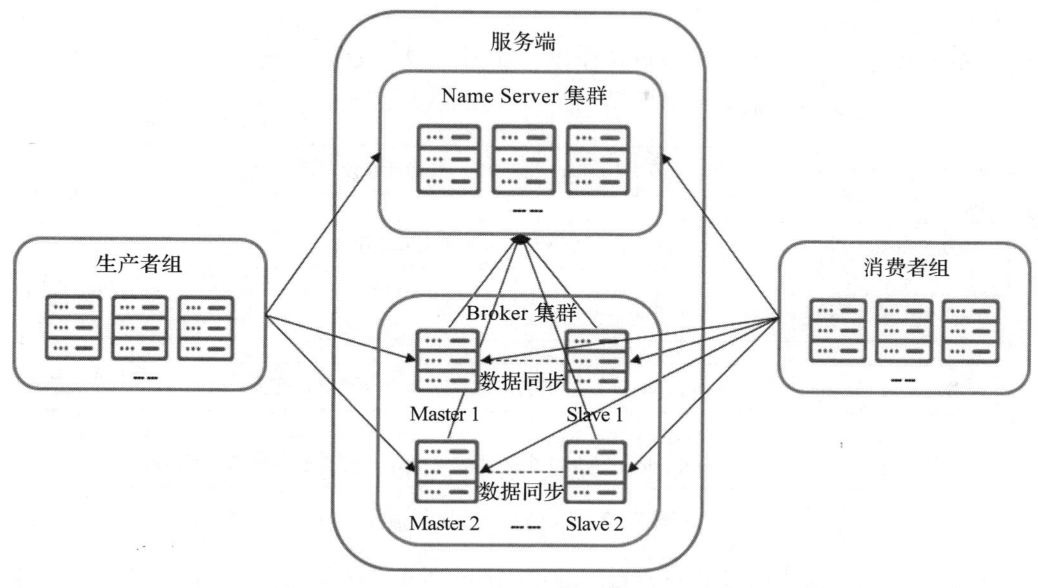

图 7-9 RocketMQ 中的 4 种角色以及交互关系

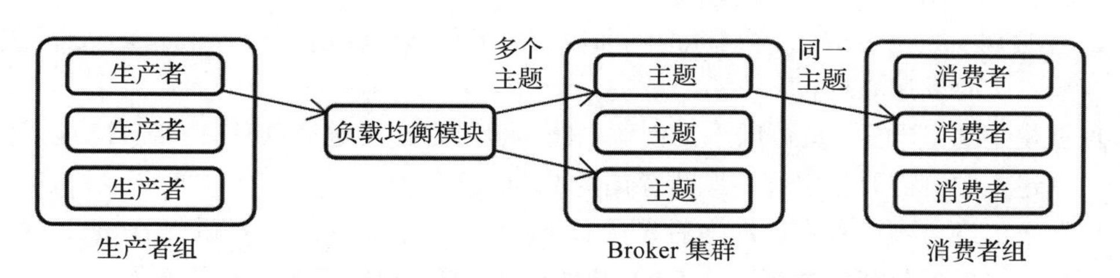

图 7-10 RocketMQ 生产者组、消费者组和主题之间的对应关系

最后的 Name Server 管理 Broker 实例的注册和心跳，同时保存 Broker 集群中所有主题和队列的路由信息。生产者和消费者可以通过 Name Server 获取整个 Broker 集群的路由信息，从而进行消息的投递和消费，如图 7-11 所示。

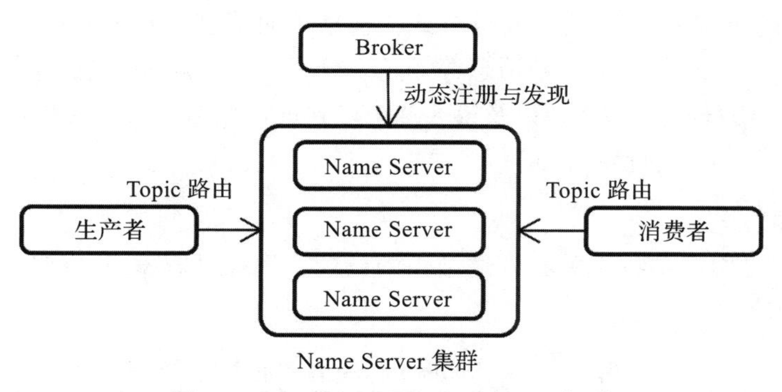

图 7-11 RocketMQ Name Server 集群

3. RocketMQ 执行流程

RocketMQ 执行流程可以分成五个步骤，如图 7-12 所示。这五个步骤也构成了开发人员基于 RocketMQ 实现消息发布和消费的基本开发流程。

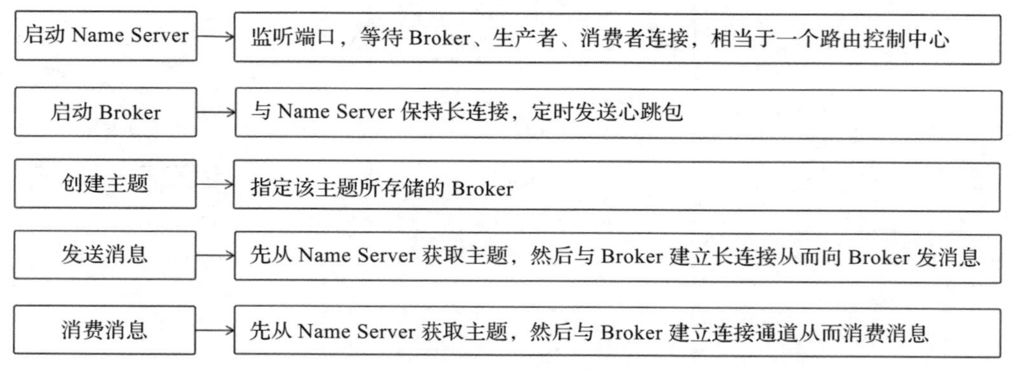

图 7-12 RocketMQ 执行流程

- 启动 Name Server：Name Server 启动之后会监听端口，等待 Broker、生产者、消费者连接，相当于一个路由控制中心。
- 启动 Broker：Broker 在启动时向所有 Name Server 注册，与 Name Server 保持长连接，定时发送心跳包。
- 创建主题：开发人员可以手工创建主题，也可以在发送消息时由系统自动创建主题，创建主题时需要指定该主题所存储的 Broker。
- 发送消息：生产者在启动之后先从 Name Server 获取主题，然后与 Broker 建立长连接，并根据负载均衡算法从 Broker 列表中选择一台服务器进行消息发送。
- 消费消息：和发送消息过程类似，消费者在启动之后先从 Name Server 获取主题，然后与 Broker 建立连接通道从而消费消息。

7.2.2 RocketMQ 消息发送方式

在 RocketMQ 中支持多种消息发送方式，包括单向消息、同步消息、异步消息、批量消息、延迟消息、顺序消息和事务消息等。其中延迟消息、顺序消息和事务消息属于消息处理的高级特性，我们会在 7.3 节以及第 8 章中单独进行介绍，而其余的 4 种消息发送方式很常见，下面我们一一进行介绍。

1. 单向消息发送

单向消息主要用在不特别关心发送结果的场景，例如日志发送。单向消息发送方法如代码清单 7-3 所示。

代码清单 7-3 MQProducer 单向消息发送代码

```
public interface MQProducer extends MQAdmin {
```

```
    void sendOneway(final Message msg) throws ...;
    void sendOneway(final Message msg, final MessageQueue mq) throws ...;
    void sendOneway(final Message msg, final MessageQueueSelector selector,
        final Object arg) throws ...;
    ...
}
```

注意到单向发送的几个 sendOneway 重载方法都没有返回值，因为在单向发送场景下我们并不关注消息发送的结果以及返回值。

2. 同步消息发送

如果需要关注消息发送的结果，比如发送的是重要的消息通知，那么可以使用同步消息发送机制。在日常开发过程中，同步、可靠的消息发送方式使用比较广泛，使用方式如代码清单 7-4 所示。

代码清单 7-4　MQProducer 同步消息发送代码

```
public interface MQProducer extends MQAdmin {
    SendResult send(final Message msg) throws ...;
    SendResult send(final Message msg, final long timeout) throws ...;
    SendResult send(final Message msg, final MessageQueue mq) throws ...;
    SendResult send(final Message msg, final MessageQueue mq, final long timeout)
        throws ...;
    SendResult send(final Message msg, final MessageQueueSelector selector, final
        Object arg)throws ...;
    SendResult send(final Message msg, final MessageQueueSelector selector, final
        Object arg, final long timeout) throws ...;
    ...
}
```

显然，对于同步消息发送机制而言，每一个方法调用都应该具有明确的返回值，即上述方法中的 SendResult。在 RocketMQ 中，SendResult 的字段定义如代码清单 7-5 所示。

代码清单 7-5　消息发送结果 SendResult 对象定义代码

```
public class SendResult {
    private SendStatus sendStatus;
    private String msgId;
    private MessageQueue messageQueue;
    private long queueOffset;
    private String transactionId;
    private String offsetMsgId;
    private String regionId;
}
```

SendResult 对象中包含了很多对消息发布者有用的信息，包括消息的唯一 Id、消息所处的队列以及偏移量等。同时，我们也可以获取消息发送的状态值 SendStatus，发布者可以根据该状态值合理地处理发送逻辑。

3. 异步消息发送

如果你觉得使用同步消息发送机制的性能比较差，那么可以选择以异步的方式发送消息。异步消息基于回调（Callback）机制实现对发送结果的异步通知，如代码清单 7-6 所示。

代码清单 7-6 MQProducer 异步消息发送代码

```
public interface MQProducer extends MQAdmin {
    void send(final Message msg, final SendCallback sendCallback) throws ...;
    void send(final Message msg, final SendCallback sendCallback, final long
        timeout)throws ...;
    void send(final Message msg, final MessageQueue mq, final SendCallback
        sendCallback)throws ...;
    void send(final Message msg, final MessageQueue mq, final SendCallback
        sendCallback, long timeout)throws ...;
    void send(final Message msg, final MessageQueueSelector selector, final
        Object arg, final SendCallback sendCallback) throws ...;
    void send(final Message msg, final MessageQueueSelector selector, final
        Object arg, final SendCallback sendCallback, final long timeout) throws
        ...;
    ...
}
```

从代码清单 7-6 中可以看到，这里有一个 SendCallback 回调接口。无论消息发送成功还是失败，这个回调接口中的对应方法都会被触发，从而调用消息发布者自定义的回调逻辑。SendCallback 回调接口的定义也很简单，如代码清单 7-7 所示。

代码清单 7-7 SendCallback 回调接口定义代码

```
public interface SendCallback {
    void onSuccess(final SendResult sendResult);
    void onException(final Throwable e);
}
```

请注意，当异步消息发送成功之后，我们同样可以从回调接口中获取 SendResult 对象。因此，同步消息发送和异步消息发送的处理逻辑本质上是一样的，只是在调用方式上提供了技术实现的便捷性。

4. 批量消息发送

最后，我们来看一下批量消息发送。批量消息发送同样支持同步和异步两种发送方式，如代码清单 7-8 所示。

代码清单 7-8 MQProducer 批量消息发送代码

```
public interface MQProducer extends MQAdmin {
    SendResult send(final Collection<Message> msgs)throws ...;
    SendResult send(final Collection<Message> msgs, final long timeout) throws ...;
    SendResult send(final Collection<Message> msgs, final MessageQueue mq) throws
        ...;
    SendResult send(final Collection<Message> msgs, final MessageQueue mq, final
        long timeout)throws ...;
```

```
    void send(final Collection<Message> msgs, final SendCallback sendCallback)
        throws ...;
    void send(final Collection<Message> msgs, final SendCallback sendCallback,
        final long timeout)throws ...;
    void send(final Collection<Message> msgs, final MessageQueue mq, final
        SendCallback sendCallback) throws ...;
    void send(final Collection<Message> msgs, final MessageQueue mq, final
        SendCallback sendCallback, final long timeout) throws ...;
    ...
}
```

以上所有类型的消息发送方法都位于 MQProducer 接口中。表 7-2 展示了几种常见消息发送方式的异同点。

表 7-2　RocketMQ 消息发送方式的异同点

发送方式	发送性能	发送反馈性	发送可靠性
单向消息发送	最快	无	可能丢失
同步消息发送	快	有	不会丢失
异步消息发送	快	有	不会丢失

7.2.3　RocketMQ 消息消费方式

相比消息发送，消息消费是一个更加复杂的话题。RocketMQ 为开发人员提供了两种消息消费方式，即拉消费和推消费。

1. 拉消费

所谓拉消费，指的就是消费者组定期轮询某个主题，看看该主题中是否存在还没有消费的新消息。RocketMQ 拉消费模式如图 7-13 所示。

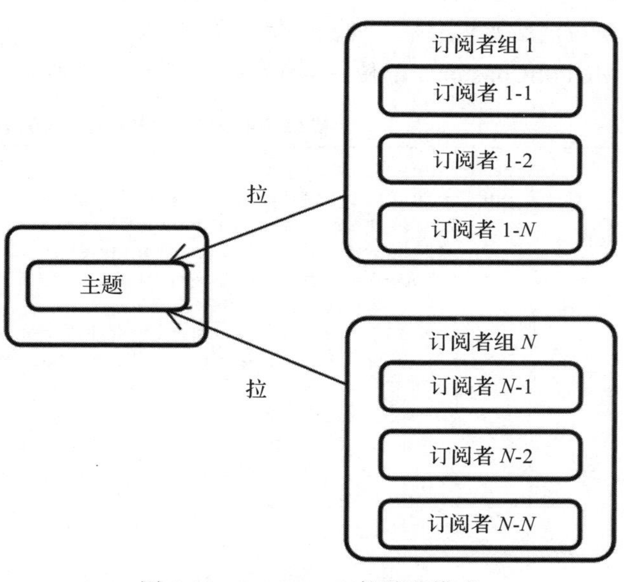

图 7-13　RocketMQ 拉消费模式

对于拉消费而言，消费者从服务端拉消息，主动权在消费端，可控性好。另外，消息拉取的时机很重要，间隔过短则空请求会多而浪费资源，间隔太长则消息不能及时处理。

从技术实现角度讲，拉消费模式下的消费过程由开发人员手工控制，基于主题拿到该主题下队列的集合，然后遍历每个队列获取消息。消费一次消息后，记录该队列下一次要获取的开始偏移量，直到该队列消费完毕。为了实现拉消费，RocketMQ 专门提供了一个 MQPullConsumer 消费者接口，该接口的定义如代码清单 7-9 所示。

代码清单 7-9 MQPullConsumer 接口定义代码

```
public interface MQPullConsumer extends MQConsumer {
    //开启和关闭
    void start() throws MQClientException;
    void shutdown();

    void registerMessageQueueListener(final String topic, final MessageQueueListener
        listener);

    //Pull 重载方法组
    PullResult pull(final MessageQueue mq, final String subExpression, final long
        offset, final int maxNums) throws...;
    ...
    PullResult pullBlockIfNotFound(final MessageQueue mq, final String
        subExpression, final long offset, final int maxNums) throws...;

    //处理消费偏移量
    void updateConsumeOffset(final MessageQueue mq, final long offset) throws...;
    long fetchConsumeOffset(final MessageQueue mq, final boolean fromStore)
        throws...;
}
```

从 MQPullConsumer 接口的定义中，我们看到了用来开启 / 关闭消费者和处理消费偏移量的工具方法，以及一组执行拉取操作的 Pull 重载方法。基于这些方法定义，我们不难理解拉消费实际上是一种比较偏底层的消费机制，需要开发人员处理消息偏移量等底层消息。MQPullConsumer 的使用示例如代码清单 7-10 所示。

代码清单 7-10 MQPullConsumer 使用示例代码

```
public class PullService {
    public static void main(String[] args) throws MQClientException {
        final MQPullConsumerScheduleService scheduleService = new MQPullConsumer
            ScheduleService("myConsumerGroup");
        scheduleService.getDefaultMQPullConsumer().setNamesrvAddr
            ("127.0.0.1:9876");
        scheduleService.setMessageModel(MessageModel.CLUSTERING);
        scheduleService.registerPullTaskCallback("topic_im", new PullTaskCallback()
        {
            @Override
            public void doPullTask(MessageQueue mq, PullTaskContext context) {
                MQPullConsumer consumer = context.getPullConsumer();
                try {
                    long offset = consumer.fetchConsumeOffset(mq, false);
                    // 消息偏移量
                    PullResult pullResult = consumer.pull(mq, "*", offset, 32);
                    switch (pullResult.getPullStatus()) {
```

```
                case FOUND:
                    List<MessageExt> messages = pullResult.getMsgFoundList();
                        // 消费消息
                        ...
                break;
                        ...
            }
            consumer.updateConsumeOffset(mq, pullResult.getNextBegin
                Offset());
            context.setPullNextDelayTimeMillis(3000); // 设置重新拉取时机
        }
    }
});
scheduleService.start();
}
}
```

可以看到，这里通过 MQPullConsumer 的 fetchConsumeOffset 方法获取消费偏移量。而当完成对消息的消费之后，我们还需要通过 updateConsumeOffset 方法更新消费偏移量以便进行下一次消费。而整个拉消费本质上就是一个定时任务，实现过程借助了 RocketMQ 提供的 MQPullConsumerScheduleService 调度服务。

2. 推消费

相较拉消费，推消费是一种更加高阶的消费模式，该消费模式如图 7-14 所示。

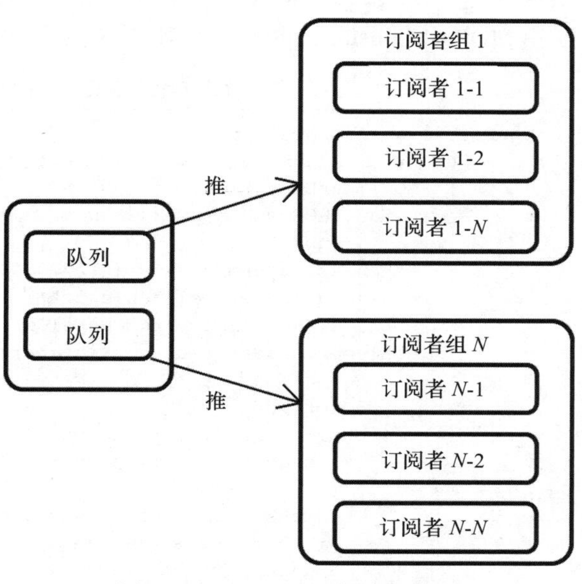

图 7-14　RocketMQ 推消费模式

如果采用推消费，那么主题在接收到新消息时会把新消息主动推送给消费者。显然，推消费实时性高，但会增加服务端负载。同时对消费端能力有要求，如果推消息的速度过快，消费端可能会出现限流问题。

从技术实现角度讲，RocketMQ 推消费者把轮询过程进行自动封装，并注册监听器 MessageListener。一旦获取消息，就唤醒监听器中的回调方法进行消费。推消费本质上还是轮询，但对用户而言会感受到消息是被推送过来的。为了实现推消费，RocketMQ 同样提供了一个 MQPushConsumer 消费者接口，该接口的定义如代码清单 7-11 所示。

代码清单 7-11　MQPushConsumer 接口定义代码

```
public interface MQPushConsumer extends MQConsumer {
    //开启和关闭
    void start() throws MQClientException;
    void shutdown();

    //注册监听器
    void registerMessageListener(MessageListener messageListener);
    void registerMessageListener(final MessageListenerConcurrently
        messageListener);
    void registerMessageListener(final MessageListenerOrderly messageListener);

    //消息订阅
    void subscribe(final String topic, final String subExpression) throws...;
    void subscribe(final String topic, final String fullClassName,final String
        filterClassSource) ...;
    void subscribe(final String topic, final MessageSelector selector) throws ...;
    void unsubscribe(final String topic);
}
```

从代码清单 7-11 中不难看出，MQPushConsumer 的核心方法是消息订阅和注册监听器。我们可以基于多种订阅策略对某一个特定主题进行订阅。一旦订阅成功，我们就可以通过实现一个 MessageListener 接口来嵌入符合业务场景的回调处理逻辑。代码清单 7-12 给出了使用 MQPushConsumer 的具体示例。

代码清单 7-12　MQPushConsumer 使用示例代码

```
public class PushService {
    public static void main(String[] args) throws InterruptedException,
        MQClientException {
        DefaultMQPushConsumer consumer = new DefaultMQPushConsumer("myConsumer-
            Group");
        consumer.setNamesrvAddr("127.0.0.1:9876");
        consumer.subscribe("topic_im");
        consumer.setConsumeFromWhere(ConsumeFromWhere.CONSUME_FROM_FIRST_OFFSET);
        consumer.registerMessageListener(new MessageListenerConcurrently() {

            @Override
            public ConsumeConcurrentlyStatus consumeMessage(List<MessageExt>
                msgs, ConsumeConcurrentlyContext context) {

                MessageExt msg = msgs.get(0);
                String message = new String(msg.getBody());
                System.out.println(message);
                return ConsumeConcurrentlyStatus.CONSUME_SUCCESS;
            }
        });
        consumer.start();
        System.out.println("Consumer Started.");
    }
}
```

从代码清单 7-12 中我们看到实现了一个 MessageListenerConcurrently 监听器，并在其回调方法中获取一个 Message 对象并打印日志。最后，我们需要在回调方法中返回一个 ConsumeConcurrentlyStatus.CONSUME_SUCCESS 状态值来告诉服务器消息消费的结果。

3. Spring 集成

前面我们展示了如何基于 RocketMQ 原生 API 实现消息发送和消息消费，你可能会觉得这些实现过程过于烦琐和低效。事实确实如此。在日常开发过程中，我们不建议使用 RocketMQ 原生 API 来开发业务功能，而是更倾向于使用 Spring 这样的集成化框架。

在 Spring 框架中专门设计并实现了一个面向消息通信的模块，这个模块就是 Spring Messaging。Spring Messaging 的作用是提供统一的消息编程模型。例如，消息这个数据单元在 Spring Messaging 中定义为一个 Message 接口，包括一个消息头 Header 和一个消息体 Payload，如代码清单 7-13 所示。

代码清单 7-13　Spring Message 接口定义代码

```
public interface Message<T> {
    T getPayload();
    MessageHeaders getHeaders();
}
```

而消息通道 MessageChannel 的定义也比较简单，我们可以调用 send 方法将消息发送到消息通道中，MessageChannel 接口定义如代码清单 7-14 所示。

代码清单 7-14　Spring MessageChannel 接口定义代码

```
public interface MessageChannel {
    long INDEFINITE_TIMEOUT = -1;
    default boolean send(Message<?> message) {
        return send(message, INDEFINITE_TIMEOUT);
    }
    boolean send(Message<?> message, long timeout);
}
```

通道的概念比较抽象，可以简单地把通道理解为对队列的一种抽象。我们知道在消息通信系统中，队列就是实现存储转发的媒介，消息发布者所发布的消息都将保存在队列中并由消息消费者进行消费。通道的名称对应的就是队列的名称，但是作为一种抽象和封装，各个消息通信系统所特有的队列概念并不会直接暴露在业务代码中，而是通过通道来对队列进行配置。

Spring Messaging 把通道抽象成两种基本的表现形式，即支持轮询的 PollableChannel 和实现发布 - 订阅模式的 SubscribableChannel，这两个通道都继承自具有消息发送功能的 MessageChannel，如代码清单 7-15 所示。

代码清单 7-15　Spring PollableChannel 和 SubscribableChannel 接口定义代码

```
public interface PollableChannel extends MessageChannel {
```

```
    Message<?> receive();
    Message<?> receive(long timeout);
}

public interface SubscribableChannel extends MessageChannel {
    boolean subscribe(MessageHandler handler);
    boolean unsubscribe(MessageHandler handler);
}
```

注意到对于 PollableChannel 而言才有 receive 的概念，代表这是通过轮询操作主动获取消息的过程，而 SubscribableChannel 则是通过注册回调函数 MessageHandler 来实现事件响应。MessageHandler 接口定义如代码清单 7-16 所示。

代码清单 7-16 Spring MessageHandler 接口定义代码

```
public interface MessageHandler {
    void handleMessage(Message<?> message) throws MessagingException;
}
```

Spring Messaging 在 Spring 框架中是一个底层模块，它为 RocketMQ、RabbitMQ、Kafka 等不同消息中间件之间的交互提供了一种平台。而针对这些消息中间件，Spring 也提供了一组模板工具类。例如，当我们希望通过 RocketMQ 实现消息发送时，Spring 就专门为开发人员提供了一个 RocketMQTemplate 模板工具类，该工具类的核心方法如代码清单 7-17 所示。

代码清单 7-17 RocketMQTemplate 核心方法代码

```
public class RocketMQTemplate extends AbstractMessageSendingTemplate<String>
implements InitializingBean, DisposableBean {
    //使用 RocketMQ 原生 API 发送消息
    public SendResult syncSend(String destination, Message<?> message);
    public void asyncSend(String destination, Message<?> message, SendCallback send
        Callback);
    public void sendOneWay(String destination, Message<?> message) ;
    public SendResult syncSendOrderly(String destination, Message<?> message,
        String hashKey);

    //使用 Spring Messaging API 发送消息
    public void send(Message<?> message)
    public void convertAndSend(D destination, Object payload)
}
```

从代码清单 7-17 中可以看到，RocketMQTemplate 模板工具类内置了两组方法，一组使用 RocketMQ 原生 API 发送消息，而另一组则使用 Spring Messaging API 发送消息。对于前者而言，Spring 对 RocketMQ 原生 API 的调用过程进行了封装和简化，但返回的结果还是 RocketMQ 的原始数据结构。而如果你使用的是 Spring Messaging API 发送消息，那么就需要考虑 RocketMQ 原始数据结构与 Spring Messaging 数据结构之间的转换过程，RocketMQTemplate 同样对这部分过程进行了简化。

有了 RocketMQTemplate，我们发送消息就很简单了，代码清单 7-18 展示了其具体的实现示例。

代码清单 7-18 基于 RocketMQTemplate 发送消息代码

```
@Service("event")
public class MQImMessageServiceImpl implements ImMessageService {
    @Autowired
    private RocketMQTemplate rocketMQTemplate;

    @Override
    public void saveImMessage(ImMessage imMessage) {
       rocketMQTemplate.convertAndSend(TOPIC_IM, event);
    }
}
```

这里我们使用的是 Spring Messaging API 来实现消息发送，RocketMQTemplate 的 convertAndSend 方法可以帮我们自动完成数据结构的转换和消息的发送。

另外，如果你想实现消息消费，可以使用 @RocketMQMessageListener 注解和 RocketMQListener 接口，其示例代码如代码清单 7-19 所示。

代码清单 7-19 @RocketMQMessageListener 注解和 RocketMQListener 接口使用示例代码

```
@Component
@RocketMQMessageListener(consumerGroup = "consumer_group_im", topic = "topic_im")
public class ImMessageConsumer implements RocketMQListener<ImMessageCreatedEvent>
{
    @Override
    public void onMessage(ImMessageCreatedEvent message) {
        ...
    }
}
```

@RocketMQMessageListener 是一个比较复杂的注解，在使用该注解时至少需要指定消费者组和对应的消息主题，该注解的作用就是把消费者组和主题进行绑定，从而实现两者之间的顺利交互。而 RocketMQListener 接口的作用更加明确，就是供开发人员实现一个 onMessage 回调函数。我们在使用该回调函数时可以通过泛型的方式指定希望接收的消息类型。

7.3 RocketMQ 高级主题

通过前面内容的介绍，我们已经掌握了基于 RocketMQ 发送信息和消费消息的基本用法。在本节中，我们将继续围绕 RocketMQ 的应用方式展开讨论，关注该消息中间件所具有的一些高级特性。

7.3.1 RocketMQ 延迟消息

我们先来看 RocketMQ 的延迟消息机制。所谓延迟消息，指的是当写入到 Broker 后不能立刻被消费者消费，而是需要等待指定的时长后才可以被消费处理的消息。请注意，开源版本的 RocketMQ 延迟消息的延迟时长不支持随意值，需要通过特定的延迟等级来指定，默认支持 18 个延迟等级，如代码清单 7-20 所示。

代码清单 7-20　RocketMQ 延迟消息的 18 个等级定义

```
1s 5s 10s 30s 1m 2m 3m 4m 5m 6m 7m 8m 9m 10m 20m 30m 1h 2h
```

注：表中“m”表示分钟。

在 RocketMQ 的 Message 对象中，包含了一个 setDelayTimeLevel 方法，我们可以通过该方法设置具体的延迟等级。例如，代码清单 7-21 展示的就是一个具体的设置示例，这里我们把延迟消息的延迟等级设置为 8，代表具体的延迟时间是 4 分钟。

代码清单 7-21　RocketMQ 延迟消息等级设置代码

```
Message message = ...;
message.setDelayTimeLevel(8);
```

那么，延迟消息有什么用呢？用处有很多，常见的应用场景举例如下。

- 订单超时未支付：支付超时时延迟消息被消费，自动执行取消订单等逻辑。
- 各类活动场景：活动结束时延迟消息被消费，灵活实现活动结束触发的逻辑处理。
- 信息提醒类场景：异步发送各种定制化时间的消息通知。

针对这些场景，我们可以使用传统的定时任务调度机制来实现，但 RocketMQ 延迟消息机制为我们提供了一种更为优雅的实现方案。

为了理解延迟消息的实现过程，我们先对 RocketMQ 消息持久化架构做简要介绍，如图 7-15 所示。

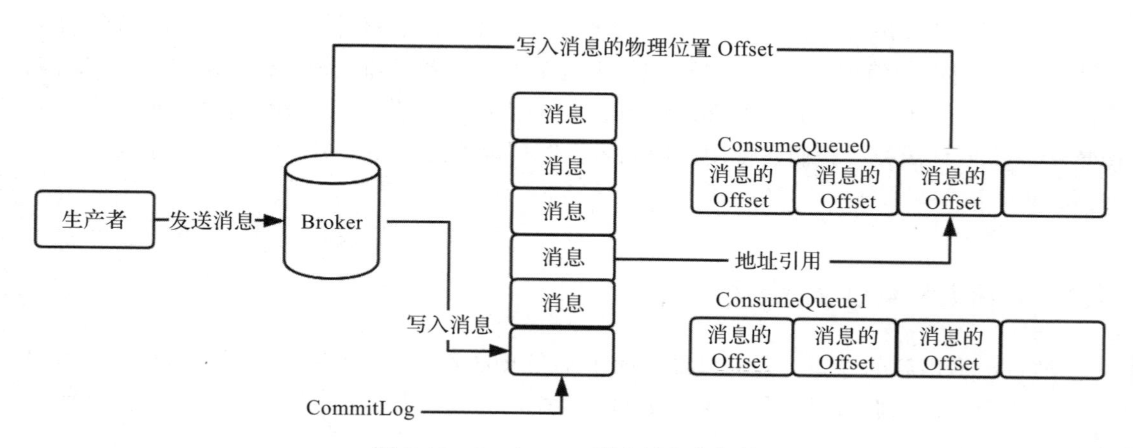

图 7-15　RocketMQ 消息持久化架构

在图 7-15 中出现了两个核心概念，即 CommitLog 和 ConsumeQueue。其中，CommitLog 存储消息的元数据，而 ConsumeQueue 则存储消息在 CommitLog 的索引。理解了这两个核心概念，我们就可以对延迟消息的实现方案进行剖析，其基本实现过程如图 7-16 所示。

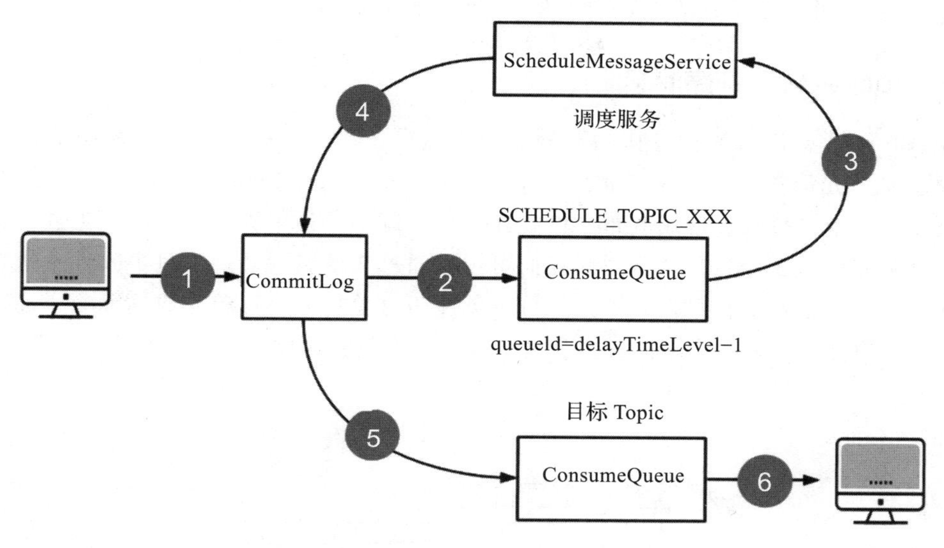

图 7-16　RocketMQ 延迟消息实现过程

图 7-16 展示了延迟消息实现的六个步骤。

- 修改消息主题名称和队列信息：将主题的名称修改为 SCHEDULE_TOPIC_XXX，并根据延迟级别确定队列名称。
- 转发消息到延迟级别对应的队列中：计算这条延迟消息需要在什么时候进行投递。
- 调度服务消费 SCHEDULE_TOPIC_XXX 主题中的消息：通过 ScheduleMessage-Service 执行定时任务并判断是否到达延迟时间。
- 将信息重新存储到 CommitLog 中：消息到期后，需要投递到目标主题，存储到 CommitLog 即可。
- 将消息投递到目标主题中：RocketMQ 会直接投递到目标主题的 ConsumeQueue 中，之后消费者即会消费到这条消息。
- 消费者消费目标主题中的数据：通过标准消费处理方式进行消息消费。

请注意，我们在这里看到了 ScheduleMessageService 工具类，从类名中我们不难看出它实际上也是一个调度任务。因此，RocketMQ 延迟消息的实现本质上也是一种定时任务，并没有什么特别之处。我们在日常开发过程中直接使用该功能即可，代码清单 7-22 展示了通过 RocketMQTemplate 发送延迟消息的实现过程。

代码清单 7-22　基于 RocketMQTemplate 发送延迟消息示例代码

```
SendResult result = rocketMQTemplate.syncSend(TOPIC_ACCOUNT_DELAY,
    MessageBuilder.withPayload(event).build(), 2000, 3);
```

请注意，这里通过 Spring Messaging API 中的 MessageBuilder 工具类构建了一个 Message 对象，并指定了它的延迟等级为 3，即延迟 10s。

7.3.2 RocketMQ 顺序消息

所谓顺序消息是指消费者在消费消息时，需要按照消息的发送顺序来消费，即先发送的消息需要先消费，也就说通常所说的 FIFO（First Input First Output，先进先出）。顺序消息在现实中也有很多应用场景。例如在电商系统中，订单管理会经历订单创建、订单付款和订单完成这 3 个步骤。这时候我们可以针对这 3 个步骤通过消息中间件发送 3 条消息。针对这些消息的消费过程必须按照订单创建→订单付款→订单完成这个顺序进行消费才能确保订单处理过程是合理的，也就说这 3 个消息具有顺序性。图 7-17 展示了这一消费过程。

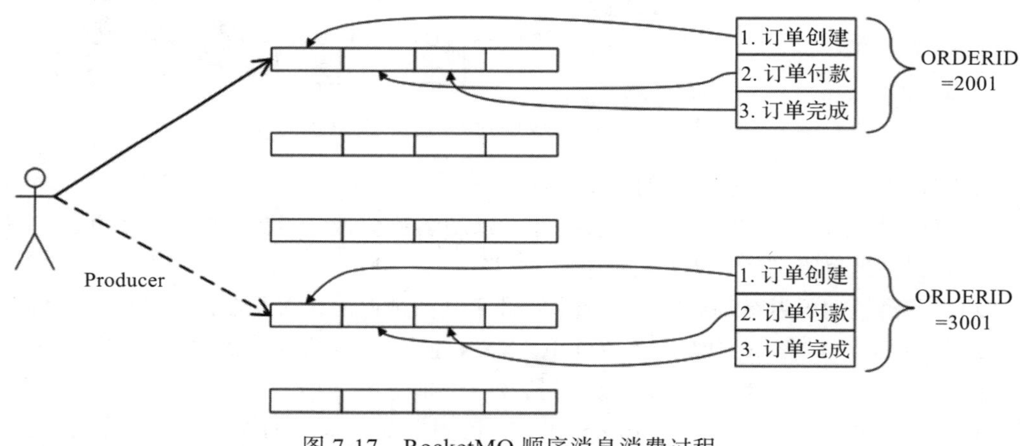

图 7-17　RocketMQ 顺序消息消费过程

实现顺序消息是一件有挑战的事情。在默认的情况下，消息发送过程会采取一定轮询机制把消息发送到不同的队列中，而消费消息时从多个队列上拉取消息，这种情况下的发送过程和消费过程是不能保证顺序的。但是如果能够控制消息发送过程并确保其依次发送到同一个队列中，消费消息也只从这个队列上依次拉取消息，那么就保证了顺序。

按照这一思路，RocketMQ 采用了局部顺序一致性的机制，实现了单个队列中消息的有序性。也就是说，想要确保消息有序，就必须把一组消息存放在同一个队列中，然后由消费者进行逐一消费。RocketMQ 可以严格保证消息有序，具体可以分为分区有序和全局有序两种有序性。

- ❑ 全局有序：只使用一个队列。
- ❑ 分区有序：多个队列并行消费。

这两种有序性的区别在于：当发送过程和消费过程所参与的队列只有一个，则是全局有序；如果多个队列参与，则为分区有序，即相对每个队列，消息都是有序的。图 7-17 实际上就展示了一个分区有序的执行效果。接下来，我们讨论如何实现全局有序和分区有序。

1. 全局有序消息

前面已经提到，如果想要实现全局顺序消息的话，我们需要将所有消息都发送到同一个队列，然后消费者也订阅同一个队列。实现方式如代码清单 7-23 所示。

代码清单 7-23 发送全局有序消息代码

```
public class GlobalOrderProducer {
    public static void main(String[] args) throws... {
        DefaultMQProducer mqProducer = new DefaultMQProducer("producer-group-
            test");
        mqProducer.setNamesrvAddr("10.0.90.86:9876");
        mqProducer.start();

        for (int i = 0; i < 5; i++) {
            Message message = new Message("GLOBAL_ORDER_TOPIC", "", ("全局有序消息
                " + i).getBytes(RemotingHelper.DEFAULT_CHARSET));

            // 实现 MessageQueueSelector，重写 select 方法，保证消息都进入同一个队列
            SendResult sendResult = mqProducer.send(message, new MessageQueueSelector()
            {
                @Override
                public MessageQueue select(List<MessageQueue> mqs, Message msg,
                    Object arg) {
                    return mqs.get((Integer) arg);
                }
            }, 1);
            System.out.println("sendResult = " + sendResult);
        }
        mqProducer.shutdown();
    }
}
```

在代码清单 7-23 中，我们通过为 DefaultMQProducer 的 send 方法传递合适的队列下标指定目标队列，在示例中我们指定消息都发送到下标为 1 的队列中。同时，我们实现了消息队列选择器 MessageQueueSelector 接口并重写了 select 方法。在该方法中，我们也指定了消息将要进入的队列下标，它与 send 方法所传入的队列下标一致，从而确保消息都进入同一个队列。

接下来，我们就可以实现全局有序消息的消费过程，如代码清单 7-24 所示。

代码清单 7-24 消费全局有序消息示例代码

```
public class GlobalOrderConsumer {
    public static void main(String[] args) throws... {
        DefaultMQPushConsumer mqPushConsumer = new DefaultMQPushConsumer
            ("consumer-group-test");
        mqPushConsumer.setNamesrvAddr("10.0.90.86:9876");
        mqPushConsumer.setConsumeFromWhere(ConsumeFromWhere.CONSUME_FROM_FIRST_OFFSET);
```

```
        mqPushConsumer.subscribe("GLOBAL_ORDER_TOPIC", "*");

        // 顺序消费同一个队列的消息
        mqPushConsumer.registerMessageListener(new MessageListenerOrderly() {
            @Override
            public ConsumeOrderlyStatus consumeMessage(List<MessageExt> msgs,
                ConsumeOrderlyContext context) {
                context.setAutoCommit(false);
                for (MessageExt msg : msgs) {
                    System.out.println(...);
                }
                // 标记该消息已经被成功消费
                return ConsumeOrderlyStatus.SUCCESS;
            }
        });
        mqPushConsumer.start();
    }
}
```

从代码清单 7-24 中可以看到，与普通消息的消费过程一样，我们需要注册消息监听器，但是传入的不再是 MessageListenerConcurrently，而是需要传入 MessageListenerOrderly 的实现子类，并重写 consumeMessage 方法，从而确保顺序消费同一个队列的消息。

2. 分区有序消息

接下来我们介绍分区有序消息的实现过程，采用的是图 7-17 所示的订单处理示例。前面已经介绍订单具有订单创建（ORDER_CREATE）、订单付款（ORDER_PAYED）和订单完成（ORDER_COMPLETE）这三个步骤，我们在创建 MessageQueueSelector 时需要根据业务唯一标识自定义队列选择算法，如本例中可以使用订单唯一编号 OrderId 去选择队列。通过这种方式，订单编号相同的消息会被先后发送到同一个队列中。那么在消费时，基于同一个 OrderId 所获取到的消息肯定来自同一个队列。发送分区有序消息的示例代码如代码清单 7-25 所示。

代码清单 7-25　发送分区有序消息示例代码

```
public class PartialOrderProducer {
    public static void main(String[] args) throws... {
        DefaultMQProducer mqProducer = new DefaultMQProducer("producer-group-
            test");
        mqProducer.setNamesrvAddr("10.0.90.86:9876");
        mqProducer.start();

        List<Order> orderList = getOrderList();

        for (int i = 0; i < orderList.size(); i++) {
            Message msg = new Message("ORDER_STATUS_CHANGE", "", body.
                getBytes(RemotingHelper.DEFAULT_CHARSET));

            // MessageQueueSelector: 消息队列选择器，根据业务唯一标识自定义队列选择算法
```

```
            SendResult sendResult = mqProducer.send(msg, new MessageQueueSelector()
            {

                @Override
                public MessageQueue select(List<MessageQueue> mqs, Message msg,
                    Object arg) {
                    long index = (Long) arg % mqs.size();
                    return mqs.get((int) index);
                }
            }, orderList.get(i).getOrderId());
        }
        mqProducer.shutdown();
    }
}
```

注意，MessageQueueSelector 接口中 select 方法传入的第三个参数就是 Order 对象的 OrderId 字段，这里通过该字段对队列数量进行取模以便决定目标队列的下标，从而实现了业务标识与队列之间的绑定关系。

现在，如果业务系统产生了一组如代码清单 7-26 所示的 OrderId 完全一致的订单信息，那么它们就会被自动发送到同一个队列中。

代码清单 7-26　构建 Order 对象列表示例代码

```
public static List<Order> getOrderList() {
    List<Order> orderList = new ArrayList<>();
    Order orderDemo = new Order();
    orderDemo.setOrderId(1L);
    orderDemo.setOrderStatus("ORDER_CREATE");
    orderList.add(orderDemo);

    orderDemo = new Order();
    orderDemo.setOrderId(1L);
    orderDemo.setOrderStatus("ORDER_PAYED");
    orderList.add(orderDemo);

    orderDemo = new Order();
    orderDemo.setOrderId(1L);
    orderDemo.setOrderStatus("ORDER_COMPLETE");
    orderList.add(orderDemo);
    ...
}
```

那么针对分区有序消息，消费过程又是怎么样的呢？实际上对于消息过程而言，全局有序和分区有序是完全一致的，因为它们都是从有序的目标队列中获取消息而已。因此，我们可以直接使用代码清单 7-24 中的示例代码来消费分区有序消息。

7.3.3　RocketMQ 消息过滤

消息过滤是消息消费的一种常见场景，我们可以通过一个案例来讨论消息过滤的需求和作用，如代码清单 7-27 所示。

代码清单 7-27 消息过滤应用场景示例代码

```
@Component
@RocketMQMessageListener(consumerGroup = "consumer_group", topic = "topic")
public class Consumer implements RocketMQListener<Event> {
    @Override
    public void onMessage(Event message) {
       if(message.getType == "TYPE1") {
           ...
       } else {
           throw new Exception(" 无效的消息类型 ");
       }
    }
}
```

这段代码的逻辑在于我们只需要消费 TYPE1 类型的消息，其他消息都是无效消息。虽然上述代码是可以运作的，但我们添加了额外的判断逻辑。更为严重的是，消息只有在已经到了消费者端之后才会被识别和判断，这实际上是一种浪费。因为消息的发送和消费需要消耗资源。那么，有没有办法让消费者只消费针对特定场景的消息呢？答案是肯定的，这就需要用到消息过滤机制。

RocketMQ 为实现消息过滤提供了一组解决方案，如图 7-18 所示。

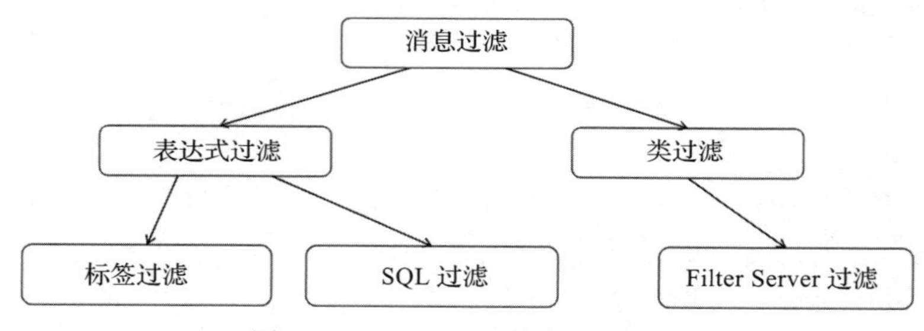

图 7-18 RocketMQ 消息过滤分类

1. 标签过滤

在图 7-18 中，标签过滤应该是消息过滤最常用的一种技术方案。我们已经在 7.2 节中介绍了标签的概念和作用，我们知道标签实际上就是消息的二级分类，利用标签可以实现精准的过滤和消息的选择。标签过滤的执行流程如图 7-19 所示。

从图 7-19 中不难看出，我们在 RocketMQ 的 Broker 端就实现了针对标签的判断逻辑。通过这种方式，符合标签过滤条件的消息在 Broker 中就会被过滤，从而不会触发消息发送和消息消费操作。另外，我们也可以在消费者端基于标签对消息做进一步过滤。标签过滤的实现示例如代码清单 7-28 所示。

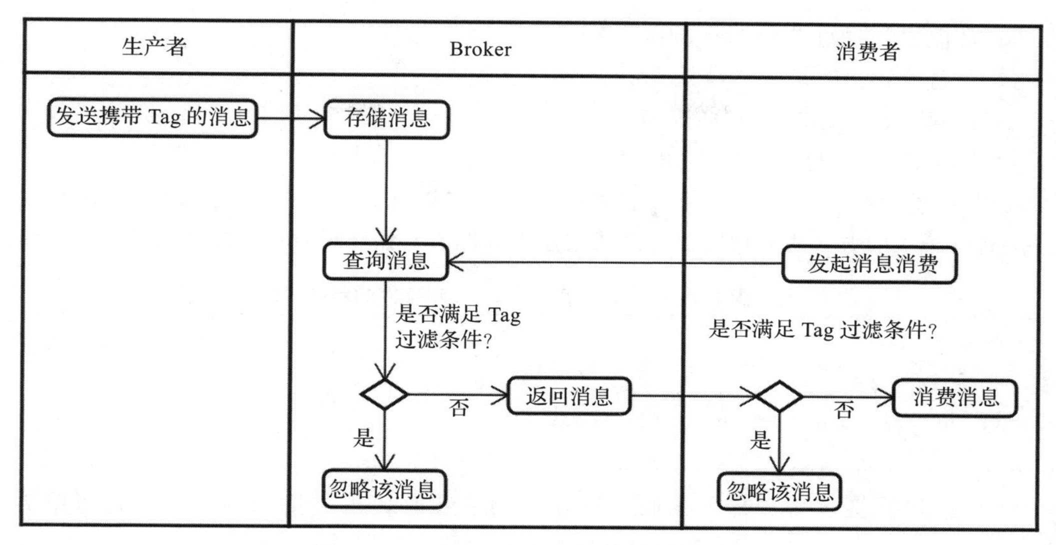

图 7-19　RocketMQ 标签过滤的执行流程

代码清单 7-28　发送带有标签消息的示例代码

```
// 标签过滤：消息发送
String[] tags = new String[]{"TagA", "TagB", "TagC", "TagD", "TagE"};
for (int i = 0; i < 10; i++) {
    String tag = tags[i % tags.length];
    String msg = "hello, 这是第 " + (i + 1) + " 条消息 ";
    Message message = new Message("FilterMessageTopic", tag, msg.getBytes
        (RemotingHelper.DEFAULT_CHARSET));
    SendResult sendResult = producer.send(message);
    System.out.println(sendResult);
}
```

这段代码展示的是消息发送逻辑，我们在创建一个 Message 对象时为它赋予了标签属性。而在消息的消费者端，我们可以在对主题进行订阅的同时设置标签过滤条件，如代码清单 7-29 所示。

代码清单 7-29　消费带有标签消息的示例代码

```
// 标签过滤：消息消费
pushConsumer.subscribe("FilterMessageTopic", "TagA || TagC || TagD");
```

显然，我们希望接收到只包含 TagA、TagC 和 TagD 的消息，而对 TagB 和 TagE 进行过滤。

2. SQL 过滤

介绍完标签过滤，我们继续讨论 SQL 过滤。和标签过滤一样，SQL 过滤也是一种常见的表达式过滤机制。之所以被称为 SQL 过滤，是因为这种过滤机制是基于 SQL 语法进行构建的，我们可以采用如下方法来开发过滤逻辑。

- 数值比较，如“>”“>=”“<”“<=”“=”。
- 字符比较，如“=”“<>”“IN”。
- IS NULL，或者 IS NOT NULL。
- 逻辑符号，包括 AND、OR、NOT

如果你想使用 SQL 过滤，那么在发送消息时可以通过设置 Message 对象中用户属性（UserProperty）的方式添加想要执行过滤的业务属性值，如代码清单 7-30 所示。

代码清单 7-30 发送带有 SQL 过滤条件的示例代码

```
//SQL 过滤：消息发送
Message msg = new Message("topic_a", ("test").getBytes());
msg.putUserProperty("age", "40");
msg.putUserProperty("name", "tianyalan");
producer.send(msg);
```

然后，和标签过滤一样，我们可以在订阅主题时传入过滤条件，如代码清单 7-31 所示。

代码清单 7-31 消费带有 SQL 过滤条件的示例代码

```
//SQL 过滤：消息消费
consumer.subscribe("topic_a", MessageSelector.bySql("age > 35 and name =
    'tianyalan'"));
```

我们通过 MessageSelector 工具类构建了过滤条件，该过滤条件中采用的都是标准的 SQL 语法。

请注意，想要使用 SQL 过滤，我们需要确保将 RocketMQ 配置文件 broker.conf 中的 enablePropertyFilter 配置项设置为 true。还有一个注意点在于只有使用推模式的消费者才能使用 SQL92 标准的 SQL 语句。

3. Filter Server 过滤

所谓 Filter Server 过滤，是指在 Broker 端运行 1 个或多个消息过滤服务器（Filter Server），RocketMQ 允许消息消费者提供自定义的消息过滤实现类并将其上传到 Filter Server 上。当消息消费者向 Filter Server 拉取消息时，Filter Server 会将消息消费者的拉取命令转发到 Broker，然后对返回的消息执行消息过滤逻辑，并最终将消息返回给消费端。图 7-20 展示了 Filter Server 过滤执行流程。

Filter Server 过滤机制的优势非常明显。由于 Filter Server 与 Broker 运行在同一台机器上，消息的传输是通过本地回环通信，不会浪费 Broker 端的网络资源。但 Filter Server 过滤机制也带来了服务端的安全风险，这就需要应用自身来保证过滤代码安全。例如，在过滤程序里尽可能不做申请大内存和创建线程等操作，避免 Broker 服务器发生资源泄漏。

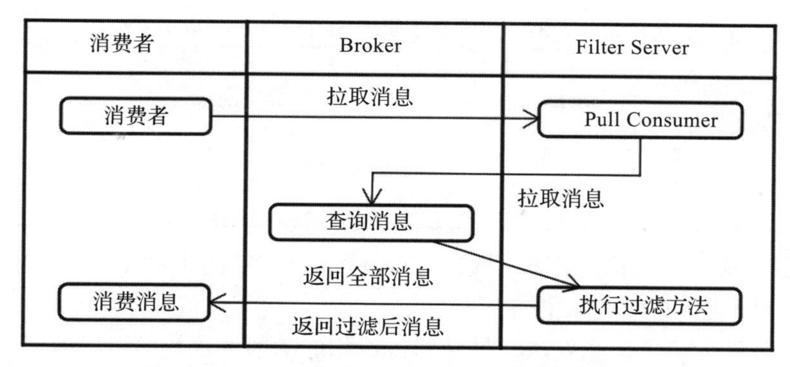

图 7-20　RocketMQ Filter Server 过滤执行流程

7.4　RocketMQ 消息可靠性分析

消息可靠性是所有消息中间件都需要考虑的一个核心技术点，对 RocketMQ 而言也一样。很多时候我们不能容忍消息在发送和消费的过程中发生丢失。那么问题就来了，消息什么时候会丢失呢？想要回答这个问题，我们首先需要分析消息发送和消息消费的整个过程，如图 7-21 所示。

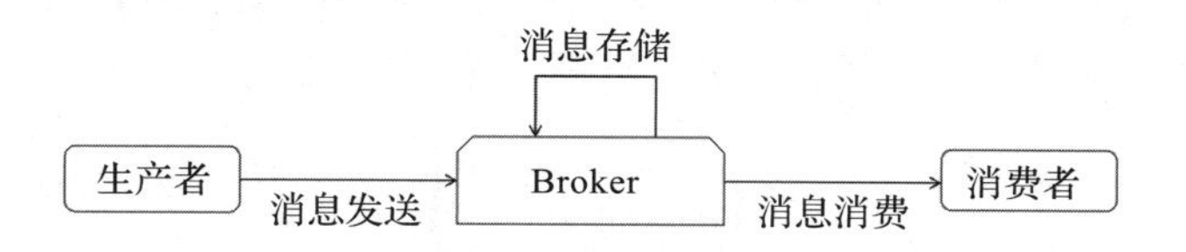

图 7-21　消息发送和消息消费的整个过程

图 7-21 所展示的三处箭头就代表了消息发送、消息存储和消息消费的三个基本环节。事实上，其中的任何一个环节都可能会发生消息丢失，举例如下。

- 生产者发送消息到 Broker 时消息可能会丢失。
- Broker 内部存储消息到磁盘以及主从复制同步时消息可能会丢失。
- Broker 把消息推送给消费者或者消费者主动拉取消息时消息可能会丢失。

接下来，我们针对每一个环节来分析为什么消息会丢失，以及如何防止消息发生丢失。

7.4.1　消息发送可靠性

针对消息发送可靠性，我们可以从同步发送和异步发送两个维度进行分析。

对于同步发送而言，我们可以通过在发送完消息后同步检查 Broker 返回的状态来判断消息是否持久化成功。RocketMQ 专门提供了一个 SendStatus 枚举值来展示消息发送的状态，如代码清单 7-32 所示。

代码清单 7-32 消息发送状态 SendStatus 定义代码

```
public enum SendStatus {
    SEND_OK,
    FLUSH_DISK_TIMEOUT,
    FLUSH_SLAVE_TIMEOUT,
    SLAVE_NOT_AVAILABLE,
}
```

如果同步模式发送失败，那么消息发布者就通过一定的负载均衡算法轮转到下一个 Broker 进行重试，这个过程需要注意幂等性。

对于异步发送而言，消息发送结果会回传给相应的回调函数，可以根据发送的结果来判断是否需要重试，这个过程和同步发送是一致的。但是如果异步模式发送失败，则只会在当前 Broker 进行重试。

无论是同步发送还是异步发送，最多只会重试 2 次。而如果生产者本身向 Broker 发送消息产生超时异常，就不会再重试。因为在这种场景下，RocketMQ 认为消息还没有启动发送过程。这时候业务系统可以增加定制化的重试逻辑，例如常见的做法是把消息存储下来定时发送到 Broker。

7.4.2 消息存储可靠性

为了理解消息存储的可靠性，我们首先需要理解 RocketMQ 的 Broker 实现消息存储的具体过程，包含刷盘和主从复制这两个核心步骤，如图 7-22 所示。

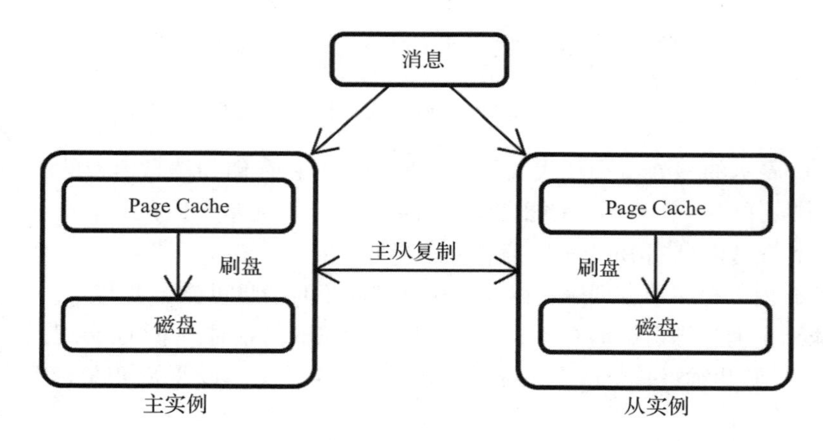

图 7-22 RocketMQ 消息的存储过程

在图 7-22 中出现了一个新概念叫 Page Cache，中文名为页高速缓冲存储器。Page Cache 的大小为一页，通常为 4KB。在操作系统读写文件时，它用于缓存文件的逻辑内容，从而加快对磁盘上映像和数据的访问。你可以把 Page Cache 看作一块内存空间，区别于物理上的磁盘空间。当 RocketMQ 接收来自消息发布者所发送的消息时，会先把消息保存在

Page Cache 中。Page Cache 中所保存的消息是没有持久化的，把消息持久化到磁盘的过程叫作刷盘。消息只有被保存到磁盘上才不会丢失。

显然，不同的刷盘策略会影响消息存储的可靠性，常见的刷盘策略包括同步刷盘和异步刷盘两类。

- 同步刷盘。如果我们在消息写入 Page Cache 后立刻通知刷盘线程刷盘，然后等待刷盘完成，刷盘线程执行完成后唤醒等待的线程返回消息写成功的状态，这就是同步刷盘。同步刷盘的优势在于数据绝对安全，但劣势也很明显，那就是吞吐量不大。
- 异步刷盘。如果我们在消息写入到 Page Cache 就立刻给客户端返回写操作成功，当内存中的消息积累到一定量或定时触发一次写磁盘操作，这就是异步刷盘。和同步刷盘相比，异步刷盘的优势在于吞吐量大、性能高，但如果在两次刷盘过程中系统出现了异常就可能会导致数据丢失。

另外，RocketMQ 采用主从复制和读写分离的高可用架构。当消息被保存到主实例时，需要将它们也同步到从实例中，确保消息具备多个副本，从而降低丢失的概率，这个过程就是图 7-22 中所示的主从复制。主从复制也可以分成同步复制和异步复制这两种策略。

- 同步复制。当我们采用同步复制时，Master 和 Slave 均写成功才反馈给客户端写成功状态。如果 Master 出现故障，Slave 上有全部的备份数据可供恢复，但是同步复制会增大数据写入延迟，降低系统吞吐量。
- 异步复制。当我们采用异步复制时，只要 Master 写成功即反馈给客户端写成功状态。系统拥有较低的延迟和较高的吞吐量，但是如果 Master 出现故障，有些数据因为没有被写入 Slave 而导致丢失。

请注意，异步刷盘是 RocketMQ 采用的默认刷盘策略，而同步复制则是推荐使用的复制策略，在性能和可靠性之间做了平衡。

7.4.3　消息消费可靠性

对于消息消费而言，为了防止消息不丢失，基本做法就是采用延时重试策略，而这一策略的实现依赖于消息消费的状态 ConsumeConcurrentlyStatus，定义如代码清单 7-33 所示。

代码清单 7-33　消息消费状态 ConsumeConcurrentlyStatus 定义代码

```
public enum ConsumeConcurrentlyStatus {
    CONSUME_SUCCESS,        //消费成功
    RECONSUME_LATER;        //消费失败，延时重试
}
```

如果消息消费返回的状态是 CONSUME_LATER，那么消费者会按照不同的延迟消息等级进行再次消费，这里的延迟消息等级已经在 7.3 节中做了详细介绍。我们知道

在 RocketMQ 中，如果消费满 16 次之后还是未能消费成功则不再重试，会将消息发送到死信队列。所谓死信队列（Dead Letter Queue），本质上同普通的 Queue 没有区别，它的作用是为了隔离和分析其他队列未成功处理的消息。一旦消息被转发到死信队列中，开发人员可以通过 RocketMQ 提供的相关接口从死信队列获取到相应的消息并根据业务需要进行定制化处理。

关于 RocketMQ 消息可靠性的话题就讨论到这里。作为总结，我们对 RocketMQ 消息可靠性的分析如下。

- 消息发送方：通过不同的重试策略保证了消息的可靠发送。
- Broker 服务端：通过不同的刷盘机制以及主从复制来保证消息的可靠存储。
- 消息消费方：通过至少消费成功一次以及消费重试机制来保证消息的可靠消费。

7.5 案例系统演进

介绍完 RocketMQ 作为消息中间件的基本功能和应用高级主题，本节我们继续对 SpringOrder 项目进行演进，讨论如何在案例系统中集成 RocketMQ 来实现消息驱动架构。

7.5.1 案例分析

我们在 7.1 节介绍消息通信机制所具备的系统扩展作用时已经给出了一个电商领域的场景分析，这个场景对于 SpringOrder 项目而言也是完全适用的，如图 7-23 所示。

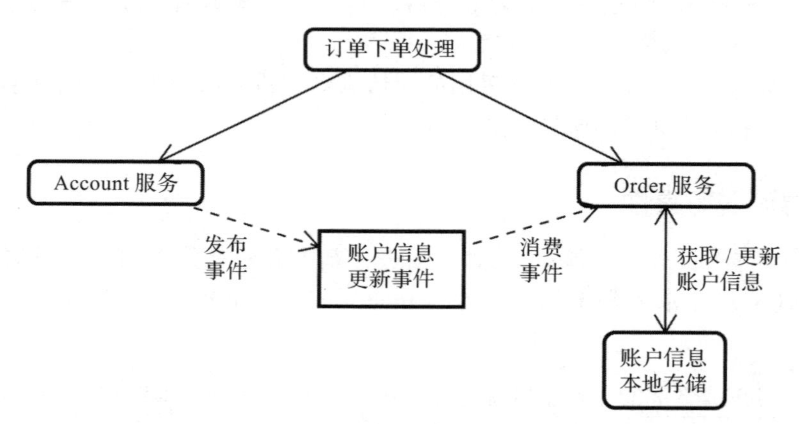

图 7-23 SpringOrder 订单下单流程中的消息处理过程

在图 7-23 中，Account 服务通过发送用户账户变更消息到消息中间件，而 Order 服务通过消费用户账户变更消息来更新本地所保存的用户信息，从而确保每次下单操作中对于用户账户有效性的校验过程发生在 Order 服务本地，从而避免了对于 Account 服务的远程调用。显然，通过引入消息中间件，我们可以对 SpringOrder 原有的服务调用过程进行优化，优化之后 order-service、account-service 和 product-service 这 3 个服务之间的交互关系如图 7-24 所示。

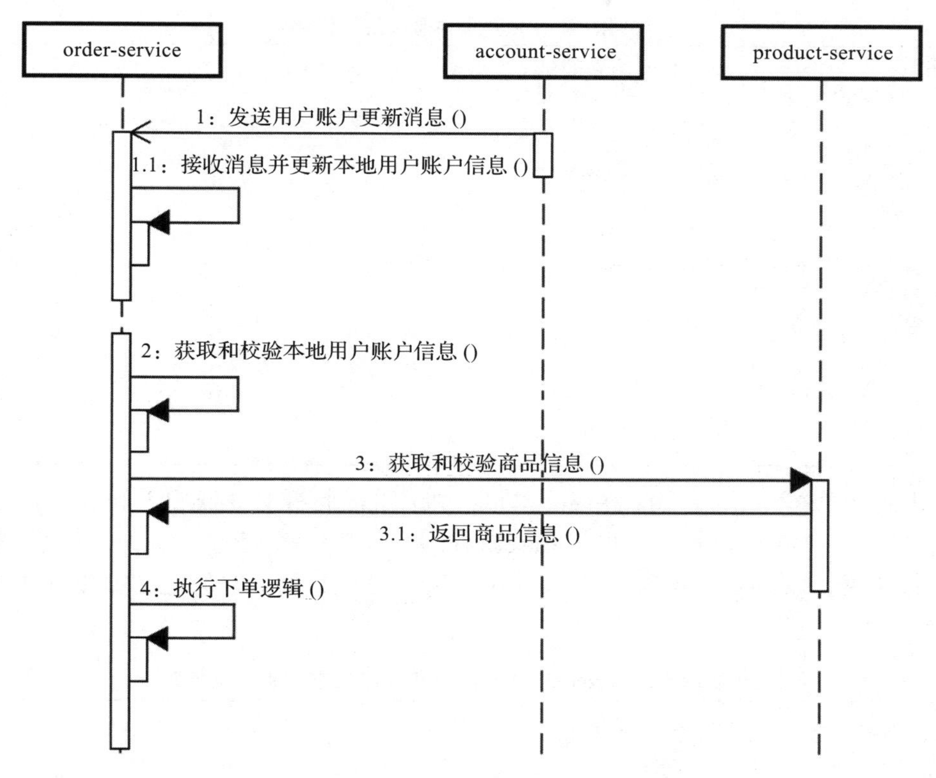

图 7-24 SpringOrder 订单下单流程中的时序图

7.5.2 实现普通消息发送和消息消费

基于图 7-24，我们可以分别设计并实现 account-service 和 order-service 中对应的消息通信组件。

1. 实现消息发布者

对于 account-service 而言，它在整个消息交互过程中扮演的是消息发布者的角色，对应的技术组件如图 7-25 所示。

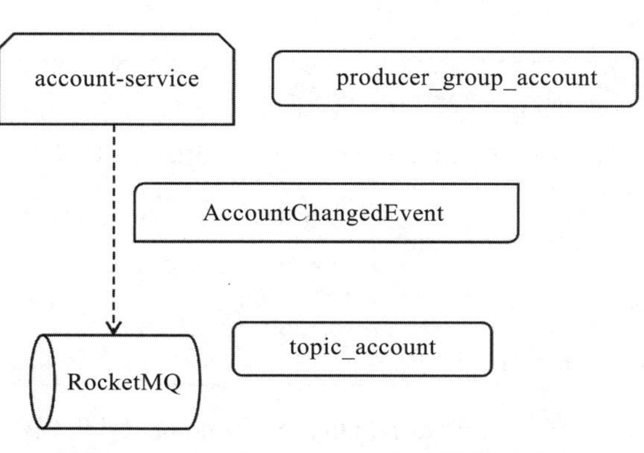

图 7-25 account-service 消息发送技术组件

首先，我们在图 7-25 中看到了一个 AccountChangedEvent 对象，这是一个业务事件对象。通常，事件对象应该具备事件唯一编号、事件发生事件等一系列基本属性，同时具有不可改变性。为了统一事件定义的过程，我们通常会对事件对象进行抽象，提炼出事件基类，如代码清单 7-34 所示。

代码清单 7-34 事件基类定义代码

```
public abstract class BaseEvent implements Serializable {
    //事件唯一编号
    private String eventId;
    //事件时间
    private Date eventTime;
}

public abstract class DomainEvent<T> extends BaseEvent {
    //自定义事件类型
    private String type;
    //事件所对应的操作
    private String operation;
    //事件对应的领域对象
    private T message;
}
```

如代码清单 7-35 所示，BaseEvent 实现了 Serializable 序列化接口并包含一组事件的最基础属性。而 DomainEvent 扩展了 BaseEvent 并添加了一个泛型对象，从而供业务事件对象进行扩展。以 AccountChangedEvent 业务事件对象为例，它的定义如代码清单 7-35 所示。

代码清单 7-35 AccountChangedEvent 业务事件定义代码

```
public class AccountChangedEvent extends DomainEvent<AccountMessage> {
}

@Data
@AllArgsConstructor
public class AccountMessage implements Serializable {
    private Long id;
    private String accountCode;
    private String accountName;
}
```

现在，我们已经有了业务事件对象，下一步就是构建消息发布过程了。为此，我们可以设计一个 AccountChangedPublisher 接口，如代码清单 7-36 所示。

代码清单 7-36 AccountChangedPublisher 接口定义代码

```
public interface AccountChangedPublisher {
    //发布用户账户变更事件
    void publishAccountChangedEvent(Account account, String operation);
}
```

基于 AccountChangedPublisher 接口，我们提供一个抽象类来封装消息的处理过程，如代码清单 7-37 所示。

代码清单 7-37　AbstractAccountChangedPublisher 抽象类实现代码

```
public abstract class AbstractAccountChangedPublisher implements AccountChanged-
    Publisher {
    @Override
    public void publishAccountChangedEvent(Account account, String operation) {
        AccountMessage accountMessage = new AccountMessage(account.getId(),
            account.getAccountCode(), account.getAccountName());
        AccountChangedEvent event = new AccountChangedEvent();
        event.setType(AccountChangedEvent.class.getTypeName());
        event.setOperation(operation);
        event.setMessage(accountMessage);

        publishEvent(event);
    }

    protected abstract void publishEvent(AccountChangedEvent event);
}
```

显然，我们设计 AbstractAccountChangedPublisher 抽象类的目的是为了解耦消息封装和消息发送这两个过程。其中消息封装跟业务对象和业务逻辑有关，而消息发送则需要依赖于具体的消息中间件。这里我们专门提取了一个 publishEvent 抽象方法供具体的消息中间件实现类进行实现，例如代码清单 7-38 所示的 RocketAccountChangedPublisher。

代码清单 7-38　RocketAccountChangedPublisher 类实现代码

```
@Service
public class RocketAccountChangedPublisher extends AbstractAccountChangedPublisher
{
    private final String TOPIC_ACCOUNT = "topic_account";

    @Autowired
    private RocketMQTemplate rocketMQTemplate;

    @Override
    protected void publishEvent(AccountChangedEvent event) {
        rocketMQTemplate.convertAndSend(TOPIC_ACCOUNT, event);
    }
}
```

可以看到，这里使用了 Spring 自带的 RocketMQTemplate 模板工具完成了消息的发送，消息的目标主题是“topic_account”。在本书中我们使用了 RocketMQ 这款消息中间件，你也可以使用其他消息中间件来构建不同的 AccountChangedPublisher。

那么，这个 RocketAccountChangedPublisher 在什么时候被调用？又是哪个组件来调用呢？答案是在业务逻辑类 AccountService 中。AccountService 的实现类如代码清单 7-39 所示。

代码清单 7-39 AccountService 实现类代码

```
@Service
public class AccountServiceImpl extends ServiceImpl<AccountMapper, Account>
    implements IAccountService {
    @Autowired
    private AccountMapper accountMapper;

    @Autowired
    private AccountChangedPublisher accountChangedPublisher;

    @Override
    public Account getAccountById(Long accountId) {
        return accountMapper.selectById(accountId);
    }

    @Override
    public Account getAccountByAccountName(String accountName) {
        return accountMapper.findAccountByAccountName(accountName);
    }

    @Override
    public void addAccount(Account account){
        Account existedAccount = accountMapper.findAccountByAccountCode(account.
            getAccountCode());
        if(Objects.nonNull(existedAccount)) {
            throw new BizException(AccountMessageCode.ACCOUNT_ALREADY_EXISTED);
        }

        accountMapper.insert(account);
        //触发账户添加消息
        accountChangedPublisher.publishAccountChangedEvent(account, "ADD");
    }

    @Override
    public void updateAccount(Account account){
        Account existedAccount = accountMapper.findAccountByAccountCode(account.
            getAccountCode());
        if(Objects.isNull(existedAccount)) {
            throw new BizException(AccountMessageCode.ACCOUNT_NOT_EXISTED);
        }

        accountMapper.updateById(account);
        //触发账户更新消息
        accountChangedPublisher.publishAccountChangedEvent(account, "UPDATE");
    }

    @Override
    public void deleteAccount(Account account){
        accountMapper.deleteById(account);
        //触发账户删除消息
        accountChangedPublisher.publishAccountChangedEvent(account, "DELETE");
    }
}
```

从代码清单 7-39 中可以看到，我们在用户信息发生变更（添加、更新和删除）时触发了 AccountChangedEvent 事件的发布。

最后，当我们使用 RocketMQ 时不要忘记将当前服务作为一个客户端连接到 Name Server，并指定消息发布者组的名称。为此，我们需要在配置文件中添加如代码清单 7-40 所示的配置项。

代码清单 7-40 RocketMQ 生产者配置代码

```
rocketmq:
    producer:
        group: producer_group_account
    name-server: 127.0.0.1:9876
```

2. 实现消息消费者

针对消费者，我们同样需要在 order-service 代码工程的配置文件中添加对 Name Server 的连接，如代码清单 7-41 所示。

代码清单 7-41 RocketMQ 消费者配置代码

```
rocketmq:
    name-server: 127.0.0.1:9876
```

然后，我们在 order-service 中创建一个抽象的消息消费者组件，如代码清单 7-42 所示。

代码清单 7-42 AbstractAccountChangedReceiver 抽象类代码

```
public abstract class AbstractAccountChangedReceiver {
    @Autowired
    LocalAccountRepository localAccountRepository;

    protected void handleEvent(AccountChangedEvent event) {
        AccountMessage account = event.getMessage();
        String operation = event.getOperation();
        operateAccount(account, operation);
    }

    private void operateAccount(AccountMessage accountMessage, String operation) {
        System.out.print(accountMessage.getAccountCode() + ":" + accountMessage.
            getAccountName());

        LocalAccount localAccount = new LocalAccount(accountMessage.getAccountCode(),
            accountMessage.getAccountName());

        if (operation.equals("ADD")) {
            localAccountRepository.save(localAccount);
        } else if(operation.equals("UPDATE")) {
            LocalAccount existedLocalAccount = localAccountRepository.findByAccount
                Code(accountMessage.getAccountCode());
            if(Objects.nonNull(existedLocalAccount)) {
                existedLocalAccount.setAccountName(localAccount.getAccountName());
                localAccountRepository.save(existedLocalAccount);
```

```
            }
        } else if(operation.equals("DELETE")){
            localAccountRepository.delete(localAccount);
        } else {
            System.out.print(" 无法识别的操作类型: " + operation);
        }
    }
}
```

可以看到，这里根据传入的 AccountMessage 对象以及账户操作类型执行本地用户账户数据操作。为此，我们专门实现了一个 LocalAccountRepository 来实现数据持久化操作。

我们可以针对 RocketMQ 为 AbstractAccountChangedReceiver 提供一个实现类 Rocket-AccountChangedReceiver，如代码清单 7-43 所示。

代码清单 7-43　RocketAccountChangedReceiver 实现类代码

```
@Component
@RocketMQMessageListener(consumerGroup = "consumer_group_account", topic =
    "topic_account")
public class RocketAccountChangedReceiver extends AbstractAccountChangedReceiver
    implements RocketMQListener<AccountChangedEvent> {
    @Override
    public void onMessage(AccountChangedEvent event) {
        super.handleEvent(event);
    }
}
```

可以看到，这里集成了 @RocketMQMessageListener 注解并实现了 RocketMQListener 接口，通过 onMessage 回调方法我们实现了对父类 AbstractAccountChangedReceiver 中 handleEvent 方法的调用。请注意，在实现消息消费者时，我们需要设置代码清单 7-43 中所示的消费者组 "consumer_group_account"，同时设置和消息发布者同样的主题名称 "topic_account"。

作为总结，我们可以梳理整个消息发布和消息消费过程中所涉及的核心组件以及相关的命名约定，如图 7-26 所示。

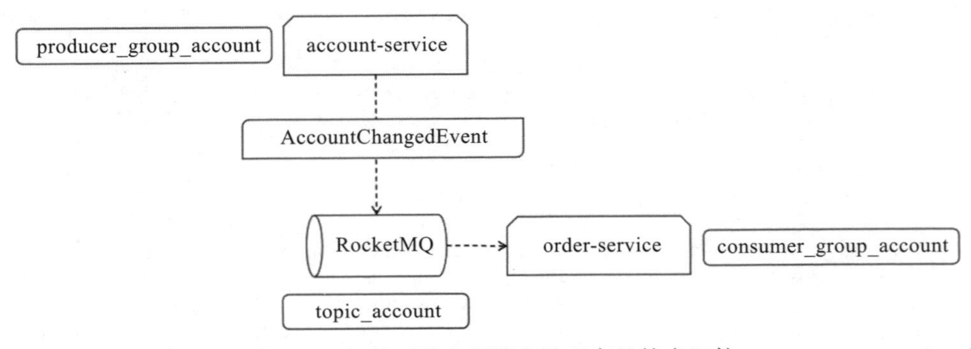

图 7-26　订单下单流程消息处理完整技术组件

当然，如果你想进一步提高用户账户处理的效率，我们可以在order-service中引入缓存机制，这样order-service就可以直接从缓存中获取变更之后的用户账户信息，如图7-27所示。

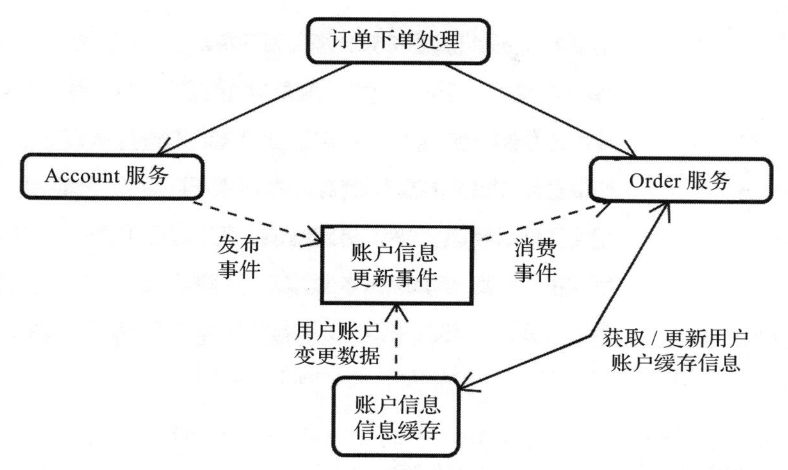

图7-27 添加缓存机制的SpringOrder订单下单消息处理过程

3. RocketMQ控制台

当我们实现了消息发布和消息消费过程，如何监控和验证消息发布和消息消费的结果？如果消息消费出现异常，如何排查异常出现的原因和位置呢？这时候就可以引入RocketMQ控制台组件。图7-28展示了RocketMQ控制台主页。

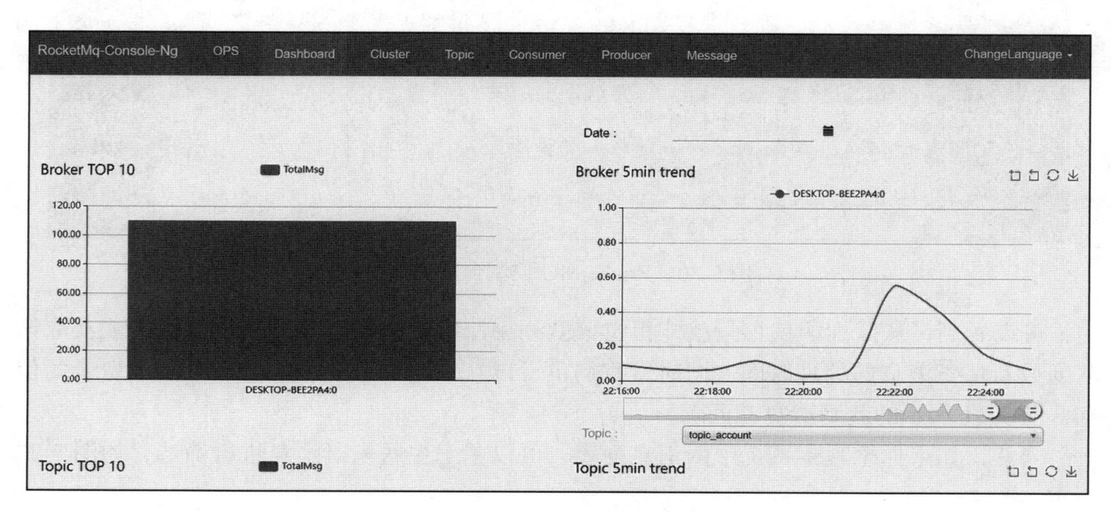

图7-28 RocketMQ控制台主页

RocketMQ控制台也是一个Java Web项目，图7-29展示了控制台的Topic页面。

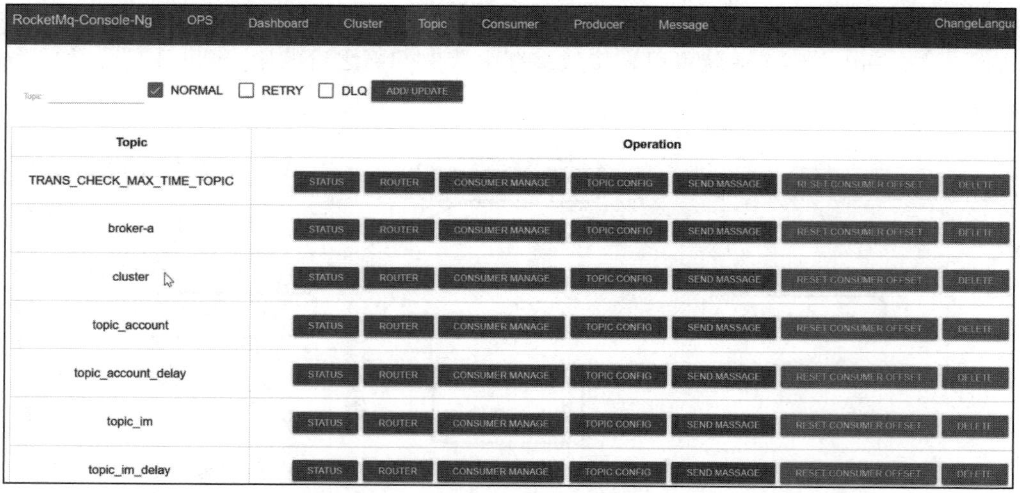

RocketMq-Console-Ng OPS Dashboard Cluster Topic Consumer Producer Message ChangeLangu

Topic: NORMAL RETRY DLQ ADD/ UPDATE

Topic	Operation
TRANS_CHECK_MAX_TIME_TOPIC	STATUS ROUTER CONSUMER MANAGE TOPIC CONFIG SEND MASSAGE RESET CONSUMER OFFSET DELETE
broker-a	STATUS ROUTER CONSUMER MANAGE TOPIC CONFIG SEND MASSAGE RESET CONSUMER OFFSET DELETE
cluster	STATUS ROUTER CONSUMER MANAGE TOPIC CONFIG SEND MASSAGE RESET CONSUMER OFFSET DELETE
topic_account	STATUS ROUTER CONSUMER MANAGE TOPIC CONFIG SEND MASSAGE RESET CONSUMER OFFSET DELETE
topic_account_delay	STATUS ROUTER CONSUMER MANAGE TOPIC CONFIG SEND MASSAGE RESET CONSUMER OFFSET DELETE
topic_im	STATUS ROUTER CONSUMER MANAGE TOPIC CONFIG SEND MASSAGE RESET CONSUMER OFFSET DELETE
topic_im_delay	STATUS ROUTER CONSUMER MANAGE TOPIC CONFIG SEND MASSAGE RESET CONSUMER OFFSET DELETE

图 7-29 RocketMQ 控制台的 Topic 页面

当我们单击图 7-29 中“topic_account”这个主题的“STATUS”按钮时，可以查看该主题中各个队列以及队列中的消息信息，如图 7-30 所示。

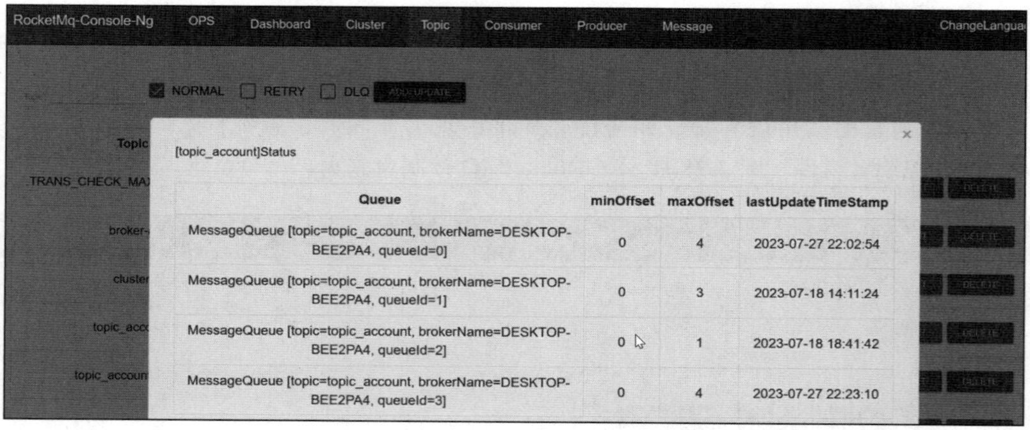

RocketMq-Console-Ng OPS Dashboard Cluster Topic Consumer Producer Message ChangeLangua

NORMAL RETRY DLQ ADD/ UPDATE

[topic_account]Status

Queue	minOffset	maxOffset	lastUpdateTimeStamp
MessageQueue [topic=topic_account, brokerName=DESKTOP-BEE2PA4, queueId=0]	0	4	2023-07-27 22:02:54
MessageQueue [topic=topic_account, brokerName=DESKTOP-BEE2PA4, queueId=1]	0	3	2023-07-18 14:11:24
MessageQueue [topic=topic_account, brokerName=DESKTOP-BEE2PA4, queueId=2]	0	1	2023-07-18 18:41:42
MessageQueue [topic=topic_account, brokerName=DESKTOP-BEE2PA4, queueId=3]	0	4	2023-07-27 22:23:10

图 7-30 RocketMQ 控制台队列页面

可以看到，从队列的偏移量就能得出该队列中所存储过的消息数量，我们也能获取该队列最新那条消息的处理时间。同时，我们也可以获取当前系统中的生产者和消费者的信息，图 7-31 展示的就是消费者页面。

当然，如果你想观察系统中的消息列表，可以基于主题来对消息进行筛选，如图 7-32 所示。

图 7-33 进一步展示了某一条消息的明细信息，我们可以看到消息的消息体，以及消费者组信息。

SubscriptionGroup	Quantity	Version	Type	Mode	TPS	Delay	Operation
consumer_group_account	0				0	16	CLIENT CONSUME DETAIL CONFIG DELETE
consumer_group_account_tag	0				0	10	CLIENT CONSUME DETAIL CONFIG DELETE
consumer_group_im_delay	0				0	4	CLIENT CONSUME DETAIL CONFIG DELETE
cluster-group	0				0	0	CLIENT CONSUME DETAIL CONFIG DELETE
consumer_group_staff_tag	0				0	0	CLIENT CONSUME DETAIL CONFIG DELETE

图 7-31　RocketMQ 控制台消费者页面

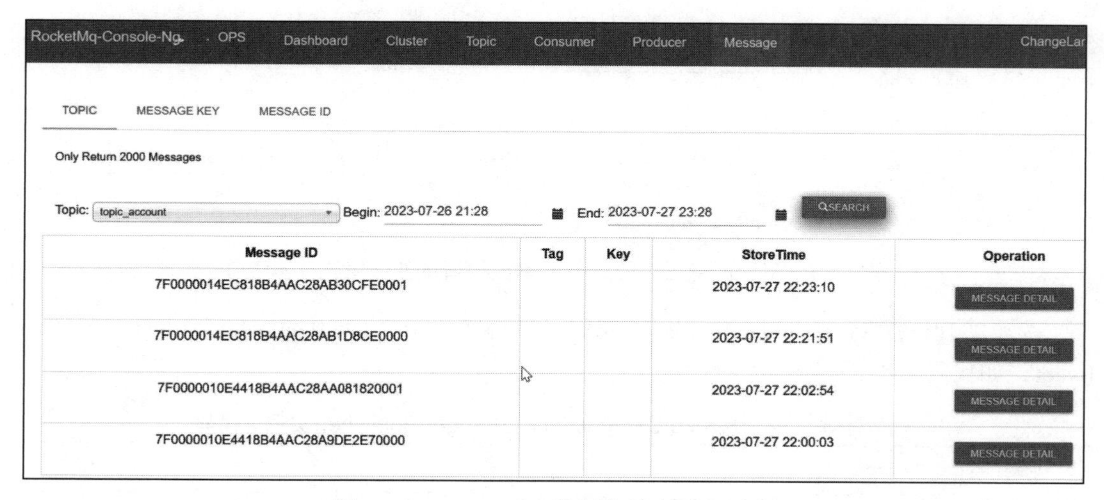

图 7-32　RocketMQ 控制台消息列表页面

作为总结，通过控制台界面，开发人员可以查看 RockeMQ 集群状态、创建 / 删除主题、查看生产者 / 消费者以及消息等，从而有效辅助 RocketMQ 的开发过程。

7.5.3　实现延迟消息和消息过滤

在本节中，我们将实现一组 RocketMQ 的高级特性，包括延迟消息和消息过滤。

1. 实现延迟消息

延迟消息是 RocketMQ 提供的一种高级消息处理机制，如果我们想要在 SpringOrder 项目中引入延迟消息，可以采用如图 7-34 所示的组件。

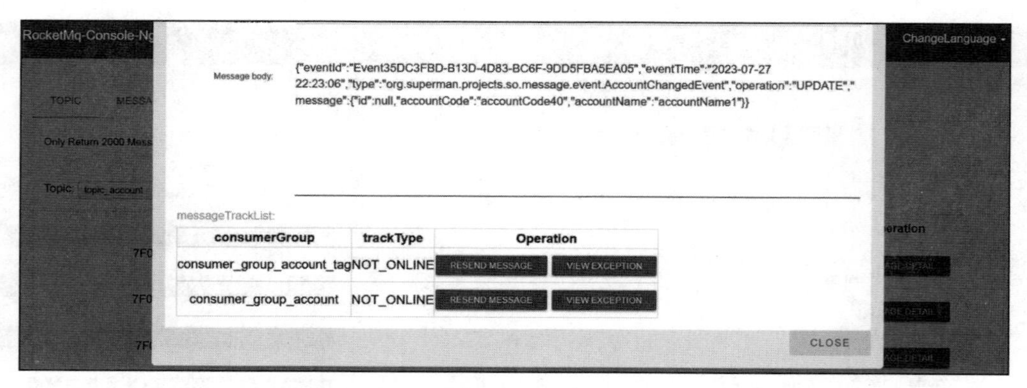

图 7-33　RocketMQ 控制台消息明细信息页面

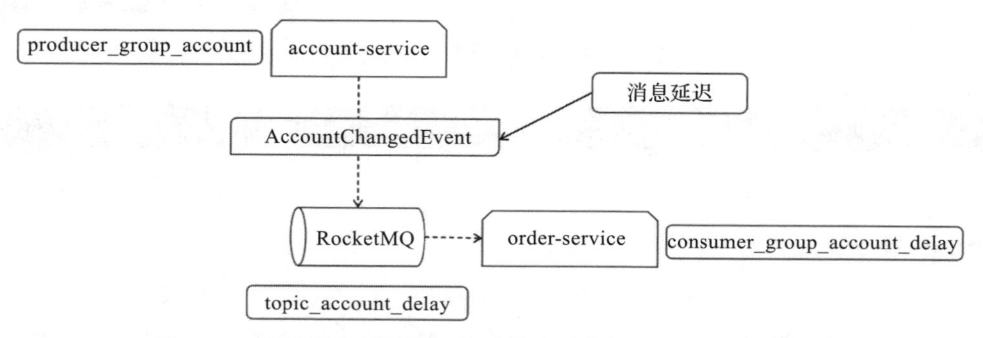

图 7-34　基于消息延迟的订单下单流程消息处理完整技术组件

为了实现图 7-34 中所展示的效果，我们可以构建一个 RocketDelayAccountChangedPublisher，如代码清单 7-44 所示。

代码清单 7-44　RocketDelayAccountChangedPublisher 实现类代码

```
@Service("event_delay")
public class RocketDelayAccountChangedPublisher extends AbstractAccountChanged-
    Publisher {
    private final String TOPIC_ACCOUNT_DELAY = "topic_account_delay";

    @Autowired
    private RocketMQTemplate rocketMQTemplate;

    @Override
    protected void publishEvent(AccountChangedEvent event) {
        // 延迟 10s
        SendResult result = rocketMQTemplate.syncSend(TOPIC_ACCOUNT_DELAY,
            MessageBuilder.withPayload(event).build(), 2000, 3);
        System.out.println("发送时间：" + System.currentTimeMillis());
        System.out.println(result);
    }
}
```

这里我们通过 RocketMQTemplate 的 syncSend 方法设置了延迟等级并发送消息。注意到 RocketDelayAccountChangedPublisher 同样扩展了 AbstractAccountChangedPublisher 抽象类，因此我们在 @Service 注解中指定了 "event_delay" 参数。通过这种方式，当使用不同的 AbstractAccountChangedPublisher 实现类时就可以通过这个参数进行区分调用。在 AccountServiceImpl 中展示了这种使用方法，如代码清单 7-45 所示。

代码清单 7-45　基于参数注入不同 AccountChangedPublisher 实现类代码

```
@Service
public class AccountServiceImpl extends ServiceImpl<AccountMapper, Account>
    implements IAccountService {
    @Autowired
    @Qualifier("event_delay")
    private AccountChangedPublisher accountChangedPublisher;
    ...
}
```

可以看到，我们在 AccountChangedPublisher 抽象类上添加了一个 @Qualifier 注解，并同样指定了 "event_delay"。在 Spring 应用过程可能会出现这种情况，当你创建多个同类型的对象并且只想用属性连接其中一个对象时。在这种情况下就可以将 @Qualifier 注解与 @Autowired 注解一起使用来确定具体想要注入的对象。

对于延迟消息的消费者而言，整个消息消费过程是完全一样的，这里也构建一个专门用来消费延迟消息的 RocketDelayAccountChangedReceiver 类，如代码清单 7-46 所示。

代码清单 7-46　RocketDelayAccountChangedReceiver 类实现代码

```
@Component
@RocketMQMessageListener(consumerGroup = "consumer_group_account_delay", topic =
    "topic_account_delay")
public class RocketDelayAccountChangedReceiver extends AbstractAccount-
    ChangedReceiver implements RocketMQListener<AccountChangedEvent> {
    @Override
    public void onMessage(AccountChangedEvent event) {
        System.out.println("消费时间: " + System.currentTimeMillis());
        System.out.println("Received message : " + event);
        super.handleEvent(event);
    }
}
```

可以看到，我们专门针对延迟消息创建了一个消费者组 consumer_group_account_delay，以及一个消息主题 topic_account_delay，其他实现过程与普通的 RocketAccountChanged-Receiver 完全一致。

2. 实现消息过滤

消息过滤也是 RocketMQ 提供的一种高级消息处理机制，如果我们想要在 SpringOrder 项目中引入消息过滤，可以采用如图 7-35 所示的组件。

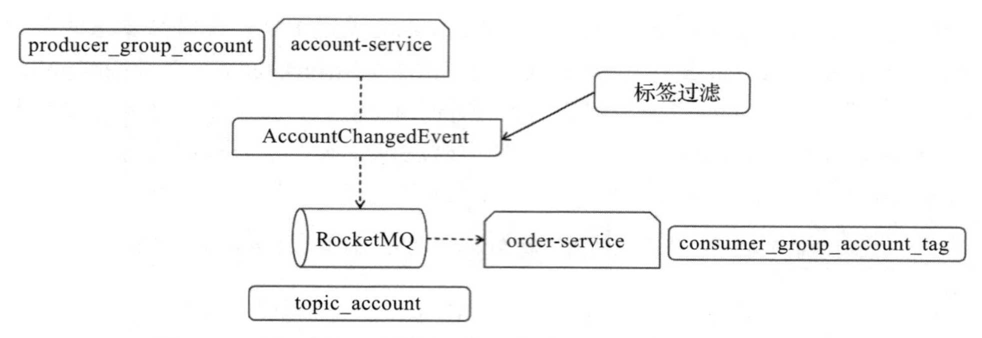

图 7-35 基于标签过滤的订单下单流程消息处理完整技术组件

图 7-35 采用的消息过滤方式是标签过滤。为了实现图 7-35 中所展示的效果，我们可以构建一个 RocketTagAccountChangedPublisher，如代码清单 7-47 所示。

代码清单 7-47 RocketTagAccountChangedPublisher 类实现代码

```
@Service("tag")
public class RocketTagAccountChangedPublisher extends AbstractAccountChangedPublisher
{
    private final String TOPIC_ACCOUNT = "topic_account";

    @Autowired
    private RocketMQTemplate rocketMQTemplate;

    @Override
    protected void publishEvent(AccountChangedEvent event) {
        // 发送一个无效 Tag 的消息
        String tagOther = "OTHER";
        event.setType(tagOther);
        String destination = String.format("%s:%s", TOPIC_ACCOUNT, tagOther);
        this.rocketMQTemplate.convertAndSend(destination, event);

        // 发送一个有效 Tag 的消息
        String tagStaff = "STAFF";
        event.setType(tagStaff);
        destination = String.format("%s:%s", TOPIC_ACCOUNT, tagStaff);
        this.rocketMQTemplate.convertAndSend(destination, event);
    }
}
```

这里前后发送了两个消息，分别包含一个无效 Tag 和一个有效 Tag。可以看到，当我们通过 RocketMQTemplate 发送带有标签的消息时，只需要将消息的目标地址组合成“Topic:Tag”的形式再通过 convertAndSend 方法进行发送即可。

接下来，我们继续实现消息消费者，例如代码清单 7-48 所示的 RocketTagAccount-ChangedReceiver 代码。

代码清单 7-48　RocketTagAccountChangedReceiver 类实现代码

```
@Component
@RocketMQMessageListener(consumerGroup = "consumer_group_account_tag", topic =
    "topic_account", selectorExpression = "STAFF")
public class RocketTagAccountChangedReceiver extends AbstractAccountChanged-
    Receiver implements RocketMQListener<AccountChangedEvent> {

    @Override
    public void onMessage(AccountChangedEvent event) {
        super.handleEvent(event);
    }
}
```

和其他消息消费者相比，RocketTagAccountChangedReceiver 的特殊之处在于我们在 @RocketMQMessageListener 注解中添加了“ selectorExpression”参数，该参数用于指定数据过滤规则。在代码清单 7-48 所示的代码中，我们简单设置了过滤规则为匹配“ STAFF”这个 Tag，从而实现消息过滤效果。

7.6　本章小结

消息通信在开发微服务系统的过程中发挥了重要作用，我们通常使用消息通信机制来构建高度灵活的可扩展架构。本章先从消息通信和消息中间件的基本概念出发，引出了 Spring Cloud Alibaba 中专门用来实现消息通信的 RocketMQ 框架。我们讲解了 RocketMQ 的基本概念和工作流程，以及消息发送和消息消费的各种实现方法。

区别于其他消息中间件，RocketMQ 内置了一组高级特性能够帮助我们实现特定场景下的消息通信需求，包括顺序消息、延迟消息和消息过滤等。本章同样对 RocketMQ 的这些高级特性做了展开介绍。另外，对于消息通信而言，如何避免消息丢失一直是开发人员比较关注的话题，本章也结合 RocketMQ 对这一话题进行了系统的分析。

在本章的最后，我们回到 SpringOrder 案例系统，分析了该案例系统中与消息通信相关的需求，并给出了对应的实现方式。

扫描下方二维码，查看本章视频教程。

①使用 RocketMQ 实现消息发布

②使用 RocketMQ 实现消息消费

③使用 RocketMQ 实现消息延迟

④使用 RocketMQ 实现消息过滤

Chapter 8 第 8 章

分布式事务和 Seata

试想如图 8-1 所示的业务场景，系统中存在两个服务，一个为订单服务，一个为支付服务。应用程序为了实现业务流程闭环管理涉及两个主要的步骤，一是用户下单并将订单详细信息记录到订单数据库；一是通过支付系统产生支付记录。也就是说当用户下订单以后，业务操作会跨越多个数据库，包括保存订单的订单数据库和保存支付信息的支付数据库。

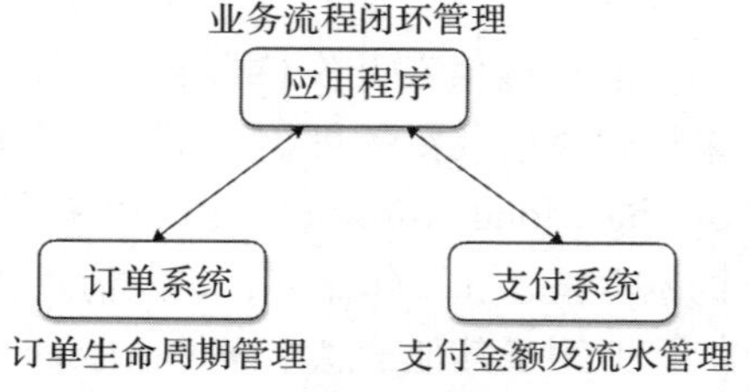

图 8-1 订单服务和支付服务业务场景

以上就是一个典型的微服务系统，伴随着一个典型的问题，即如何确保订单数据与支付数据的一致性。显然，对于一个完整的下单操作而言，订单服务和支付服务都是业务闭环中的一部分，在一个完整的业务操作流程中需要引入一定的技术体系来确保各自数据的正确性和一致性。这就是本章要讨论的分布式事务。

分布式事务（Distributed Transaction），是指事务的参与者、支持事务的服务器、资源服务器以及事务管理器分别位于不同分布式系统的不同节点之上。在微服务架构实施过程中，关于如何高效实现分布式事务一直是困扰开发人员的一大技术挑战。本章将从分布式事务的实现策略和模式出发，引入 Spring Cloud Alibaba 中的 Seata 框架来实现分布式事务。同时，我们也将结合上一章中介绍的 RocketMQ 来实现分布式环境下基于消息通信的数据一致性。

8.1 分布式事务的实现策略和模式

分布式事务是一个复杂的话题。在本节中，我们先从分布式事务的基本概念开始讨论，然后引出目前主流的分布式事务实现模式。

8.1.1　分布式事务的基本概念

传统单体应用一般都会使用一个关系型数据库，好处是可以使用 ACID（Atomicity、Consistency、Isolation、Durability，原子性、一致性、隔离性、持久性）事务特性。为保证数据一致性我们只需要开启一个事务，执行数据更新操作，然后提交事务或回滚事务。更进一步，借助 Spring 等集成性框架，我们只需要关注引起数据改变的业务本身即可。

随着组织规模不断扩大，业务量不断增长，单体应用和数据库已经不足以支持庞大的业务量和数据量，这时候需要对服务和数据进行拆分，就出现了如图 8-1 所示的一个应用需要同时访问两个或两个以上的数据库的情况。显然，图 8-1 中展示的场景并不能依靠本地事务得以解决。这时候我们可以借助分布式事务来保证一致性，也就是我们通常所说的二阶段提交协议（Two Phase Commit，2PC）和三阶段提交协议（Three Phase Commit，3PC）。

1. 2PC 和 3PC

所谓二阶段提交，顾名思义分成两个阶段，先由一方进行提议并收集其他节点的反馈（准备阶段），再根据反馈决定提交或中止事务（执行阶段）。一般将提议的节点称为协调者（Coordinator），其他参与决议的节点称为参与者（Participant）。图 8-2 展示了协调者发起一个提议分别询问各参与者是否接受的场景，然后协调者根据参与者的反馈提交或中止事务。如果参与者全部同意则提交，只要有一个参与者不同意就中止。

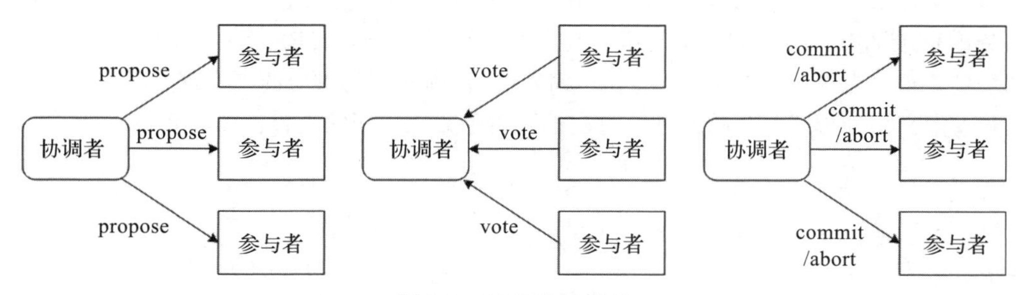

图 8-2　2PC 阶段场景

二阶段提交看起来确实能够提供原子性的操作，但不幸的是，这种方式存在一些明显的缺点。首先，在二阶段提交执行过程中，所有参与节点都是事务阻塞型的。当参与者占有公共资源时，其他第三方节点访问公共资源就不得不处于阻塞状态。同时，由于协调者的重要性，一旦协调者发生故障，参与者会一直阻塞下去。尤其在第二阶段，协调者发生故障意味着所有参与者都将处于锁定事务资源的状态，而无法继续完成事务操作。

另外，在二阶段提交中，当协调者向参与者发送提交请求之后发生局部网络异常或者在发送提交请求过程中协调者发生故障时，就会导致只有一部分参与者接收到了提交请求。而这部分参与者接到提交请求之后就会执行提交操作，但是其他未接到提交请求的参与者则无法执行事务提交。于是整个分布式系统便出现了数据不一致性的现象。

由于二阶段提交存在以上缺陷，业界在二阶段提交的基础上做了改进，提出了三阶段提交。三阶段提交协议是二阶段提交协议的改进版，与二阶段提交相比，三阶段提交有两个改动点。其一是在协调者和参与者中引入超时机制，其二则是把二阶段提交中的准备阶段再次一分为二，这样三阶段提交就有 CanCommit、PreCommit、DoCommit 三个阶段。3PC 阶段场景如图 8-3 所示。

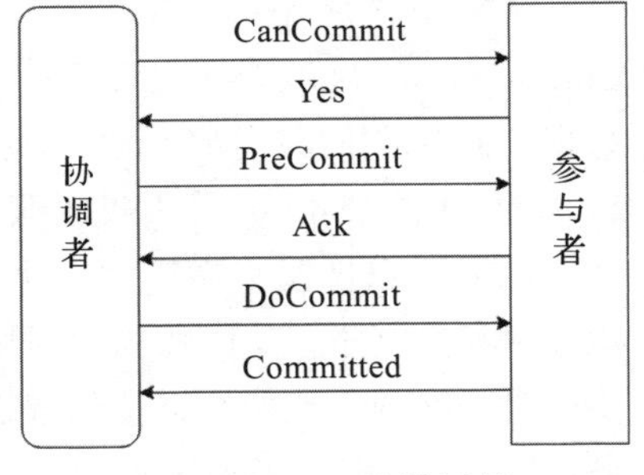

图 8-3 3PC 阶段场景

3PC 的 CanCommit 阶段其实和 2PC 的准备阶段很像，协调者向参与者发送提交请求，参与者如果可以提交就返回 Yes 响应，否则返回 No 响应。

在 PreCommit 阶段，协调者根据参与者的响应情况来决定是否可以执行事务的 PreCommit 操作。这时候有两种可能：假如协调者从所有的参与者获得的反馈都是 Yes 响应，那么就会执行事务的预执行；假如有任何一个参与者向协调者发送了 No 响应，或者等待超时之后协调者都没有接收到参与者的响应，那么就执行事务的中断。

DoCommit 阶段执行真正的事务提交，也可以分为两种情况：执行提交和中断事务。其中中断事务是当协调者没有接收到参与者发送的响应就会中断事务。

2. XA 规范和 JTA

JTA 全称 Java Transaction API，是分布式事务 XA 规范在 Java 中的映射，是 Java 中使用事务的标准 API，同时支持本地事务与分布式事务。作为 J2EE 平台规范的一部分，JTA 与 JDBC 类似，自身只提供了一组 Java 接口，需要由不同的供应商来实现这些接口。

JTA 定义了分布式事务的五种角色，不同角色关注不同的内容，如图 8-4 所示。

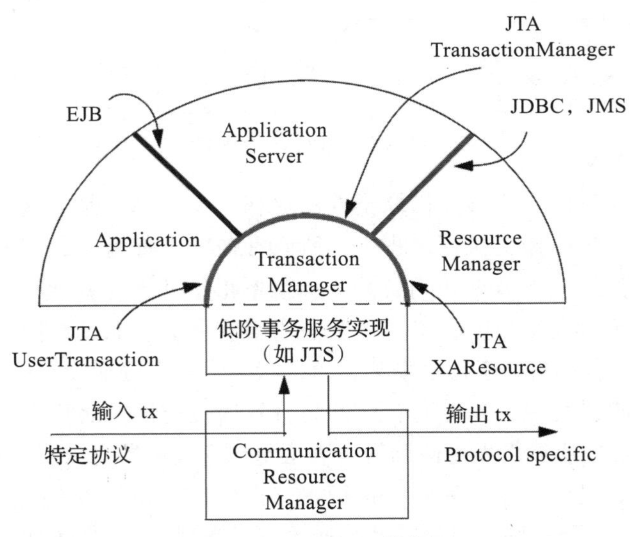

图 8-4 JTA 角色及其作用

在图 8-4 中，我们可以看到事务管理器、资源管理器、通信资源管理器、应用和应用服务器这五个核心角色。

- 事务管理器：事务管理器（Transaction Manager，TM）是分布式事务的核心，在 JTA 中表现为一个 TransactionManager 接口，提供了事务操作、资源管理、同步和事务传播等功能。
- 资源管理器：资源管理器（Resource Manager，RM）提供了对资源访问的能力，典型的代表是关系型数据库和消息队列，在 JTA 中使用接口 XAResource 进行表示，通常通过一个资源适配器来实现，例如 JDBC 中的数据库驱动。
- 通信资源管理器：通信资源管理器（Communication Resource Manager，CRM）用于支持跨应用分布式事务的事务管理器之间的通信，通常用户不用关心。
- 应用：使用分布式事务的应用程序（Application），可以通过 JTA 规范中的 User-Transaction 接口来操作事务。
- 应用服务器：代表应用程序的运行环境，JTA 规定事务管理器应该由应用服务器（Application Server，AS）来实现，目前业界存在一组 JTA 应用服务器可供选择，但并非所有的应用服务器都实现了事务管理器，如常见的 Tomcat 就不支持 JTA 规范。

基于对二阶段提交的理解和 JTA 规范中的角色定义，我们不难得出正常情况下的二阶段提交执行过程，如图 8-5 所示。

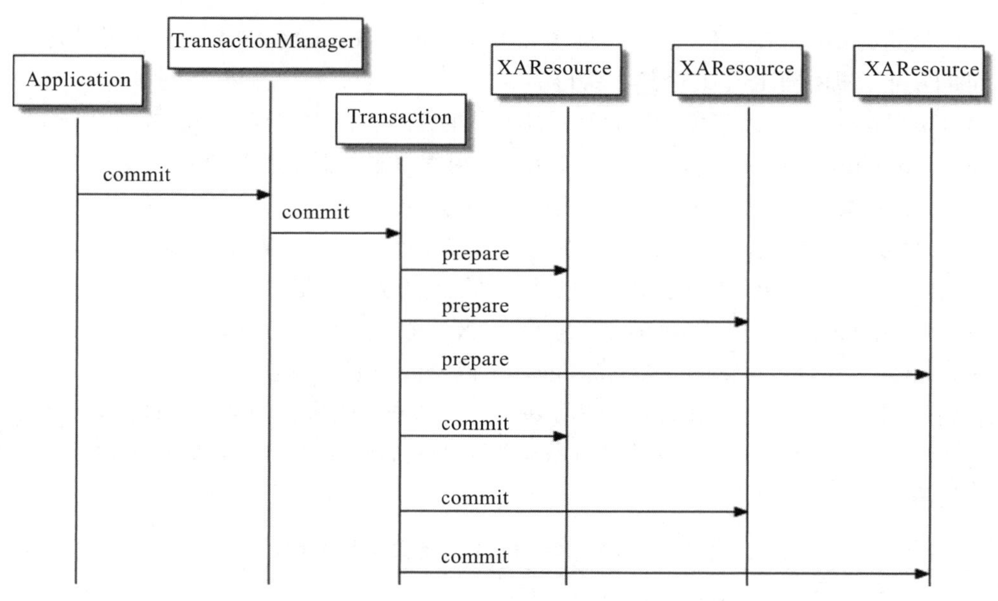

图 8-5　正常场景下的 JTA 二阶段提交执行过程

一旦有任意一个 XAResource 出现错误，那么就会触发整体的事务回滚，执行过程如图 8-6 所示。

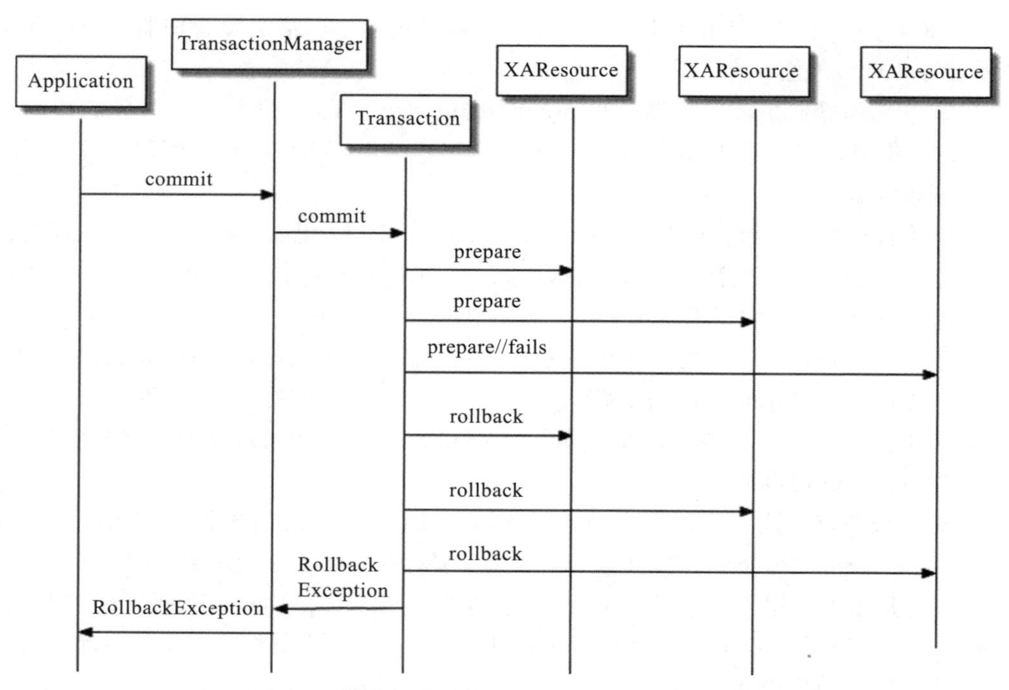

图 8-6　异常场景下的 JTA 二阶段提交执行过程

上面只是介绍了 JTA 相关的一些概念和基本原理，要想理解 JTA，还得从相关 API 入手。在 JTA 中，提供了以下几个核心接口。

- UserTransaction：该接口是面向开发人员的接口，能够编程控制事务处理。
- TransactionManager：通过该接口允许应用程序服务器来控制分布式事务。
- Transaction：代表正在管理应用程序的事务。
- XAResource：这是一个面向提供商的实现接口，是一个基于 XA 协议的 Java 映射，各个数据库提供商在提供访问自己资源的驱动时必须实现这样的接口。

另外，在 javax.sql 包中还存在几个与 XA 相关的核心类，包括代表连接的 XAConnection、代表数据源的 XADataSource，以及代表事务编号的 Xid。

我们采用上述核心类来简单模拟编写基于 XA 的分布式事务的常见实现过程的伪代码。对于一个跨库操作而言，一般我们可以基于 UserTransaction 接口实现如代码清单 8-1 所示的操作流程。

代码清单 8-1　XA 分布式事务实现示例代码

```
UserTransaction userTransaction = null;
Connection connA = null;
Connection connB = null;
try{
    userTransaction.begin();
```

```
    // 实现跨库操作
    connA.execute("sql1")
    connB.execute("sql2")

    userTransaction.commit();
}catch(){
    userTransaction.rollback();
}
```

要想 XA 分布式事务实现代码发挥作用，这里的连接对象 Connection 就得支持 XAResource 接口。

前面已经提到，JTA 仅仅定义了接口，具体的实现则由供应商负责提供。目前 JTA 的实现分成两大类，其中一类是直接集成在应用服务器中的，例如 JBoss。另一类则是独立的实现，例如 Atomikos 和 Bitronix，这些实现可以应用在那些不使用 J2EE 应用服务器的环境里（如普通的 Java 应用）。同时，JTA 接口里的 ResourceManager 同样需要数据库厂商提供 XA 的驱动实现。

3. 分布式事务与微服务架构

分布式事务能解决一部分数据一致性的问题，但在微服务架构中，传统分布式事务并不是实现数据一致性的最佳选择。

首先，对于微服务架构来说，数据访问变得更加复杂，这是因为数据都是微服务私有的，唯一可访问的方式就是通过 API。这种打包数据访问的方式使得微服务之间松耦合，并且彼此之间高度独立，从而非常容易进行性能扩展。

其次，不同的微服务经常使用不同的数据库。序列化以及锁的使用，都是当且仅当多个服务使用相同数据库的前提下才能正常工作。在微服务架构中，服务会产生各种不同类型的数据，关系型数据库并不一定是最佳选择，很多微服务都会采用 SQL 和 NoSQL 结合的模式，诸如搜索引擎、图数据库等。NoSQL 数据库大多数并不支持 2PC 和 3PC。

而且，服务在使用锁的过程中，持有锁的时间都是非常短的。但当数据被拆分了，或者在不同的数据库存在重复数据的时候，锁定资源和序列化数据来保证一致性就会变成一个非常昂贵的操作，会给系统的吞吐量以及扩展性带来巨大的负担。

通过以上分析，我们可以看到在微服务架构中已经不适合选择分布式事务。因此，当下主流的分布式应用大都不会锁定被修改的数据，而是采用一种更为松散的方式来维护一致性，也就是所谓的最终一致性（Eventual Consistency）。参考图 8-1 中的业务场景，将下单流程采用最终一致性模型实现是一种扩展性更好的解决方案。基于最终一致性思想，当下单流程中每一步执行的过程中，整个系统会存在一定时间的不一致性。例如，当订单已经被更新，但支付操作还没落地时，系统会暂时性丢失一些支付信息。然而，当所有的步骤都执行完毕，系统会返回一个一致的状态，所有的订单和支付信息都会一一对应。

当然，在概念上说明最终一致性模型很简单，但开发者必须要保证系统最后的一致性。

换言之，无论是所有的步骤全部执行完毕或者是有的步骤发生失败时，必须要保证不会影响系统最终状态的一致性。至于开发者实现最终一致性的方案可以根据不同的业务场景做不同的选择。

8.1.2 分布式事务的实现模式

从前面关于分布式事务基本概念的讨论中，我们实际上已经明确了一点，那就是分布式事务的实现并没有一个统一的标准，而是取决于具体的业务场景。但是，在分布式事务的背后，业界还是诞生了一组非常高效且实用的实现模式。在本节中，将讨论这些分布式事务实现模式。而在此之前，我们需要引出一个新的概念，即补偿模式。

补偿模式（Compensation Pattern）的基本思想在于使用一个独立的补偿服务来协调各个服务。补偿服务按顺序依次调用各个服务，如果某个服务调用失败就对之前所有已经完成的服务数据执行补偿操作。补偿的数据来源于具体业务的操作记录，如库存服务中补偿操作所需的业务数据包括业务流水号、订单信息和库存数据等。而服务在执行补偿操作时需要做业务的检查，比如检查账户是否相等、库存是否一致等。

为了降低开发的复杂性和提高效率，补偿服务通常实现为一个通用的补偿框架。补偿框架提供服务编排和自动完成补偿的能力。而围绕不同的补偿方式也诞生了一组分布式事务的实现模式，常见的包括 TCC 模式、Saga 模式和可靠事件模式。

1. TCC 模式

TCC（Try/Confirm/Cancel，尝试/确认/取消）模式是一种典型的补偿模式，由 Atomikos 公司的创始人提出。在 TCC 模式中，一个完整的 TCC 业务由一个主服务和若干个从服务组成，主服务发起并完成整个业务流程，而从服务则需要按要求实现对应的业务操作，如图 8-7 所示。

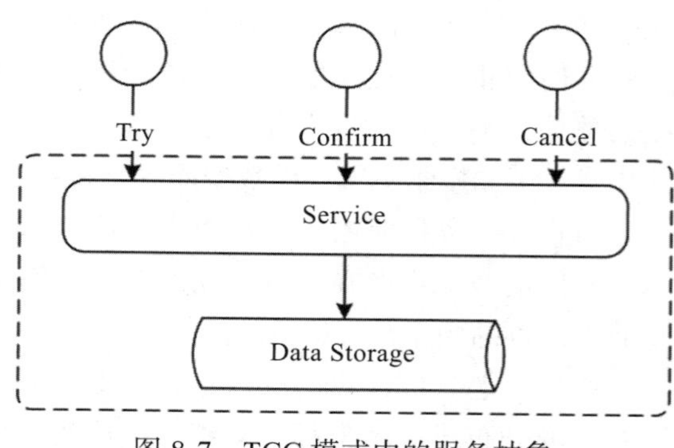

图 8-7 TCC 模式中的服务抽象

从图 8-7 中可以看到，TCC 模式要求从服务提供三个操作，即 Try、Confirm、Cancel。

- Try 操作：完成所有业务规则检查，预留业务资源。
- Confirm 操作：真正执行业务，其自身不进行任何业务检查，只使用 Try 阶段预留的业务资源，同时该操作需要满足幂等性。
- Cancel 操作：释放 Try 阶段预留的业务资源，同样也需要满足幂等性。

下面通过订单系统的示例来进一步理解 TCC 模式的设计思想。订单系统拆分成订单下单和订单支付两个场景，使用 TCC 模式的执行效果如图 8-8 所示。

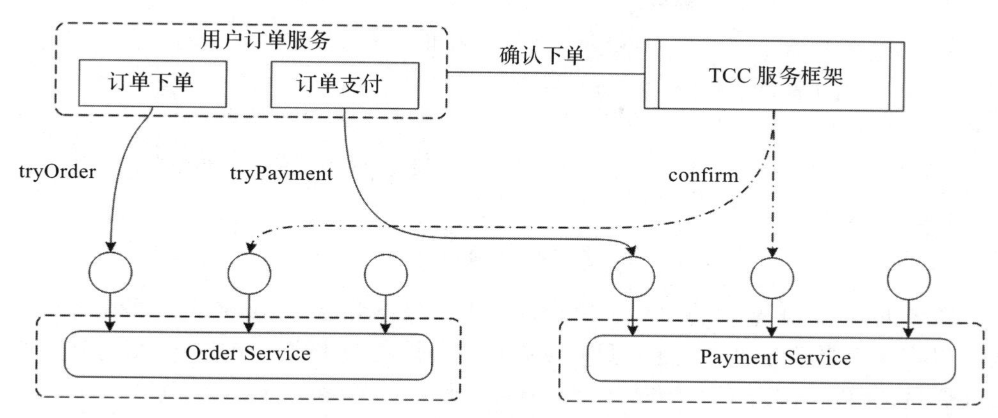

图 8-8　TCC 模式执行效果

- Try 阶段：尝试执行业务。在该阶段中，一方面要完成所有业务检查，如针对该次订单下单操作，需要验证商品的可用性以及用户账户中是否有足够的余额；另一方面也需要预留业务资源，如把用户账户中的部分余额进行冻结用于支付该订单，确保不会出现其他并发线程扣减了账户的余额而导致在后续执行支付操作过程中账户可用余额不够的情况。
- Confirm 阶段：执行业务。在该阶段中真正执行业务，如果 Try 阶段一切正常，则执行下单操作并扣除用户账户中的支付金额。
- Cancel 阶段：取消执行业务。在该阶段中释放 Try 阶段预留的业务资源，如果 Try 阶段部分成功，如商品可用且正常下单，但账户余额不够而冻结失败，则需要对产品下单做取消操作，释放被占用的商品。

在以上流程中，如果订单服务和支付服务中某个服务的 Try 操作失败，那么可以向 TCC 服务框架提交 Cancel 操作，或者什么也不做由该服务自己完成超时处理。需要说明的是，为了保证业务的成功率，Confirm 和 Cancel 操作过程都需要支持重试，这也意味着 Confirm 和 Cancel 的实现必须具有幂等性。

2. Saga 模式

Saga 模式属于一个长事务模式，可以用于控制复杂事务的执行和回滚。Saga 最开始是为了实现长时间的本地事务，现在也用于一些跨越多个数据源的分布式事务。长时间持续的事务无法简单地通过一些典型的 ACID 模型以及使用多段提交配合持有锁的方式来实现。Saga 模式正是用来解决这个问题的，和多段式分布式事务处理不同，Saga 会将工作分成单独的事务，包含正常的操作和回滚的操作。

结合图 8-1 中的业务场景，图 8-9 展示了该场景对应的简单 Saga 模型。用户需要完成订单下单和订单支付功能，如果无法获取全部的信息，那么最好不要执行下单操作。对开发者来说，我们不是将所有的服务都定义为分布式的 ACID 事务，而是把下单行为定义为一个整体，其中包含如何去生成订单以及如何取消订单，对于支付而言也需要提供同样的逻辑。

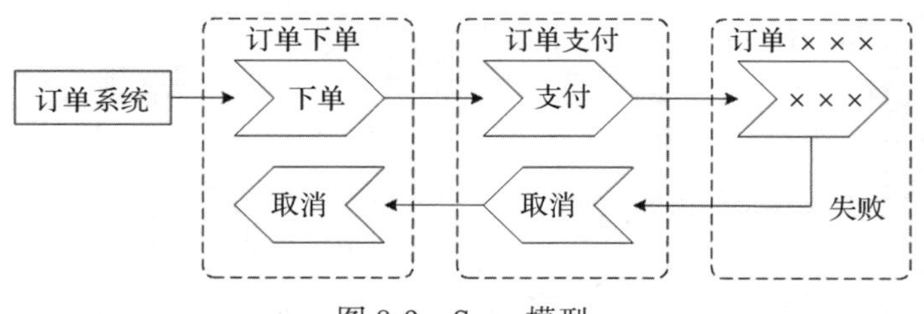

图 8-9　Saga 模型

在图 8-9 中，我们可以将订单下单和订单支付服务组合在一起构成一条服务链。开发者还可以将整个服务链加密，这样只有该服务链的接收者才能够操控这个服务链。当一个服务完成后，会将完成的信息记录到一个集合（比如一个队列）中，之后可以通过这个集合访问到对应的服务。当一个服务失败时，服务本身将清理本地数据并将消息发送给该集合，从而路由到之前执行成功的服务，然后回滚所有的事务。

我们可以根据图 8-9 所示的流程抽象出 Saga 模型的一般表述。在 Saga 事务模型中，一个长事务是由一个预先定义好执行顺序的子事务集合和它们对应的补偿子事务集合组成的。典型的一个完整业务流程由 $T1$，$T2$，…，Tn 等多个业务活动组成，每个业务活动可以是本地操作或者是远程操作，而每个业务活动都有对应的取消活动 $C1$，$C2$，…，Cn。所有的业务活动在 Saga 事务下要么全部成功，要么全部回滚，不存在中间状态。从上述对 Saga 长事务模型的描述来看，我们也可以把它看作一种补偿模式。

对于一个 Saga 链路而言，各个业务活动执行过程中都会依赖于上下文（Context），并提供执行和取消两个入口，可以使用图 8-10 所示模式对 Saga 链路进行抽象和建模。

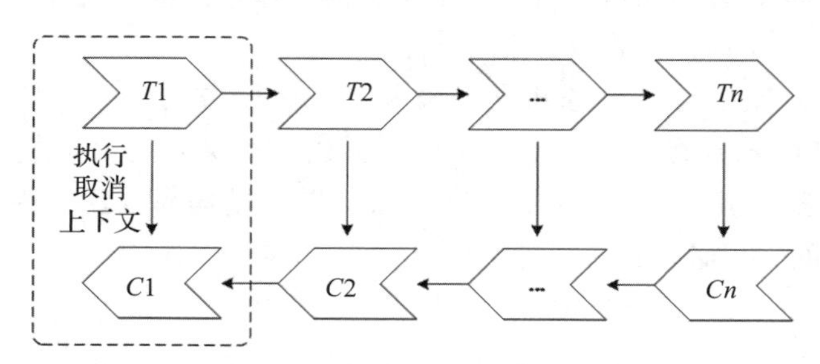

图 8-10　Saga 模式抽象模型

至于如何实现图 8-10 中的模型，我们需要设计一种存储模型来保存执行上下文，并通过该存储模型来索引到对应的服务。存储模型中包含了两个内部结构，一个是完成的任务，一个是等待执行的任务。如果成功就会将任务向前执行，如果失败就会向后执行。

为了实现 Saga 模型，每个业务活动都是一个原子操作，而且需要每个业务活动均提供确认和取消操作，当任何一个业务活动发生错误时，按照逆向顺序实时执行取消操作，从而实现事务回滚。如果回滚失败，需要记录失败事务日志，通过重试策略进行重试。重试依然失败的场景，提供定时服务，对回滚失败的业务进行定时修正；针对定时修正依然失败的业务，就只能等待最后的人工干预方式进行最后的修正了。这些实现上的详细策略与补偿模式完全一致。

3. 可靠事件模式

在可靠事件模式中，当我们尝试将订单下单和订单支付两个微服务进行分别管理的时候，需要找到一种媒介用于在这两个服务之间进行数据传递。一般而言，诸如本书第 7 章介绍的消息中间件适合扮演数据传递媒介的角色。引入消息中间件之后的下单操作流程可以拆分成如下三个步骤。

（1）用户下单

当用户使用订单服务下单时，一方面，订单服务需要对所产生的订单数据进行持久化操作，另一方面，它也需要同时发送一条创建订单消息到消息中间件，如图 8-11 所示。

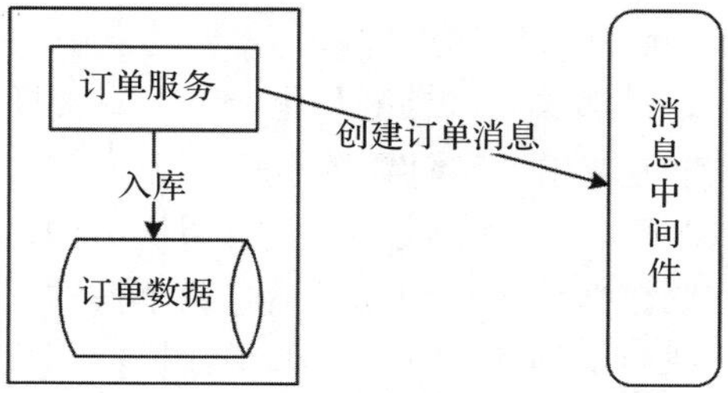

图 8-11　订单服务发送创建订单消息到消息中间件

（2）交易支付

如图 8-12 所示，当消息中间件接收到订单创建消息，就会把该消息发送到支付服务。支付服务接收到创建订单消息之后，同样针对该消息进行业务处理并持久化。当所有关于支付相关的业务逻辑执行完成之后，支付服务需要向消息中间件发送一条支付成功消息。

（3）订单更新

如图 8-13 所示，支付成功消息通过消息中间件传递到订单服务时，订单服务根据支付的结果处理后续业务流程，一般会涉及订单状态的更新、向用户发送通知等内容。

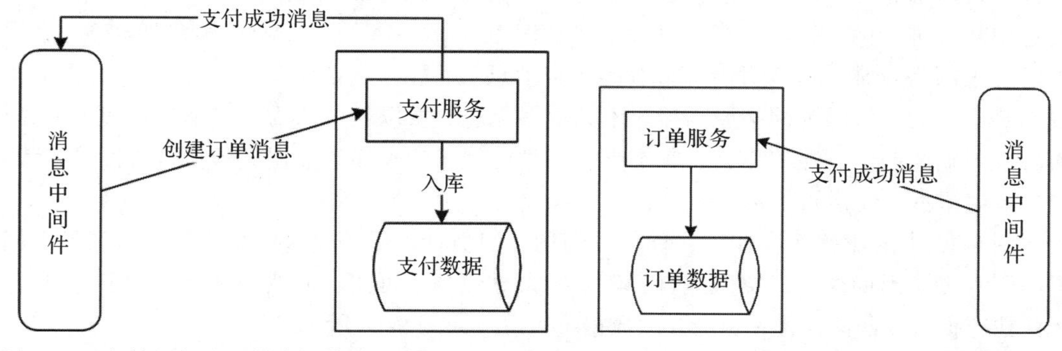

图 8-12　支付服务处理创建订单消息并返回处理结果　　图 8-13　订单服务消费支付成功消息

图 8-11、图 8-12 和图 8-13 展示了基于消息传递所形成的订单服务与支付服务之间的闭环管理。在正常情况下，该流程能够满足业务需求。但我们仔细分析整个过程，不难发现可能存在如下问题。

- 某个服务在更新了业务实体后发布消息失败。
- 虽然服务发布事件成功，但是消息中间件未能正确推送事件到订阅的服务。
- 接受事件的服务重复消费事件。

这三个问题的最后一个，即重复消费场景，一般的处理方法是由业务代码控制幂等性，例如在支付服务中传入一个订单时，可以通过判断该订单所对应的唯一 Id 是否已经处理的方式避免对其再次处理。而前两个问题概括起来就是要解决消息传递的可靠性问题，这是通过可靠事件模式实现数据最终一致性的关键点，也是该模式的名称由来。

要做到可靠消息传递，需要消息中间件确保至少投递一次消息。幸好，目前主流的消息中间件都支持消息持久化和至少一次投递的功能。那么如何原子性地完成业务操作和发布消息就变成了我们需要考虑的问题。

在图 8-11 中，我们看到订单服务同时需要处理订单数据持久化和发送消息两个操作，这就需要考虑两个场景：其一，如果数据持久化操作失败，显然消息就不应该被发送；其二，如果数据持久化操作成功，但消息发送失败，那么已经被持久化的数据就需要回滚到初始状态。这两种场景对应的基本实现流程如图 8-14 所示。

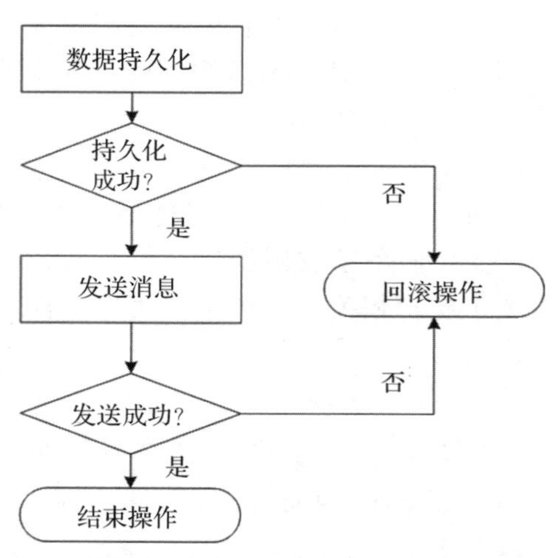

图 8-14　订单服务业务场景基本实现流程

图 8-14 中的流程看似逻辑严密，但在运行过程中，我们需要考虑可能会出现的很多意想不到的场景。比较典型的还是分布式环境下所固有的网络通信异常问题。例如，当订单服务向消息中间件中投递消息时，因为消息投递的过程需要与消息中间件进行网络通信，当消息投递成功但返回时发生网络异常，这样对于订单服务而言消息投递是成功的，但因为网络原因接收不到返回消息，所以就会认为本次消息投递失败，从而触发数据库回滚。显然，这种状态下，消息已经成功投递但数据库却执行了回滚，势必会导致数据不一致，如图 8-15 所示。

图 8-15 中的流程还存在另一种场景问题，即当订单服务投递消息之后等待消息返回，但当消息真正返回时，订单服务自身发生错误导致其不可用。显然，这种场景下订单服务无法执行提交或回滚操作，也会导致数据不一致，如图 8-16 所示。

可靠事件模式对以上场景的解决方案就是使用一个事件表。微服务在进行业务操作时需要将业务数据和事件保存在同一个本地事务中，由本地事务保证更新业务和发布事件的原子性。我们可以自己实现这样一套事件表机制，而诸如 RocketMQ 这样强大的消息中间件也专门提供了“事务消息”功能，用来简化可靠事件模式的实现过程。

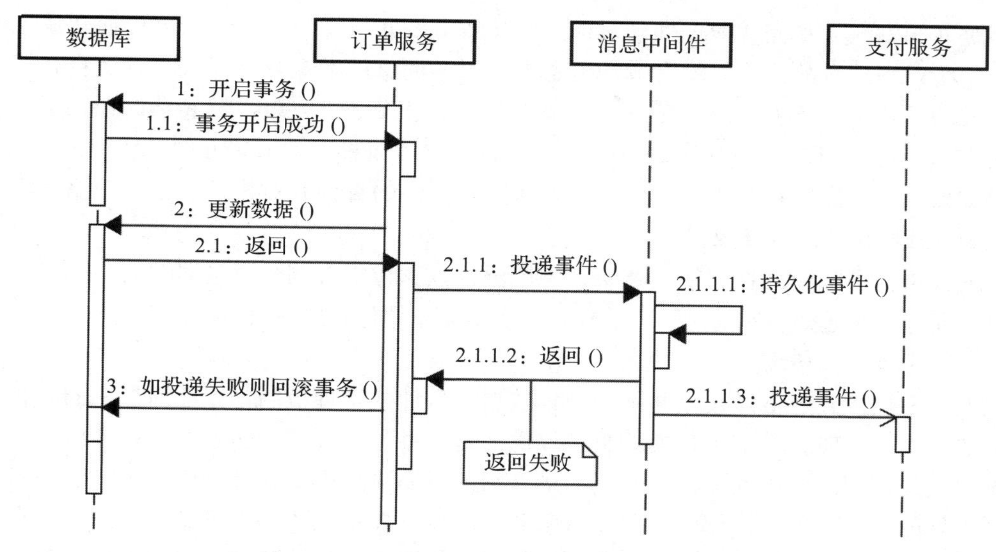

图 8-15　网络通信异常引起数据不一致场景

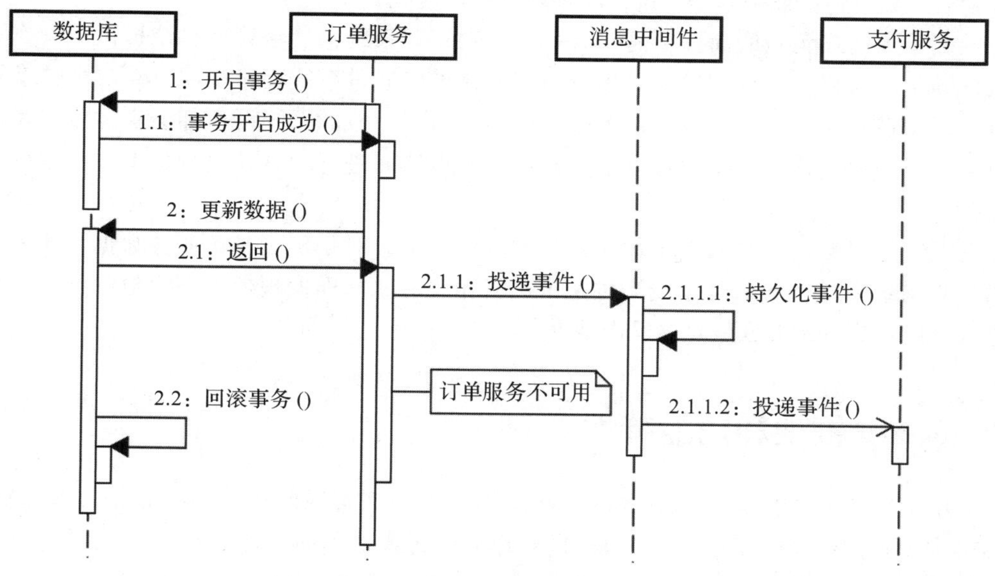

图 8-16　服务不可用导致数据不一致场景

4. 其他模式

除了 TCC、Saga 和可靠事件这几种主流的分布式事务实现模式之外，我们还可以使用最大努力通知模式和人工干预模式来确保数据一致性。

（1）最大努力通知模式

与补偿模式不同，最大努力通知模式本质上是一种通知类的实现方案，该模式的基本思路是通知发送方在完成业务处理后向通知接收方发送通知消息。因为这种通知消息允许丢失，所以当消息的接收方没有成功消费消息时，消息的发送方需要重复发送直到消费者消费成功或达到某种发送终止条件。一般而言，消息发送方可以设置复杂的通知规则，如采用 15s、3min、10min、30min、1h、2h、6h、15h 等阶梯式的通知方式。另外，在最大努力通知模式中，通知接收方也可以使用发送方所提供的查询和对账接口获取数据，用于恢复通知失败所导致的业务数据。

最大努力通知模式在通知类场景应用广泛，以支付宝为例，通过回调商户提供的回调接口，通过多次通知、查询对账等手段完成交易业务平台间的商户通知。

（2）人工干预模式

人工干预模式严格意义上并不是一种数据一致性的实现机制，当前面介绍的各种模式都无法满足需要时，人工干预模式更多提供的是一种替代方案。如果有些业务由于瞬时的网络故障或调用超时等问题，通过上文所介绍的可靠事件模式、补偿模式等方法一般都能得到很好的解决。但是系统中的很多微服务有时候需要依赖于外部系统的可用性，在一些重要的业务场景下还需要通过人工干预的方式来保证真正的一致性。典型的场景就是支付服务和第三方支付宝或微信等系统之间定期对账的过程。

人工干预模式实施的前提是需要有一个后台管理系统，后台管理系统提供了操作不一致数据的基本入口。对支付异常等场景而言，还可以通过系统程序实现自动或半自动管理机制，因为在支付不成功的场景，考虑到用户体验，一般的系统设计都会实时或定时地将支付金额返回给用户。在这种场景下，通过人工审核而进行的自动退款等操作都是可行的方案。

周期性的对账机制是人工干预模式最常见的需求，对账机制基于业务数据，业务双方根据各自系统内所生成的订单或支付记录进行相互对比从而发现数据不一致的情况，然后通过线下付款等方式形成一致的操作结果。

8.2 Seata 框架和功能特性

从本节开始，我们将引入具体的分布式事务框架来实现前面提到的分布式事务模式。在本书中，我们选择阿里巴巴的 Seata 框架作为分布式事务的实现框架。Seata 是一款开源的分布式事务解决方案，提供了 AT、TCC、Saga 和 XA 四种分布式事务模式。

8.2.1 Seata 整体架构与角色

与 XA 规范不同，Seata 框架中的分布式事务包含三种角色，除了 XA 中同样具备的 Transaction Manager 和 Resource Manager 之外，还存在一个事务协调器（Transaction Coordinator，TC），专门用来维护全局事务的运行状态，负责协调并驱动全局事务的提交或回滚。Seata 框架的整体架构如图 8-17 所示。

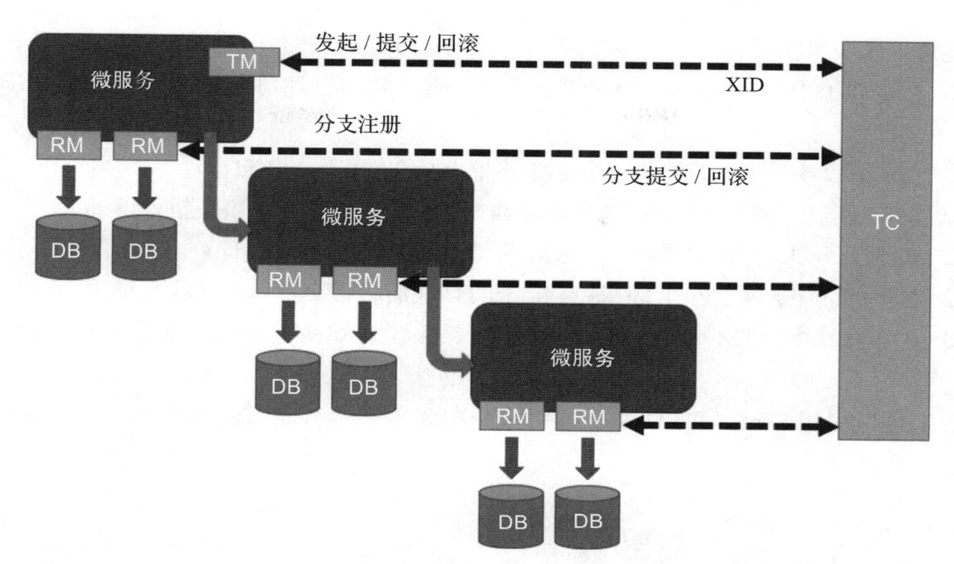

图 8-17　Seata 整体架构（来自 Seata 官方网站）

我们基于图 8-17 对 Seata 框架的三大角色进行进一步介绍。

- TM（Transaction Manager）：事务管理器，全局事务的管理者，或者说是全局事务的发起方和终结者。
- RM（Resource Manager）：资源管理器，负责分支事务（即本地事务）的注册、提交和回滚。
- TC（Transaction Coordinator）：事务协调器，全局事务的协调者，TM 和 RM 启动时要向 TC 注册。

明确了 Seata 框架的三大角色，我们通过简单示例进一步来分析这些角色之间的交互关系，如图 8-18 所示。

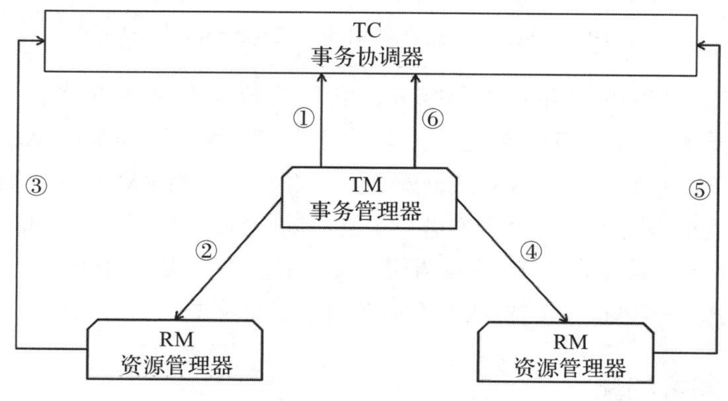

图 8-18　Seata 角色及其交互关系

在图 8-18 中，我们实现了两个 RM。基于这两个 RM 以及 TC、TM 之间的交互关系，我们梳理了 6 个步骤。

- 在步骤①中，TM 向 TC 申请开启全局事务，将自己注册到 TC 中并接收 TC 返回的 Xid。
- 在步骤②中，TM 调用第一个 RM 并带上从 TC 获取的 Xid。
- 在步骤③中，第一个 RM 携带 Xid 向 TC 注册，提交本地事务执行结果。
- 在步骤④中，TM 调用第二个 RM 并带上从 TC 获取的 Xid。
- 在步骤⑤中，第二个 RM 携带 Xid 向 TC 注册，提交本地事务执行结果。
- 在步骤⑥中，TM 向 TC 提交整体执行结果，通知两个 RM 控制本地事务的提交或回退。

我们可以引用 Seata 官方网站上的一张分布式事务运行时示例来加深对上述步骤的理解，如图 8-19 所示。

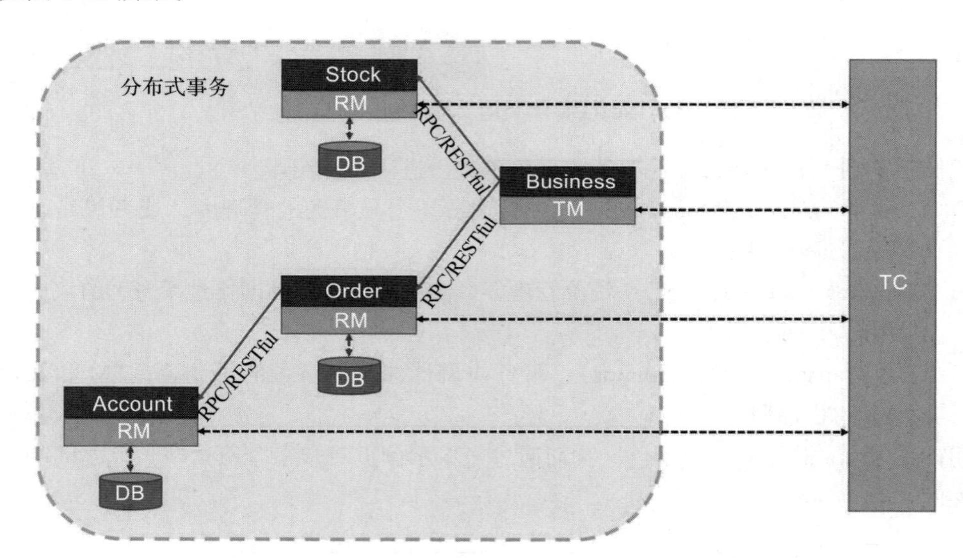

图 8-19　Seata 分布式事务示例（来自 Seata 官方网站）

可以看到，在图 8-19 中存在 4 个服务，它们构成了分布式事务的操作边界。其中 Business 服务自身不包含任何业务逻辑，只是充当 TM 角色。Order、Account 和 Stock 服务都是业务微服务，它们都有自身的数据库和业务逻辑，充当 RM 角色。而 TC 是一个单独的服务器组件，负责与所有这 4 个服务进行交互。我们注意到这里的 Order 服务由 Business 服务发起调用，而该服务自身又可以调用 Account 服务，从而形成一个服务调用链路。Seata 框架能够确保一个调用链路中的所有服务都支持分布式事务。

8.2.2　Seata 部署和配置

介绍完 Seata 的整体架构、角色及其交互逻辑，接下来就到了操作时间了。在本节中，我们将完成 Seata 框架的部署，以及各个微服务与 Seata 之间的集成。

1. Seata 部署

通过前面内容的介绍，我们已经明确 TC 是一个独立的服务器组件，也就是说我们首先需要部署 Seata 服务本身。Seata 的部署架构如图 8-20 所示。

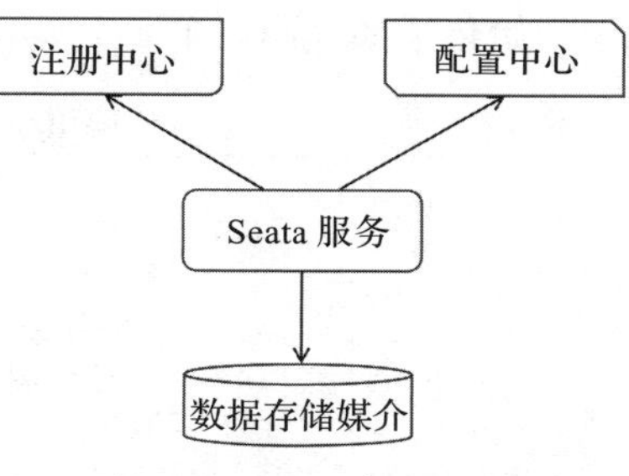

图 8-20　Seata 部署架构

Seata 本身也是一个微服务，也需要与系统中的其他微服务进行交互，因此依赖于服务注册和发现机制，所以 Seata 部署的第一步是集成注册中心。Seata 支持的注册中心非常多，包括 nacos、eureka、redis、zk、consul、etcd3 和 sofa 等。

另外，Seata 的运行依赖多种配置信息，通常我们会将这些配置信息保存在配置中心中，所以我们也需要完成 Seata 和配置中心的集成。Seata 支持的配置中心包括 nacos、consul、apollo、zk 和 etcd3 等。

最后，Seata 框架的运行依赖于数据持久化，Seata 需要使用数据存储媒介来保存运行时信息。Seata 支持的数据存储媒介包括 file、db 和 redis。

以上关于注册中心、配置中心和数据存储媒介的配置内容都位于 Seata 框架 conf 目录下的 application.yml 配置文件中，我们可以根据需要完成对应配置项的设置。这里给出一个配置示例，如代码清单 8-2 所示。

代码清单 8-2　Seata 配置项代码

```
server:
    port: 7091

spring:
    application:
        name: seata-server

console:
    user:
        username: seata
        password: seata

seata:
    config:
        # support: nacos, consul, apollo, zk, etcd3
        type: nacos
    registry:
        # support: nacos, eureka, redis, zk, consul, etcd3, sofa
        type: nacos
    store:
        # support: file 、db 、redis
        mode: file
```

可以看到，在这个配置示例中我们使用 Nacos 作为注册中心和配置中心，同时使用文件作为 Seata 运行时数据的存储媒介。

代码清单 8-2 所示的配置是启动 Nacos 的最简配置，其背后大量使用了配置项默认值来完成 Seata 与其他组件之间的集成。例如对于注册中心和配置中心而言，相当于 Seata 框架初始化了如代码清单 8-3 所示的配置内容。

代码清单 8-3　Seata 注册中心和配置中心配置代码

```
registry: #Seata 注册中心
    type: nacos
    nacos:
        server-addr: localhost:8848
        application: seata-server
        group: SEATA_GROUP
config: #Seata 配置中心
    type: nacos
    nacos:
        server-addr: localhost:8848
        group: SEATA_GROUP
```

2. Seata 集成

搭建完 Seata 服务器组件之后，接下来我们就可以实现各个微服务与服务器之间的集成。从这个角度讲，各个微服务都是 Seata 框架的客户端。在每个客户端中，我们同样需要添加一组配置项来实现两者之间的正常交互，示例配置如代码清单 8-4 所示。

代码清单 8-4　微服务与 Seata 集成配置代码

```
seata:
    application-id: ${spring.application.name}
    # 自定义事务分组
    tx-service-group: business-service-group
    service:
        vgroupMapping:
            #Seata 服务集群名
            business-service-group: default
    registry:
        type: nacos
        nacos:
            server-addr: localhost:8848
            application: seata-server
            group: SEATA_GROUP
    config:
        type: nacos
        nacos:
            server-addr: localhost:8848
            group: SEATA_GROUP
```

在代码清单 8-4 中的配置项中，除了注册中心和配置中心的常规配置之外，我们还需要指定 application-id，该配置项代表当前应用的名称，需要确保唯一性。一般而言，我们直接使用当前服务的服务名称即可。

然后，我们注意到这里出现了一个 tx-service-group 配置项，该配置项代表 Seata 中的事务分组。事务分组是 Seata 中的资源逻辑，可以根据需要在客户端中自行定义事务分组并命名。在上述示例中，我们使用 business-service-group 这个命名，你也可以根据需要创建任何你认为合适的名称。

同时，集群模式下 Seata 服务端由一个或多个节点组成。Seata 客户端在使用时需要指定事务分组与 Seata 服务端集群的映射关系。默认情况下 Seata 服务端集群的名称为 default，所以在上述配置中我们通过 service.vgroupMapping.business-service-group:default 完成了映射关系的配置。注意这里的分组名称需要与 tx-service-group 配置项中的名称保持一致，在这个示例中这个名称为 business-service-group。

当然，如果你想调整这个默认的集群名称，可以在 Seata 的配置文件中进行指定，如代码清单 8-5 所示。

代码清单 8-5　Seata 集群名称配置代码

```
registry:
    nacos:
        application: seata-server
        server-addr: 127.0.0.1:8848
        group: SEATA_GROUP
        cluster: my_cluster
```

讲到这里，你可能会问 Seata 为什么不直接取服务名作为分组名称，而要专门引入分组和集群之间的映射关系？这是因为采用事务分组可以作为资源的逻辑隔离单位，出现某集群故障时可以快速采用 Failover 策略实现实例切换，从而确保把故障控制在服务级别。

8.3　使用 Seata 实现 AT 模式

从本节开始，我们将对 Seata 框架所提供的各种分布式事务实现模式展开讨论。首先，我们来看一下 AT 模式。请注意，AT 模式并不是分布式事务实现的通用模式，而是 Seata 框架自己设计并实现的一种内置模式。

8.3.1　AT 模式结构

AT（Auto Transaction）模式是一种自动型的分布式事务模式，是 Seata 最常见的使用模式。它的自动性体现在零代码侵入性，即开发人员不需要实现专门的事务处理代码，只需要使用一个事务注解即可，这个事务注解就是 @GlobalTransactional 注解，我们会在后续内容中介绍该注解的使用方法。

AT 模式也是一个典型的二阶段提交模式，它的执行过程如图 8-21 所示。

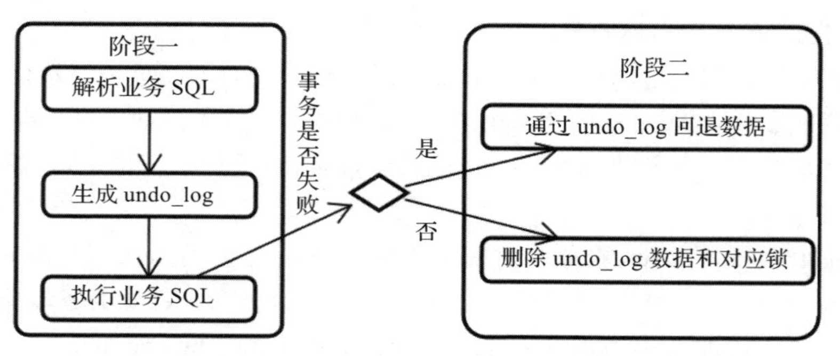

图 8-21　Seata AT 模式执行过程

图 8-21 中，我们在第一个阶段完成了业务 SQL 的解析和执行，但中间多了一个步骤，即生成 undo_log。在 AT 模式中，需要在参与全局事务的数据库中，添加一个 undo_log 表，该表的定义如代码清单 8-6 所示。

代码清单 8-6　undo_log 表 SQL 定义代码

```
CREATE TABLE `undo_log`  (
    `branch_id` bigint(20) NOT NULL COMMENT '分支事务 ID',
    `xid` varchar(100) CHARACTER SET utf8 COLLATE utf8_general_ci NOT NULL
       COMMENT '全局事务 ID',
    `context` varchar(128) CHARACTER SET utf8 COLLATE utf8_general_ci NOT NULL
       COMMENT '上下文',
    `rollback_info` longblob NOT NULL COMMENT '回滚信息',
    `log_status` int(11) NOT NULL COMMENT '状态，0 正常，1 全局已完成',
    `log_created` datetime(6) NOT NULL COMMENT '创建时间',
    `log_modified` datetime(6) NOT NULL COMMENT '修改时间',
    UNIQUE INDEX `ux_undo_log`(`xid`, `branch_id`) USING BTREE
) ENGINE = InnoDB CHARACTER SET = utf8;
```

下面通过表 8-1 对上述 DDL SQL 中的字段进行一一解释。这些字段中最重要的是 rollback_info，该字段保存着数据库某条数据修改前及修改后的数据状态。

表 8-1　undo_log 表字段列表

字段名	说明
branch_id	分支事务 ID，比如：99302990136558270
xid	全局事务 ID，例如：192.168.58.1:8091:99302990136558268（Seata 服务端地址 + ID）
context	回滚信息序列化和压缩格式，例如：serializer=fastjson&compressorType=NONE 表示使用 fastjson 序列化，没有采用压缩
rollback_info	回滚信息
log_status	日志状态，0 正常，1 全局已完成
log_created	创建时间
log_modified	修改时间

回到图 8-21，我们根据事务执行是否成功来对 undo_log 进行处理。如果事务执行失败，那么就可以根据 undo_log 回退数据；而如果事务执行成功，则会删除 undo_log 数据和对应锁。

这里提到了一个与事务紧密相关的概念，即锁。Seata AT 模式里面的全局锁其实是行锁，这也是 AT 模式和 XA 模式在锁粒度上的最大区别。我们先来看看普通行锁的执行效果，如图 8-22 所示。

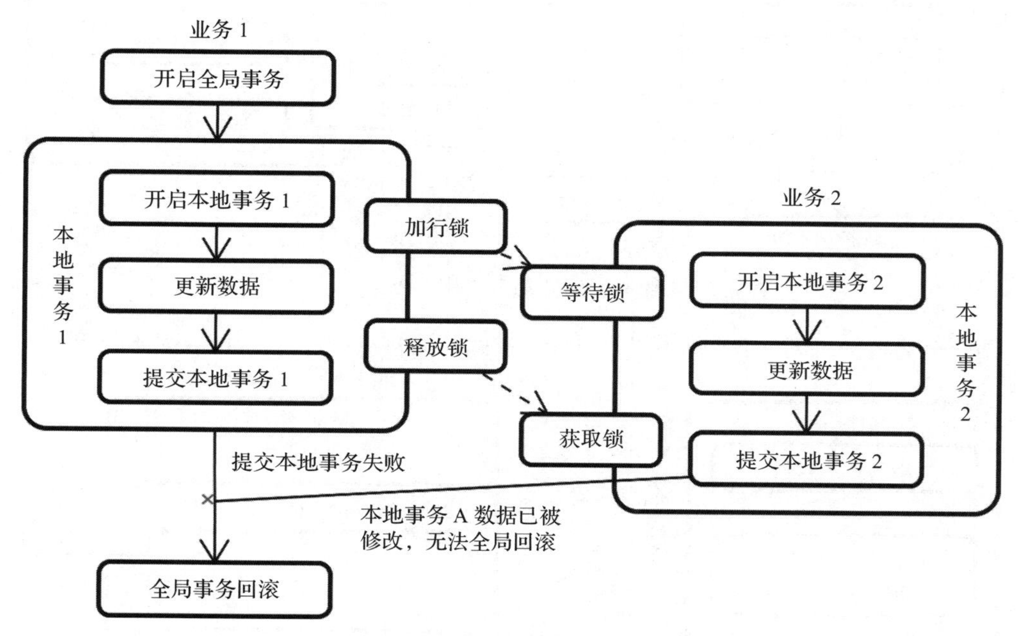

图 8-22　普通行锁执行效果

为了解释图 8-22 中的执行效果，我们假设存在如代码清单 8-7 所示的操作过程。

代码清单 8-7　业务操作示例代码

```
业务 1 执行
    update table1 value1=30
    where value1=20 and name=1;

业务 2 执行
    update table1 value1=25 where name=1;

业务 1 回滚
    找不到value1=20 and name=1的数据
```

不难看出，普通行锁存在的问题是会导致没有找到原始的行数据，从而造成回滚事务失败。为了解决这一问题，AT 模式采用的是全局行锁机制。全局行锁的执行效果如图 8-23 所示。

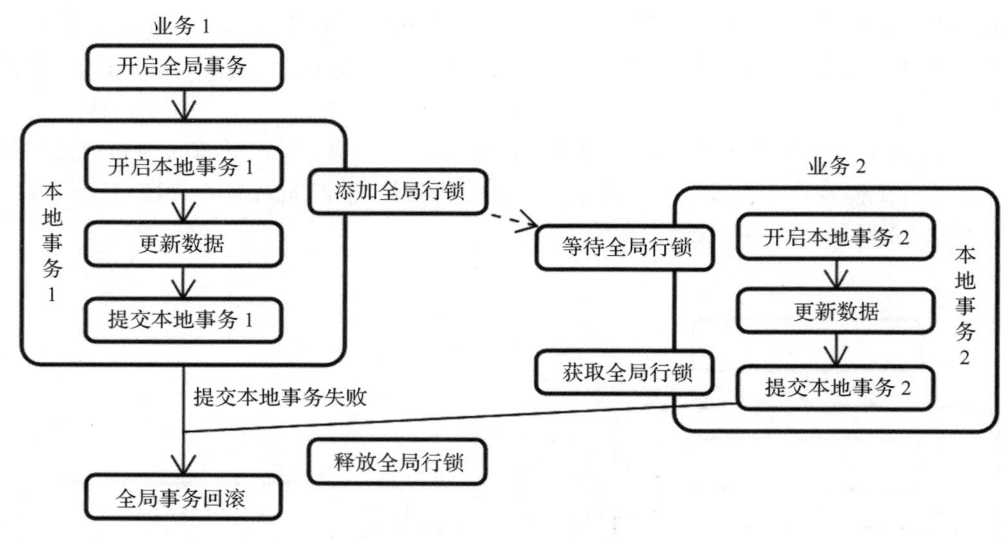

图8-23　全局行锁执行效果

结合全局行锁机制，我们进一步得出AT模式的完整执行过程，如图8-24所示。

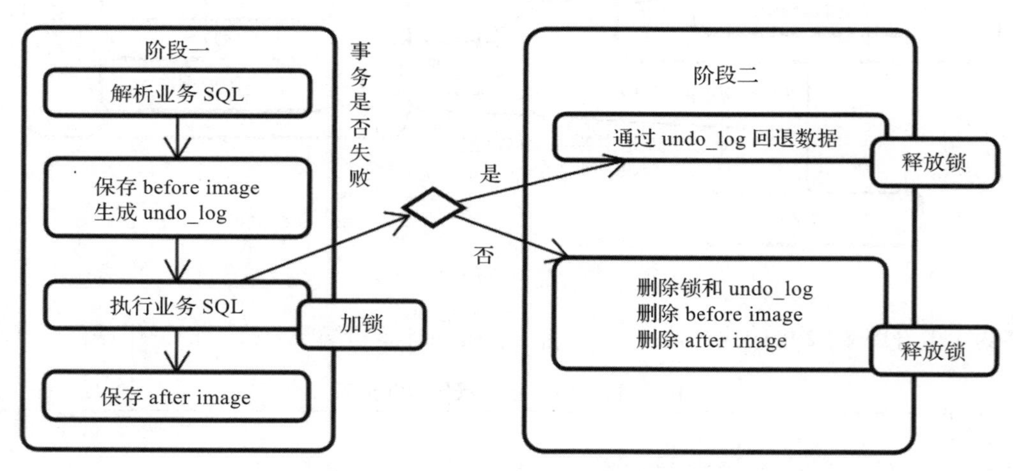

图8-24　Seata AT模式完整执行过程

在阶段一中，Seata会拦截业务SQL，解析SQL语义并找到业务SQL要更新的业务数据。在业务数据被更新前，将其保存为before image并生成undo_log，然后执行业务SQL更新业务数据。这个过程会生成事务行锁信息并向TC申请持有锁。而在业务数据更新之后，再将其读出并保存为after image。以上操作全部在一个数据库事务内完成，这样保证了阶段一操作的原子性。

在阶段二中，我们考虑需要执行的是提交操作。因为业务SQL在阶段一已经提交至数据库，所以Seata只需要释放阶段一的事务行锁，再将对应的before image数据和after image 数据清理即可。

阶段二如果需要执行的是回滚操作，Seata 就需要回滚阶段一已经执行的业务 SQL，还原业务数据。回滚方式便是采用 undo_log 来还原业务数据。通常在还原前要首先校验脏写，对比数据库当前业务数据和 after image，如果两份数据完全一致就说明没有脏写，可以还原业务数据；如果不一致就说明有脏写，出现脏写就需要转人工处理。

通过以上描述，我们不难理解所谓 before image 指的就是本地事务未开始之前查询出来的原数据的快照，通过 before image 可以反向生成回滚 SQL 并保存到 undo_log 中。而 after image 则是指本地事务执行完后生成的事务后的数据快照。

请注意，图 8-24 所示的阶段一、阶段二的提交以及 undo_log 的管理都是由 Seata 自动完成的，并不需要开发人员进行代码实现，体现了它的代码无侵入性。这就是自动事务概念的由来。

8.3.2 Seata AT 开发模式

Seata AT 开发模式是所有模式中实现最简单的一种，我们只需要引入如代码清单 8-8 所示的 @GlobalTransactional 注解即可。

代码清单 8-8 @GlobalTransactional 注解基本使用代码

```
@GlobalTransactional(name = "XXX", rollbackFor = Exception.class)
```

当使用 @GlobalTransactional 注解时，我们只需要在全局事务开始的地方把这个注解添加上去即可，并不需要在每个分支事务中都声明它。我们可以为全局事务取一个有意义的名称，并通过 rollbackFor 配置项对所需要回滚的异常类型进行指定。@GlobalTransactional 的使用场景和示例如代码清单 8-9 所示。

代码清单 8-9 @GlobalTransactional 使用场景和示例代码

```
@Service
public class BusinessService {
    @GlobalTransactional(name = "XXX", rollbackFor = Exception.class)
    public void submitOrder(...) {
        //下订单
        orderService.createOrder(...);

        //扣库存
        inventoryService.reduceInventory(...);
    }
}
```

可以看到这里出现了两个微服务，即代表订单服务的 OrderService 和代表库存服务的 InventoryService。我们知道在提交订单时需要确保订单数据和库存数据之间的一致性，为此我们设计了 BusinessService 并把它的 submitOrder 方法作为业务访问入口，也就是全局事务的启动方法。基于 @GlobalTransactional 注解，一旦系统发生 rollbackFor 配置项指定的异常，就会自动触发全局事务回滚操作，开发人员不需要执行任何事务处理操作。

请注意，AT 模式的实现原理是对数据源执行的代理，所以我们必须在客户端的配置信息中添加 enable-auto-data-source-proxy: true 这一配置项，确保正常启用了数据源代理机制，如代码清单 8-10 所示。

代码清单 8-10 AT 模式下的 Seata 集成配置代码

```
seata:
    //该配置项必须设置为true
    enable-auto-data-source-proxy: true
    application-id: ${spring.application.name}
    #自定义事务分组
    tx-service-group: business-service-group
    service:
        vgroupMapping:
            #Seata服务集群名
            business-service-group: default
```

8.4 使用 Seata 实现 TCC 模式

TCC 模式是一种典型的补偿模式。在 TCC 模式中，每个业务服务需要实现三个操作，即 Try、Confirm 和 Cancel。我们已经在 8.1 节中对 TCC 模式的基本概念做了阐述，在本节中，我们将基于 Seata 框架详细讨论该模式的实现过程。

8.4.1 Seata TCC 开发模式

TCC 是一个相对复杂的分布式事务模式。为了加深对该模式的理解，这里我们再通过一个订单处理场景来分析 TCC 模式的实现过程。我们知道在 TCC 模式中，Try 接口的作用是完成所有业务规则检查，预留业务资源。这里就衍生出三个问题。

- 资源是什么？资源是发生业务状态变化的对象，例如订单会新增，库存会扣减。
- 业务检查是什么？对于订单新增操作，我们不需要检查。但是对于库存扣减，我们需要判断库存是否足够。
- 如何预留资源？对于订单新增操作，我们需要确保新增但不生效，通常可以通过设置合理的状态来实现这一目标。而对于库存扣减操作，我们则需要对要扣减的库存进行冻结。

现在我们已经预留了资源，下一步就是执行 Confirm 操作。这时候需要将订单更新为已生效的状态，暴露给前端。而对于库存操作而言则将冻结的库存取消冻结，并完成正式扣减。类似地，Cancel 操作的实现过程也很简单，对于订单操作，我们需要将订单更新为已失效的状态。而对于库存操作，则需要取消冻结的库存。图 8-25 展示了不同操作下对应的数据变化过程。

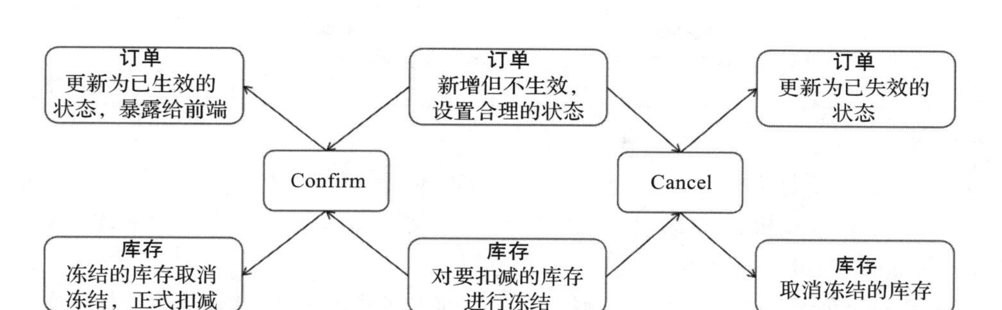

图 8-25　TCC 模式下的数据变化过程

从图 8-25 中，我们不难看出 TCC 模式也是一种很典型的二阶段提交模式。当我们采用 Seata 框架来实现 TCC 模式时，整体工作流程如图 8-26 所示。

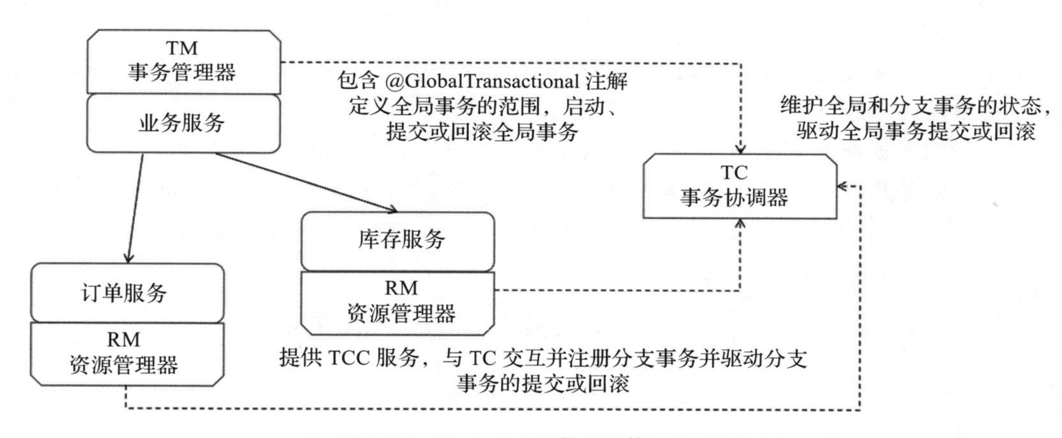

图 8-26　Seata TCC 模式整体工作流程

从图 8-26 中，我们不难理解 TM、RM 和 TC 的交互过程。但是，TCC 不是一个像 AT 模式那样能够自动实现分布式事务的模式，而是需要开发人员编写大量的业务代码来控制事务处理的细节。为了实现 TCC 模式，Seata 框架专门提供了一组注解以便简化开发过程。

按照 Seata TCC 模式的开发约定，针对每一个业务操作，我们需要定义一个 Action 接口来包含 TCC 模式的 3 个操作，示例代码如代码清单 8-11 所示。

代码清单 8-11　Action 接口定义示例代码

```
@LocalTCC
public interface CreateOrderTccAction {
    @TwoPhaseBusinessAction(name = "TccAction" , commitMethod = "commit",
        rollbackMethod = "rollback")
    boolean prepare(BusinessActionContext actionContext, @BusinessActionContext
        Parameter(paramName = "param") String param) throws BizException;

    boolean commit(BusinessActionContext actionContext);
```

```
    boolean rollback(BusinessActionContext actionContext);
}
```

注意到这里出现了三个新的注解。

- @LocalTCC 注解：用来修饰实现了二阶段提交的本地 TCC 接口，该接口需要包含 Try、Confirm 和 Cancel 三个操作的定义。在上述示例中，我们分别使用 prepare、commit 和 rollback 来命名这三个操作。
- @TwoPhaseBusinessAction 注解：标识当前方法使用 TCC 模式管理事务提交。该注解作用于 Try 操作，并需要指定对应的 Confirm 操作和 Cancel 操作的名称。
- @BusinessActionContextParameter 注解：用来在上下文中传递参数。这里出现了一个 BusinessActionContext 类，该类代表的是一种上下文对象，我们可以通过 @BusinessActionContextParameter 注解在该上下文对象中传递你想要传递的任何业务数据。

基于这三个注解我们就可以成功创建一个 Action 接口，该接口的创建方法都比较固化，我们直接模仿代码清单 8-11 中的示例即可。

一旦我们根据业务需求构建了一组 Action 接口，接下来就可以把它们组合在一起形成一个分布式事务处理场景。例如，假设我们创建了用于订单处理的 CreateOrderTccAction 接口以及用于库存处理的 ReduceInventoryTccAction 接口，那么就可以实现如代码清单 8-12 所示的业务服务 BusinessService。

代码清单 8-12　TCC 模式下的 BusinessService 示例代码

```
@Service
public class BusinessService {
    @Autowired
    private CreateOrderTccAction createOrderTccAction;

    @Autowired
    private ReduceInventoryTccAction reduceInventoryTccAction;

    @GlobalTransactional
    public void businessFlow(...) {
        //创建订单
        CreateOrderReq createOrderReq = ...;
        createOrderTccAction.prepare(null, JSON.toJSONString(createOrderReq));

        //扣减库存
        ReduceInventoryReq reduceInventoryReq = ...;
        reduceInventoryTccAction.prepare(null, JSON.toJSONString(reduceInventoryReq));
    }
}
```

请注意，我们同样需要在分布式事务的入口方法 businessFlow 上添加 @GlobalTransactional 注解，这点是使用 Seata 框架时必不可少的一个步骤。

8.4.2　TCC 异常情况及其处理方案

TCC 模式虽然看起来并不复杂，但由于所有 Try、Confirm 和 Cancel 操作都是需要开发人员手工实现的，所以会有很多不确定性。TCC 模式的实现难度在于应对网络不可用或时延等不可控的异常情况，主要包括空回滚、倒悬和幂等性。

什么是空回滚？所谓的空回滚，是指在没有执行 Try 操作的情况下，TC 下发了回滚指令从而提前触发 Cancel 逻辑。具体来说就是 Try 操作因为网络问题导致锁定资源超时，然后 TM 就会判定全局事务回滚，最终导致 TC 端向各个分支事务发送 Cancel 指令。为了应对空回滚，常见策略是引入独立的事务控制表，在 Try 阶段中将全局事务 Xid 和分支事务 Id 落表保存。事务控制表的创建 SQL 如代码清单 8-13 所示。

代码清单 8-13　事务控制表 SQL 定义代码

```
CREATE TABLE `transaction` (
    `id` bigint(20) NOT NULL AUTO_INCREMENT COMMENT '主键',
    `xid` varchar(64) DEFAULT NULL COMMENT 'xid',
    `branch_id` bigint(20) NOT NULL COMMENT 'branchId',
    `data` text NOT NULL COMMENT '事务数据',
    `gmt_create` datetime NOT NULL DEFAULT CURRENT_TIMESTAMP COMMENT '创建时间',
    `gmt_modified` datetime NOT NULL DEFAULT CURRENT_TIMESTAMP COMMENT '修改时间',
    PRIMARY KEY (`id`)
) ENGINE=InnoDB DEFAULT CHARSET=utf8 COMMENT='事务记录表'
```

注意到在代码清单 8-13 中所示的 SQL 中，通过 xid 和 branch_id 的组合来确定唯一一条事务执行记录。如果通过这两个字段查不到事务控制记录，那么就说明 Try 阶段未被执行，也就是说我们可以判断这是一种空回滚异常。一旦明确已经触发空回滚，那么就可以执行对应的处理逻辑。请注意，在很多场景下，空回滚并不一定是不允许的。

TCC 执行的另一个常见异常是倒悬。倒悬又被叫作悬挂，它是指 TCC 三个阶段因为请求阻塞或网络瞬态等原因没有按照先后顺序执行。TCC 倒悬的应对策略也依赖于事务记录表。我们可以在该表中添加一个专门代表事务执行状态的 state 字段，如代码清单 8-14 所示。

代码清单 8-14　添加 state 字段的事务控制表 SQL 定义代码

```
CREATE TABLE `transaction` (
    ...
    `xid` varchar(64) DEFAULT NULL COMMENT 'xid',
    `branch_id` bigint(20) NOT NULL COMMENT 'branchId',
    ...
    `state` int(4) NOT NULL COMMENT '1，初始化；2，已提交；3，已回滚',
    ...
    PRIMARY KEY (`id`)
) ENGINE=InnoDB DEFAULT CHARSET=utf8 COMMENT='事务记录表'
```

显然，当我们在执行任何一个业务操作之前，都应该通过 xid 和 branch_id 的组合来获取这次事务操作的状态，并在状态允许的情况下执行下一步动作。请注意，任何事务的执行状态都是不可逆的，例如不允许存在从“已提交”到“初始化”的状态转变过程。

最后，我们来看最简单的幂等性。我们知道，幂等操作的特点是任意多次执行所产生的影响均与一次执行的影响相同。而在 Commit 和 Cancel 阶段，因为 TC 没有收到分支事务的响应会发起重试，这就需要 RM 支持幂等。如果二阶段接口不能保证幂等性，则会造成资源的重复使用或者重复释放。通用的幂等性判断场景和实现示例如代码清单 8-15 所示。

代码清单 8-15　幂等性判断场景和实现示例代码

```
public void try(...) {
    //保存事务成功标识，供第二阶段进行判断
    IdempotenceUtils.setResult(getClass(), actionContext.getXid(), "success");
}

public void confirm(...) {
    // 幂等控制，如果 commit 阶段重复执行则直接返回
    if (IdempotenceUtils.getResult(getClass(), actionContext.getXid()) == null) {
        return true;
    }
    ...
    // commit 成功删除标识
    IdempotenceUtils.removeResult(getClass(), actionContext.getXid());
}
```

可以看到，这里我们引入了 IdempotenceUtils 工具类来实现幂等控制。IdempotenceUtils 的一种实现如代码清单 8-16 所示。

代码清单 8-16　IdempotenceUtils 工具类实现代码

```
public class IdempotenceUtils {
    private static Map<Class<?>, Map<String, String>> map = new
        ConcurrentHashMap<>();

    public static void setResult(Class<?> actionClass, String xid, String v) {
        Map<String, String> results = map.get(actionClass);

        if (results == null) {
            synchronized (map) {
                if (results == null) {
                    results = new ConcurrentHashMap<>();
                    map.put(actionClass, results);
                }
            }
        }
        results.put(xid, v);
    }

    public static String getResult(Class<?> actionClass, String xid) {
        Map<String, String> results = map.get(actionClass);
        if (results != null) {
            return results.get(xid);
        }
        return null;
    }
```

```
    public static void removeResult(Class<?> actionClass, String xid) {
        Map<String, String> results = map.get(actionClass);
        if (results != null) {
            results.remove(xid);
        }
    }
}
```

在代码清单 8-16 中，我们利用了线程安全的 ConcurrentHashMap 来保存 Xid 对应的事务标识信息，并通过简单的新增、查询和移除操作来完成对幂等状态的控制。

8.5　使用 Seata 实现 Saga 和 XA 模式

除了 AT 和 TCC 这两种常用的分布式事务模式之外，Seata 还内置了对 Saga 模式和 XA 模式的支持。但由于这两种模式在日常开发过程中使用较少，不是本书的讨论重点，因此本节将只对这两种模式的基本概念展开讨论。

8.5.1　Seata Saga 开发模式

正如我们在 8.1 节中所介绍的，Saga 模式由一串本地事务组成，每个本地事务都有对应的补偿事务可以用来回滚数据。事务之间串行执行，当正向执行的某一个事务出现异常，就会触发这个事务的补偿事务，然后反向执行所有的补偿事务。

Saga 模式的应用场景是长事务。所谓长事务，就是需要长时间执行的事务，这类事务往往需要访问大量的数据对象，其执行周期为几小时甚至能达到几天。因此，Saga 模式具有一些与其他分布式事务模式完全不同的特性，包括以下几个方面。

- 事务提交：一阶段直接提交事务。
- 事务执行：结合事件驱动架构实现事务异步执行。
- 事务补偿：补偿过程就是对正向事务执行逆向补偿。

Saga 模式最大的特性就是不加锁，没有锁等待，所以性能较高。但正是因为不提供加锁机制，也就不具备原子性，因此数据隔离性的影响比较大。从应用场景而言，相比其他事务，Saga 事务更适用于遗留服务、第三方服务或无法改造的服务。

Saga 模式的实现有两种类型，一种是事件 / 编排式，另一种是命令 / 协同式。其中事件 / 编排式的基本操作过程如图 8-27 所示。

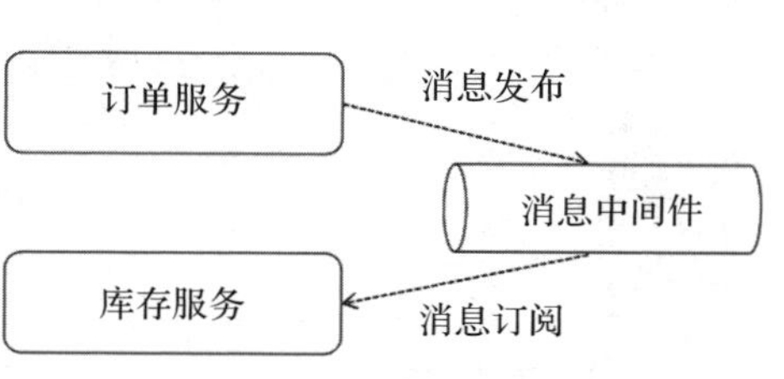

图 8-27　事件 / 编排式实现模型

事件 / 编排式 Saga 模式的基本原理是前一个服务执行完成后发布消息，后一个服务通过订阅消息的方式来实现服务的协调。在实现方式可以引入消息中间件来解决耦合性问题。事件 / 编排式对于简单场景而言实现逻辑相对清晰，但在复杂场景不好处理。同时，服务之间通过订阅消息来触发调用，处理不当容易造成循环消息。

命令 / 协同式 Saga 模式的基本原理是定义一个集中式管理资源的 Saga 协调器，负责告诉每一个服务应该做什么。在实现方式上，Saga 协调器以请求 / 回复的方式与各个服务进行通信。图 8-28 展示了命令 / 协同式的基本操作过程。

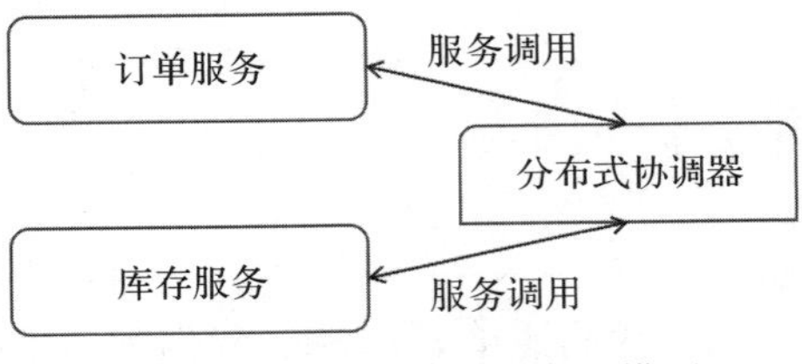

图 8-28　命令 / 协同式实现模型

命令 / 协同式 Saga 模式的优势在于理解简单，业务逻辑实现流程更加清晰。而且调用是单向的，不会产生循环依赖问题。但是想要实现这种模式，需要设计和部署分布式协调相关的专用 API，成本和复杂度较高。

8.5.2 Seata XA 开发模式

我们知道 XA 规范是 X/Open 组织定义的分布式事务处理标准，该规范定义了全局的事务管理器与局部的资源管理器之间的接口，要求事务资源本身提供对规范和协议的支持。Seata 支持 XA 规范，所以它也提供了对 XA 规范中相关接口的实现。图 8-29 展示了基于 XA 模式下 TM、RM 和 TC 之间的交互关系。

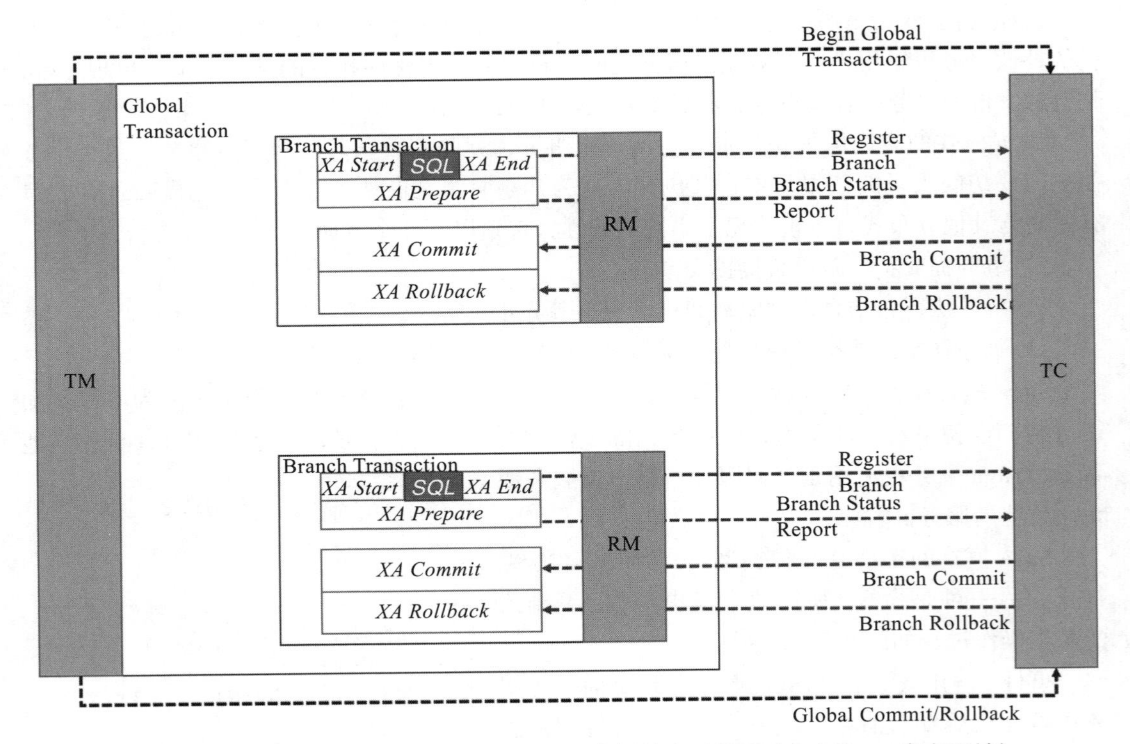

图 8-29　Seata XA 模式下 TM、RM 和 TC 之间的交互关系（来自 Seata 官方网站）

讲到这里，你已经了解了 Seata 框架所支持的 AT、TCC、Saga 和 XA 四种模式。那么问题就来了，我们应该如何基于具体的业务场景完成对这些模式的技术选型呢？这就是下一节要讨论的内容。

8.6 Seata 分布式事务模式的选型

评价一个分布式事务模式是否合适是一个具有挑战性的话题。为了更好地讨论这个话题，我们首先需要明确分布式事务模式选型的维度。在本书中，我们从以下四个维度来完成对分布式事务模式的选型。

- 数据一致性
- 执行性能
- 业务侵入性
- 开发友好性

下面我们针对上述选型维度一一展开，看看每一个维度的关注点以及各个分布式事务模式的具体表现。

如果你想引入某一个分布式事务模式，那么首先需要考虑的点就是数据一致性问题。关于这一点，Seata 所提供的四种分布式事务模式的表现结果如下。

```
XA > AT > TCC > Saga
```

我们可以基于已经掌握的知识对上述排名进行解释。对于 XA 模式而言，所有事务执行完才释放本地锁，所以它的数据一致性最强。AT 模式采用的是全局行锁和本地锁组合，TCC 模式没有全局锁，只有本地锁，所以 AT 模式要优于 TCC 模式。而 Saga 模式因为采用的是长事务，非常容易引起脏读，数据一致性最差。

针对执行性能，四种分布式事务模式的表现结果如下。

```
Saga > TCC >AT >XA
```

不难看出，执行性能的排名和数据一致性的排名刚好是完全相反的结果。这点非常好理解，因为想要数据一致就必须得加锁，而加锁就会影响性能。锁的范围加得越广，性能也就越差，反之亦然。

业务侵入性也是开发人员选择分布式事务模式的一个考虑点，我们希望能够在微服务中无缝嵌入分布式事务能力。针对业务侵入性，四种分布式事务模式的表现结果如下。

```
AT/XA >Saga >TCC
```

AT 模式和 XA 模式的代码侵入性是最弱的，可以说是无侵入，因为开发人员几乎不需要对业务代码有任何的改造就能集成分布式事务能力。Saga 模式的实现也相对比较灵活，但对于 TCC 模式而言代码的改造是巨大的，因为我们需要人为把业务代码按照 Try、Confirm 和 Cancel 三个操作分别进行实现。

最后一个选型的考虑点是开发友好性，四种分布式事务模式的表现结果如下。

```
AT/XA >TCC>Saga
```

通常，代码侵入性低意味着对开发比较友好，所以 AT 和 XA 模式的开发友好性要优于其他两种模式。然而，TCC 模式的代码侵入性虽然很大，但是实现过程并不复杂，我们只需要按照既定的开发规范进行实现即可。反观 Saga 模式因为需要集成事件驱动架构或集中式服务架构，实现难度在这些模式中反而是最大的。

8.7 使用 RocketMQ 实现可靠事件模式

在 8.1 节中，我们已经详细介绍了可靠事件模式。Seata 框架本身并没有内置针对可靠事件模式的解决方案，但我们可以使用另一款已经介绍过的框架来实现这一目标，那就是第 7 章中的 RocketMQ。RocketMQ 为开发人员提供了事务消息这一消息类型，专门用来应对分布式环境下的数据一致性问题。

8.7.1 事务消息的基本概念

事务消息是 RocketMQ 提供的一种高级消息类型，支持在分布式场景下消息生产和本地事务的最终一致性。我们可以分别从生产者和消费者维度出发来分析可靠事件实现上的需求。

- 消息发送方：对于消息发送方而言，我们需要解决执行本地事务与发送消息的原子性问题，即保证本地事务执行成功，消息一定发送成功。
- 消息接收方：对于消息接收方而言，我们需要解决接收消息与本地事务的原子性问题，即保证接收消息成功后，本地事务也一定执行成功。

事务消息的出现完美解决了可靠事件模式执行过程中可能出现的问题。事务消息提供了类似 X/Open XA 的分布事务功能，通过事务消息能达到分布式事务的最终一致性。那么，RocketMQ 是如何做到这一点的呢？关键点在于它所提供的“半消息”机制。

所谓半消息（Half Message），是指暂不能投递的消息。发送方已经将消息成功发送到了服务端，但是服务端未收到生产者对该消息的二次确认，此时该消息被标记成“暂不能投递”状态，处于该种状态下的消息就是半消息。

介绍完半消息的概念，我们再来明确什么是半消息回查。我们知道由于网络闪断、生产者应用重启等原因，可能会导致某条事务消息的二次确认丢失。RocketMQ 服务端通过扫描发现某条消息长期处于“半消息”状态时，就会主动向消息生产者询问该消息的最终状态（Commit 或是 Rollback），这一过程就是半消息回查。图 8-30 展示

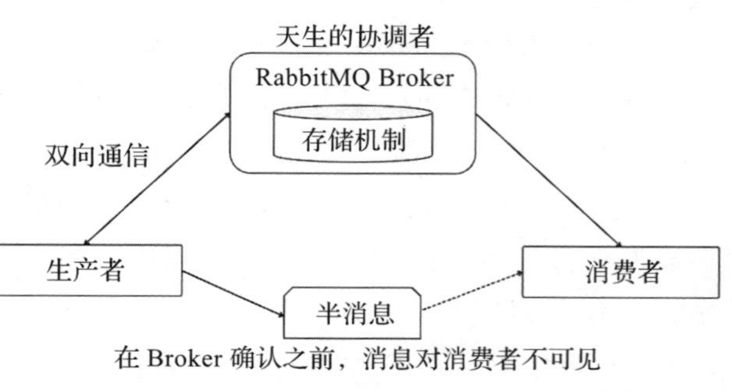

图 8-30　RocketMQ 事务消息的整体架构

了 RocketMQ 事务消息的整体架构。

进一步，我们可以梳理 RocketMQ 事务消息的执行过程，如图 8-31 所示。

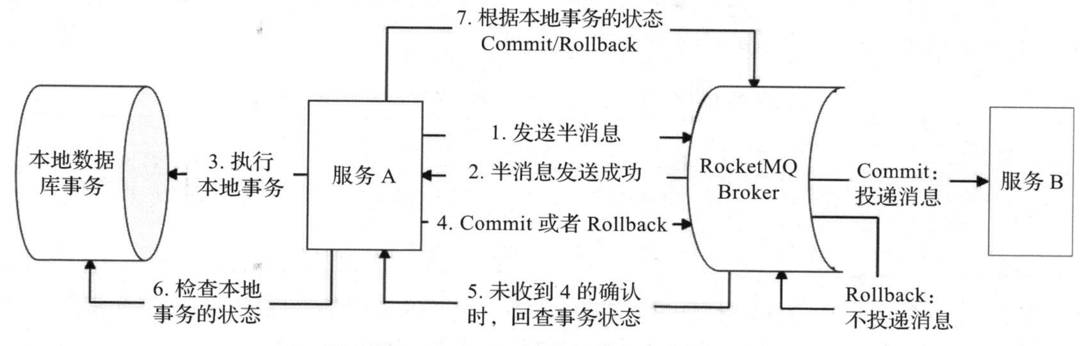

图 8-31 RocketMQ 事务消息的执行过程

可以看到，图 8-31 存在服务 A 和服务 B 这两个微服务，其中服务 A 是消息发布者，而服务 B 是消息消费者，我们需要确保两者之间数据的一致性。这里有七个步骤。

- 在步骤 1 中，服务 A 向 RocketMQ 服务端发送半消息。
- 在步骤 2 中，RocketMQ 将消息持久化成功之后，向服务 A 确认消息已经发送成功，此时消息为半消息。
- 在步骤 3 中，服务 A 开始执行本地事务逻辑。
- 在步骤 4 中，服务 A 根据本地事务执行结果向 RocketMQ 提交二次确认（Commit 或是 Rollback）。如果 RocketMQ 收到 Commit 结果则将半消息标记为可投递，服务 B 最终将收到该消息。而如果 RocketMQ 收到 Rollback 结果则删除半消息，服务 B 将不会接收该消息。
- 在步骤 5 中，在断网或者是应用重启的特殊情况下，步骤 4 提交的二次确认最终未到达 RocketMQ，经过一定时间后 RocketMQ 将基于该消息向服务 A 发起消息回查。
- 在步骤 6 中，服务 A 收到消息回查后，需要检查对应消息的本地事务执行的最终结果。
- 在步骤 7 中，服务 A 根据检查得到的本地事务的最终状态再次提交二次确认，RocketMQ 仍按照步骤 4 对半消息进行操作。

图 8-31 更多是站在消息发布者的角度看待事务消息的发布流程，而针对消息消费者而言，如果消费者处理事务消息时出现异常，RocketMQ 会进行重试操作，直到消息消费和本地事务处理都成功。这是一种回调机制，会被 RocketMQ 自动调用。

8.7.2 事务消息的开发模式

介绍完 RocketMQ 事务消息的基本概念和执行流程之后，我们接着介绍它的开发模式。

1. 实现消息发布者

当我们在微服务架构中引入事务消息之前，需要创建一张事务执行记录表。事务执行记录表的作用有两个，一个是实现事务回查，另一个则是实现业务层幂等控制。事务执行记录表的创建脚本如代码清单 8-17 所示。

代码清单 8-17　事务执行记录表的创建脚本定义代码

```
CREATE TABLE `tx_record` (
    `tx_no` varchar(64) NOT NULL COMMENT '事务Id',
    `create_time` datetime NOT NULL DEFAULT CURRENT_TIMESTAMP COMMENT '创建时间',
    PRIMARY KEY (`tx_no`)
) ENGINE=InnoDB DEFAULT CHARSET=utf8 COMMENT='事务记录表'
```

接下来我们要引入 RocketMQ 内置的 TransactionListener 接口。为了实现事务消息，开发人员的主要开发工作量就体现在对这个接口的实现过程中。TransactionListener 接口的定义如代码清单 8-18 所示。

代码清单 8-18　TransactionListener 接口定义代码

```
public interface TransactionListener {
    // 当发送事务消息成功之后，该方法会被触发，本地事务将被执行
    LocalTransactionState executeLocalTransaction(final Message msg, final Object
        arg);

    // 当没有收到事务消息的响应时，服务器会发送确认消息来检查事务状态，该方法会被触发并获取本地
      事务状态
    LocalTransactionState checkLocalTransaction(final MessageExt msg);
}
```

可以看到，TransactionListener 接口的两个方法分别完成了本地事务执行和本地事务回查这两个核心操作。那么我们应该如何实现这两个方法呢？这里给出了这两个方法的执行伪代码，如代码清单 8-19 所示。

代码清单 8-19　TransactionListener 接口两个方法实现伪代码

```
executeLocalTransaction {
    执行本地事务
    如果失败就选择回滚事务，反之提交事务
}

checkLocalTransaction {
    实现事务回查
    根据事务执行记录判断，已执行则提交事务
}
```

请注意，这两个方法需要消息的发布者来实现，但调用方是 RocketMQ 自身，而且这个调用过程是自动触发的，不需要开发人员做任何干预。图 8-32 围绕消息发布者展示了其所需要实现的各个核心步骤。

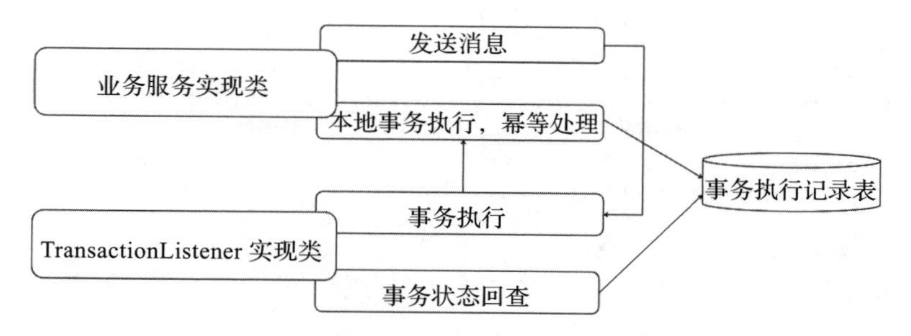

图 8-32　事务消息中消息发布者实现的核心步骤

如果我们使用 Spring 框架来集成 RocketMQ，那么图 8-32 中所示的业务服务实现类的实现过程可以参考代码清单 8-20 所示的代码示例。

代码清单 8-20　消息发布端业务服务实现类示例代码

```
@Service
public class CustomerTicketServiceImpl implements ICustomerTicketService {
    @Autowired
    TxRecordMapper txRecordMapper;

    @Autowired
    RocketMQTemplate rocketMQTemplate;

    @Override
    public void generateTicket(AddCustomerTicketReqVO addCustomerTicketReqVO) {
        //从 VO 中创建 TicketGeneratedEvent
        TicketGeneratedEvent ticketGeneratedEvent = createTicketGeneratedEvent
            (addCustomerTicketReqVO);

        //将 Event 转化为 JSON 对象
        JSONObject jsonObject =new JSONObject();
        jsonObject.put("ticketGeneratedEvent",ticketGeneratedEvent);
        String jsonString = jsonObject.toJSONString();

        //生成消息对象
        Message<String> message = MessageBuilder.withPayload(jsonString).build();

        //发送事务消息
        rocketMQTemplate.sendMessageInTransaction("producer_group_ticket","topic_
            ticket",message,null);
    }

    @Override
    @Transactional
    public void doGenerateTicket(TicketGeneratedEvent ticketGeneratedEvent) {
        //幂等判断
        if(Objects.nonNull(txRecordMapper.findTxRecordByTxNo(ticketGeneratedEvent.
            getTxNo()))){
            return ;
        }
```

```
            //插入工单
            CustomerTicket customerTicket = CustomerTicketConverter.INSTANCE.convert-
                Event(ticketGeneratedEvent);
            customerTicket.setStatus(1);
            save(customerTicket);

            //添加事务日志
            txRecordMapper.addTxRecord(ticketGeneratedEvent.getTxNo());
        }
        ...
    }
```

代码清单 8-20 展示的是一个插入客服工单（CustomerTicket）的过程，generateTicket 和 doGenerateTicket 方法分别对应图 8-32 中的“发送消息”和“本地事务执行，幂等处理”这两个环节。注意到这里使用了 RocketMQTemplate 的 sendMessageInTransaction 方法来发送事务消息。同时，我们也看到了事务执行记录表的一种应用场景，即实现业务层幂等控制。

接下来我们继续实现图 8-32 所示的 TransactionListener 接口，示例代码如代码清单 8-21 所示。

代码清单 8-21　TransactionListener 接口实现类示例代码

```
@Component
@RocketMQTransactionListener(txProducerGroup = "producer_group_ticket")
public class ProducerListener implements RocketMQLocalTransactionListener {
    @Autowired
    ICustomerTicketService customerTicketService;

    @Autowired
    TxRecordMapper txRecordMapper;

    //事务消息发送后的回调方法，当消息发送给 MQ 成功，此方法被回调
    @Override
    @Transactional
    public RocketMQLocalTransactionState executeLocalTransaction(Message message,
        Object o) {
        try {
            //解析消息，转成 Event 对象
            TicketGeneratedEvent ticketGeneratedEvent = convertEvent(message);

            //执行本地事务
            customerTicketService.doGenerateTicket(ticketGeneratedEvent);

            //当返回 RocketMQLocalTransactionState.COMMIT，自动向 MQ 发送 commit 消息，
               MQ 将消息的状态改为可消费
            return RocketMQLocalTransactionState.COMMIT;
        } catch (Exception e) {
            e.printStackTrace();
            //如果本地事务执行失败，就将消息设置为回滚状态
```

```
            return RocketMQLocalTransactionState.ROLLBACK;
        }
    }

    //事务状态回查
    @Override
    public RocketMQLocalTransactionState checkLocalTransaction(Message message) {
        //解析消息，转成 Event 对象
        TicketGeneratedEvent ticketGeneratedEvent = convertEvent(message);

        //根据事务 Id 判断是否存在已执行的事务
        Boolean isTxNoExisted = Objects.nonNull(txRecordMapper.findTxRecordByTxNo
            (ticketGeneratedEvent.getTxNo()));

        //如果事务已执行则返回 COMMIT，反之返回 UNKNOWN 状态
        if(isTxNoExisted){
            return RocketMQLocalTransactionState.COMMIT;
        }else{
            return RocketMQLocalTransactionState.UNKNOWN;
        }
    }
    ...
}
```

这段代码清晰地展示了 TransactionListener 接口中两个核心方法的实现过程。在 executeLocalTransaction 方法中，我们通过调用 CustomerTicketService 业务服务类的 doGenerateTicket 方法完成了本地事务；而在 checkLocalTransaction 方法中，我们则实现了事务回查机制。这里同样展示了事务执行记录表的另一种应用场景，即实现事务回查。

2. 实现消息消费者

类似地，当使用事务消息时，消息消费者的实现过程同样遵循一定的开发规范，如图 8-33 所示。

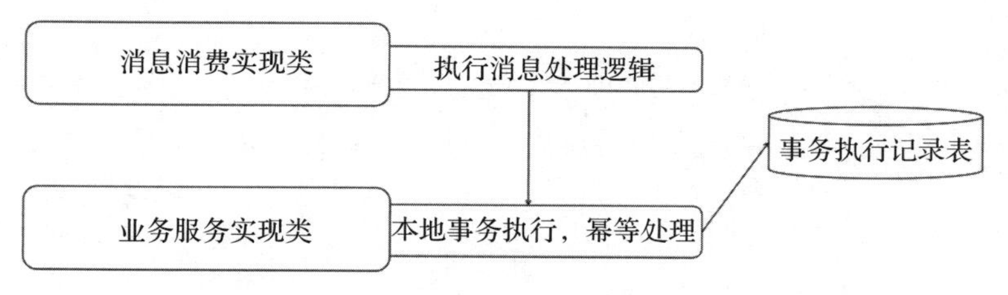

图 8-33　事务消息中消息消费者实现过程

可以看到，相比消息发布者，消息消费者的实现过程要简单很多，代码清单 8-22 展示了消息消费实现类的示例代码。

代码清单 8-22　消息消费实现类示例代码

```
@Component
@RocketMQMessageListener(consumerGroup = "consumer_group_ticket",topic = "topic_
```

```
    ticket")
public class Consumer implements RocketMQListener<String> {
    @Autowired
    IChatRecordService chatRecordService;

    // 接收消息
    @Override
    public void onMessage(String message) {
        log.info("开始消费消息 :{}",message);

        // 解析消息
        JSONObject jsonObject = JSONObject.parseObject(message);
        String ticketGeneratedEventString = jsonObject.getString("ticketGenerated-
            Event");

        // 转成 TicketGeneratedEvent
        TicketGeneratedEvent ticketGeneratedEvent = JSONObject.parseObject(ticket-
            GeneratedEventString, TicketGeneratedEvent.class);

        // 添加本地聊天记录
        chatRecordService.generateChatRecord(ticketGeneratedEvent);
    }
}
```

可以看到，这个消息消费者的实现过程没有任何特殊之处，我们只需要实现 RocketMQListener 接口的 onMessage 方法，并在该方法中调用业务服务实现类中的业务方法即可。消息消费端的业务服务实现类的实现过程如代码清单 8-23 所示。

代码清单 8-23　消息消费端业务服务实现类示例代码

```
@Service
public class ChatRecordServiceImpl implements IChatRecordService {
    @Autowired
    TxRecordMapper txRecordMapper;

    @Override
    @Transactional
    public void generateChatRecord(TicketGeneratedEvent ticketGeneratedEvent) {
            // 幂等判断
            if(Objects.nonNull(txRecordMapper.findTxRecordByTxNo(ticketGenerated-
                Event.getTxNo()))){
            return ;
        }

        // 插入聊天记录
        ChatRecord chatRecord = ChatRecordConverter.INSTANCE.convertEvent(ticket-
            GeneratedEvent);
        save(chatRecord);

        // 添加事务日志
        txRecordMapper.addTxRecord(ticketGeneratedEvent.getTxNo());
    }
}
```

这里同样通过事务执行记录表实现了业务层幂等控制，并最终完成本地事务的提交。

作为总结，我们使用时序图来详细展示事务消息发送和消息消费过程，如图 8-34 所示。

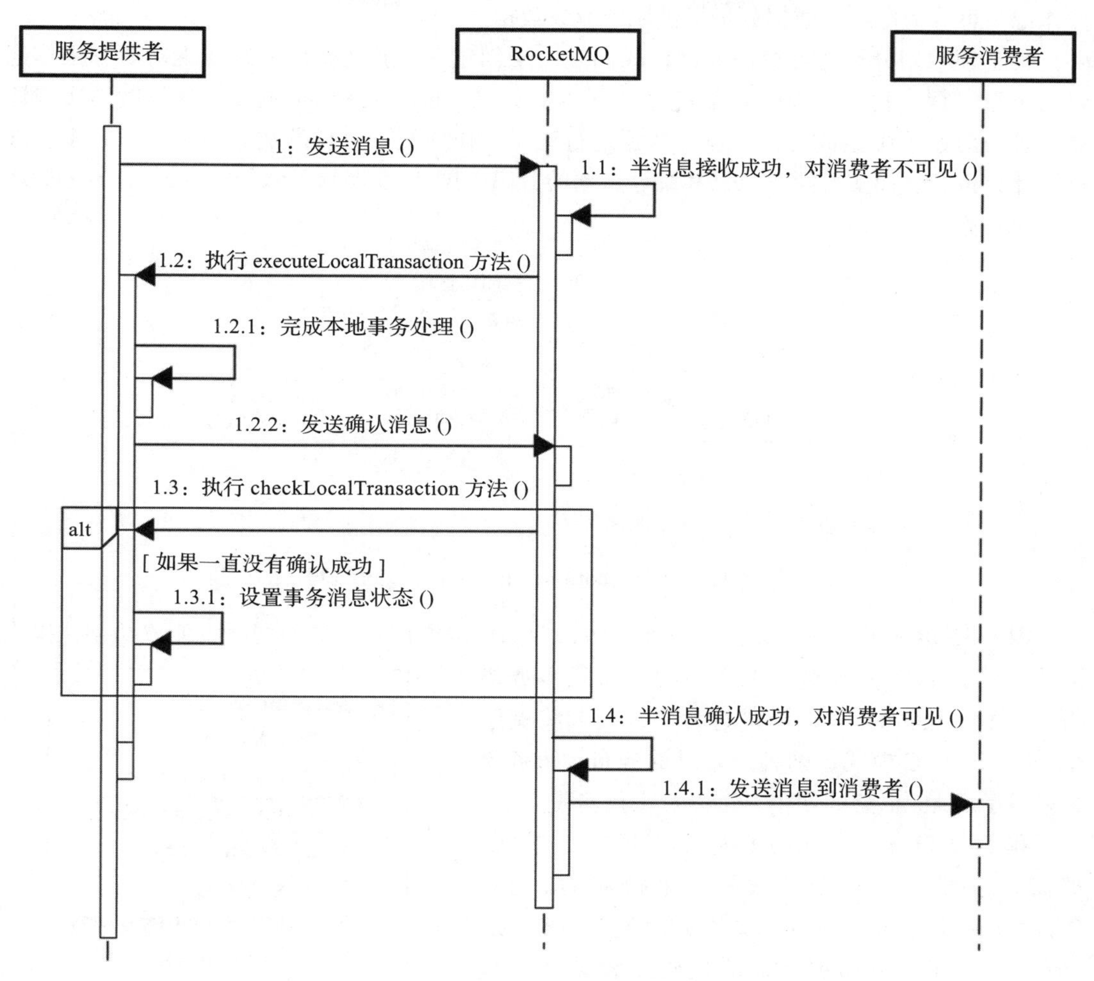

图 8-34　事务消息处理整体时序图

8.8　案例系统演进

介绍完分布式事务的主流模式以及 Seata 框架的功能特性，本节我们继续对 SpringOrder 项目进行演进，讨论如何在案例系统中集成 Seata 框架来实现分布式事务。

8.8.1　案例分析

通过前面各章内容的介绍，我们已经成功构建了 order-service、account-service 和

product-service 这 3 个微服务，并能够通过 order-service 实现用户下单操作。现在，我们需要满足一个新的需求，即每次订单下单成功的同时需要添加一条业务操作记录。这条业务操作记录可以为后续大数据分析提供原始业务数据。

基于领域划分和边界控制原则，我们倾向于创建一个新的微服务来实现对业务操作记录的统一管理，我们把该服务命名为 record-service。record-service 的核心功能就是实现记录管理，对系统中生成的核心业务数据进行记录，作为统计分析的数据源供第三方系统进行统计分析，从而实现业务数据和统计数据的分离。图 8-35 展示了添加了 record-service 之后的交互流程。

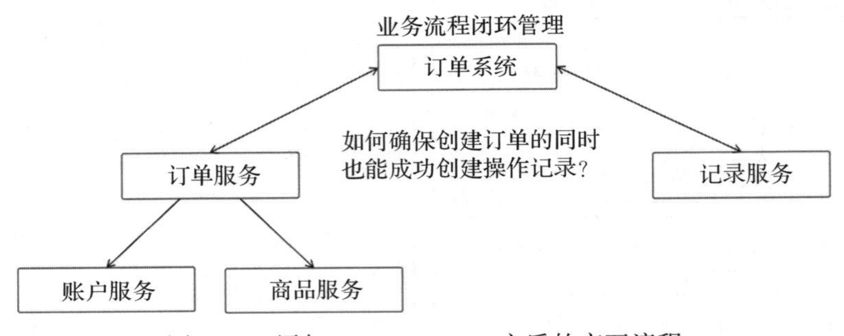

图 8-35 添加 record-service 之后的交互流程

图 8-35 也展示了一个数据一致性问题，即如何确保创建订单的同时也能成功创建操作记录。这就需要引入本章中介绍的分布式事务机制。在 SpringOrder 案例演进过程中，我们将基于 AT 模式和 TCC 模式这两种最常见的分布式事务模式来展示 Seata 框架的使用方法以及工程实践。

我们知道无论采用 AT 模式还是 TCC 模式，都需要创建一个独立的微服务来扮演 TM 的角色，我们一般把这个独立的微服务命名为 business-service。因此，SpringOrder 的代码工程就演变成图 8-36 所示的组成结构。

可以看到，相比前面几章中所介绍的 SpringOrder 代码工程，这里多出了 business-service 和 record-service 这两个新的微服务。

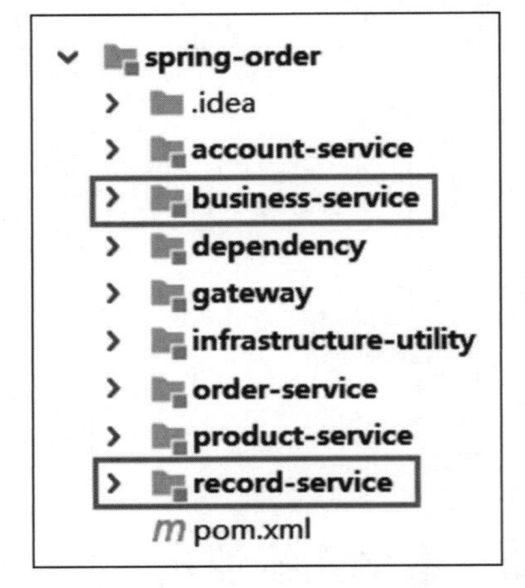

图 8-36 添加分布式事务后的 SpringOrder 项目代码工程

8.8.2 实现 AT 模式

实现 AT 模式的主要工作是构建 business-service，而这个服务并不是一个业务微服务，它的内部只包含分布式事务相关的功能，充当的是 TM 角色。那么这个微服务的代码结构应该如何组织呢？一般我们可以采用如图 8-37 所示的组织方式。

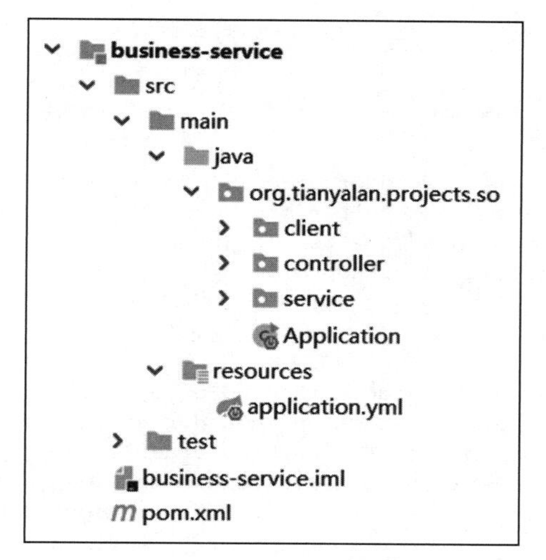

图 8-37 AT 模式下的 business-service 代码工程

图 8-37 的 client 包中包含了 OpenFeign 的客户端组件。以 SpringOrder 项目为例，我们要同时确保 order-service 和 record-service 这两个服务的数据一致性，我们就需要构建 OrderClient 和 RecordClient 这两个客户端组件，如代码清单 8-24 所示。

代码清单 8-24 AT 模式下 OrderClient 和 RecordClient 客户端组件实现代码

```
@Component
@FeignClient(name = "order-service")
public interface OrderClient {
    @PostMapping(value = "/orders/")
    Result<OrderRespVO> addOrder(@RequestBody AddOrderReqVO addOrderReqVO);
}

@Component
@FeignClient(name = "record-service")
public interface RecordClient {
    @PostMapping(value = "/records/")
    Result<Void> addOrderRecord(@RequestBody AddOrderRecordReqVO addOrder
        RecordReqVO);
}
```

这里直接使用 @FeignClient 注解来创建了两个 OpenFeign 客户端，并集成了对 order-service 和 record-service 的远程访问。为了实现对这两个客户端组件的协作交互，我们可以创建一个业务服务类，如代码清单 8-25 所示。

代码清单 8-25 AT 模式下 BusinessService 类实现代码

```
@Service
public class BusinessService {
    @Autowired
    private OrderClient orderClient;
```

```
    @Autowired
    private RecordClient recordClient;

    @GlobalTransactional
    public void processOrder(AddOrderReqVO addOrderReqVO) {
        Result<OrderRespVO> result = orderClient.addOrder(addOrderReqVO);
        OrderRespVO orderRespVO = result.getData();
        if(Objects.isNull(orderRespVO)) {
            throw new RuntimeException(" 发生了异常，分布式事务需要回滚 ");
        }

        AddOrderRecordReqVO addOrderRecordReqVO = new AddOrderRecordReqVO();
        addOrderRecordReqVO.setAccountId(addOrderReqVO.getAccountId());
        addOrderRecordReqVO.setAccountName(orderRespVO.getAccountName());
        addOrderRecordReqVO.setOrderId(orderRespVO.getId());
        addOrderRecordReqVO.setOrderNumber(orderRespVO.getOrderNumber());

        recordClient.addOrderRecord(addOrderRecordReqVO);
    }
}
```

可以看到，AT 模式下 BusinessService 类实现代码的执行过程非常明确，即先调用 OrderClient 实现订单的生成，然后再调用 RecordClient 插入操作记录。唯一需要注意的是我们在 processOrder 方法上添加了一个 @GlobalTransactional 注解，从而确保该方法中所有的代码执行在同一个分布式事务中。

同时，我们注意到当 OrderClient 的 addOrder 方法返回值为空时，我们抛出了一个异常，这会触发分布式事务的回滚。如果你想自己触发这一回滚操作，可以手工抛出一个异常，如代码清单 8-26 所示。

代码清单 8-26　BusinessService 类手工抛出异常实现代码

```
@Service
public class BusinessService {
    @GlobalTransactional
    public void processOrder(AddOrderReqVO addOrderReqVO) {
        ...
        recordClient.addOrderRecord(addOrderRecordReqVO);
        throw new RuntimeException(" 发生了异常，分布式事务需要回滚 ");
    }
}
```

好了，基于 AT 模式的分布式事务实现方法就介绍完了。我们可以在 business-service 这个代码工程中添加如代码清单 8-27 所示的 BusinessController。在这个 Controller 中，我们调用 BusinessService 来完成业务逻辑处理。

代码清单 8-27　AT 模式下 BusinessController 类实现代码

```
@RestController
```

```
@RequestMapping("/business")
public class BusinessController {
    @Autowired
    private BusinessService businessService;

    @PostMapping(value = "/")
    public void processOrder(@RequestBody AddOrderReqVO addOrderReqVO){
        businessService.processOrder(addOrderReqVO);
    }
}
```

我们可以通过 IDEA 自带的 HTTP Request 工具来模拟对 BusinessController 中所暴露端点的调用。

8.8.3　实现 TCC 模式

TCC 模式的实现过程要比 AT 模式复杂很多，除了需要构建独立的 business-service 之外，我们还需要对原有 order-service 和 record-service 中的业务逻辑进行重构。

1. 实现业务操作定义

这里也先给出 business-service 代码工程的组成结构，如图 8-38 所示。

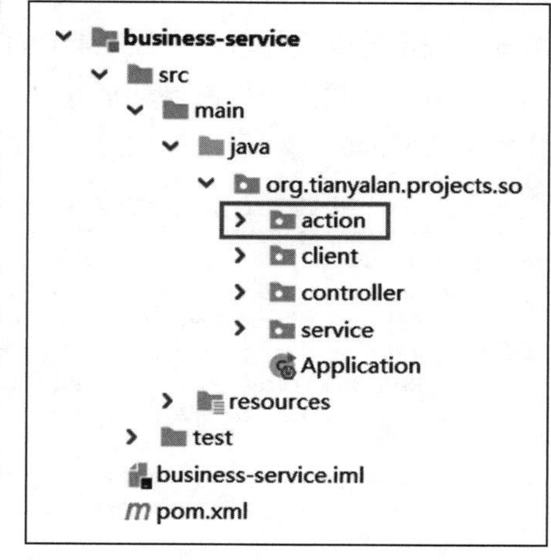

图 8-38　TCC 模式下的 business-service 代码工程的组成结构

可以看到，相比 AT 模式，TCC 模式的 business-service 代码工程多了一个 “action” 包，专门用来存放各种 Action。按照 Seata 的开发规范，我们需要针对每一个业务操作设计一个 Action 类，该类中包含 3 个方法分别对应 TCC 中 Try、Confirm 和 Cancel 操作。在 SpringOrder 项目中，根据业务场景我们需要为“创建订单”和“插入记录”这两个业务操作分别创建 Action 类，如代码清单 8-28 所示。

代码清单 8-28　CreateOrderTccAction 和 CreateRecordTccAction 接口定义代码

```
@LocalTCC
public interface CreateOrderTccAction {
    @TwoPhaseBusinessAction(name = "CreateOrderTccAction" , commitMethod =
        "commit", rollbackMethod = "rollback")
    OrderRespVO prepare(BusinessActionContext actionContext, @BusinessActionCon
        textParameter(paramName = "addOrderReqVO") String addOrderReqVO) throws
        BizException;

    boolean commit(BusinessActionContext actionContext);

    boolean rollback(BusinessActionContext actionContext);
}
```

```
@LocalTCC
public interface CreateRecordTccAction {
    @TwoPhaseBusinessAction(name = "CreateRecordTccAction" , commitMethod =
        "commit", rollbackMethod = "rollback")
    boolean prepare(BusinessActionContext actionContext, @BusinessActionContext-
        Parameter(paramName = "addOrderRecordReqVO") String addOrderRecordReqVO)
        throws BizException;

    boolean commit(BusinessActionContext actionContext);

    boolean rollback(BusinessActionContext actionContext);
}
```

可以看到，我们分别将这两个业务操作命名为 CreateOrderTccAction 和 CreateRecordTccAction，并在每个 Action 中都添加了 prepare、commit 和 rollback 这 3 个方法分别用于执行 Try、Confirm 和 Cancel 操作。注意到这里使用了一组 Seata 框架提供的注解，包括 @LocalTCC、@TwoPhaseBusinessAction 和 @BusinessActionContextParameter。关于这些注解的详细使用方式你可以回顾 8.4 节内容。

类似地，我们同样需要分别针对每个微服务设计包含 Try、Confirm 和 Cancel 这 3 个操作语义的 OpenFeign 客户端接口，如代码清单 8-29 所示。

代码清单 8-29　TCC 模式下 OrderClient 和 RecordClient 接口定义代码

```
@Component
@FeignClient(name = "order-service")
public interface OrderClient {
    @RequestMapping(value = "/orders/try",method = RequestMethod.POST)
    Result<OrderRespVO> orderTry(@RequestBody TccRequest<AddOrderReqVO>
        addOrderReqVO);

    @RequestMapping(value = "/orders/confirm",method = RequestMethod.POST)
    Result<Boolean> orderConfirm(@RequestBody TccRequest<String> orderNumber);

    @RequestMapping(value = "/orders/cancel",method = RequestMethod.POST)
    Result<Boolean> orderCancel(@RequestBody TccRequest<String> orderNumber);
}

@Component
@FeignClient(name = "record-service")
public interface RecordClient {
    @RequestMapping(value = "/records/try",method = RequestMethod.POST)
    Result<Boolean> recordTry(@RequestBody TccRequest<AddOrderRecordReqVO>
        addOrderRecordReqVO);

    @RequestMapping(value = "/records/confirm",method = RequestMethod.POST)
    Result<Boolean> recordConfirm(@RequestBody TccRequest<String> ticketNo);

    @RequestMapping(value = "/records/cancel",method = RequestMethod.POST)
    Result<Boolean> recordCancel(@RequestBody TccRequest<String> ticketNo);
}
```

从代码清单 8-29 中可以看到，我们传入的是一个 TccRequest 对象，该对象专门用来实现 TCC 模式，它的定义如代码清单 8-30 所示。

代码清单 8-30　TccRequest 对象定义代码

```
@Data
@ToString
@Accessors(chain = true)
public class TccRequest<T> implements Serializable {
    private String xid;
    private Long branchId;
    private T data;
}
```

可以看到 TccRequest 对象中包含了全局事务唯一编号 xid 和分支事务编号 branchId，这两个字段对于后续实现事务处理幂等性，以及防止空回滚和倒悬至关重要。

有了 OrderClient 和 RecordClient，接下来我们就可以分别实现 CreateOrderTccAction 和 CreateRecordTccAction 这两个接口中所定义的方法了，这里以 CreateOrderTccAction 的实现过程为例展开讨论，先来看它的 prepare 方法实现过程，如代码清单 8-31 所示。

代码清单 8-31　CreateOrderTccAction 中 prepare 方法实现代码

```
@Override
public OrderRespVO prepare(BusinessActionContext actionContext, String
    addOrderReqVO) throws BizException {
        AddOrderReqVO requestData = JSON.parseObject(addOrderReqVO,
            AddOrderReqVO.class);
        TccRequest<AddOrderReqVO> tccRequest = new TccRequest<>();
        tccRequest.setXid(actionContext.getXid());
        tccRequest.setBranchId(actionContext.getBranchId());
        tccRequest.setData(requestData);

        OrderRespVO orderRespVO = orderClient.orderTry(tccRequest).getData();
        // 事务成功，保存一个标识，供第二阶段进行判断
        IdempotenceUtils.setResult(getClass(), actionContext.getXid(),
            "success");
        return orderRespVO;
}
```

可以看到，在 prepare 方法中我们从上下文对象 BusinessActionContext 中获取了 Xid 和 BranchId 这两个核心字段并构建了 TccRequest 对象，然后我们基于 OrderClient 的 orderTry 方法发起远程调用。一旦远程调用成功，我们就会通过 IdempotenceUtils 工具类设置一个标识，从而为后续操作提供幂等性。关于 IdempotenceUtils 工具类的实现过程可以回顾 8.4 节内容。

我们接下来看 CreateOrderTccAction 接口中的 commit 方法，实现过程如代码清单 8-32 所示。

代码清单 8-32　CreateOrderTccAction 中 commit 方法实现代码

```
@Override
public boolean commit(BusinessActionContext actionContext) {
    // 幂等控制，如果 commit 阶段重复执行则直接返回
    if (IdempotenceUtils.getResult(getClass(), actionContext.getXid()) == null) {
        return true;
    }

    AddOrderReqVO requestData = JSON.parseObject(actionContext.getActionContext
        ("addOrderReqVO").toString(), AddOrderReqVO.class);
    TccRequest<String> tccRequest = new TccRequest<>();
    tccRequest.setXid(actionContext.getXid());
    tccRequest.setBranchId(actionContext.getBranchId());
    tccRequest.setData(requestData.getOrderNumber());

    orderClient.orderConfirm(tccRequest);
    // commit 成功删除标识
    IdempotenceUtils.removeResult(getClass(), actionContext.getXid());
    return true;
}
```

不难看出，commit 方法在入口处通过 IdempotenceUtils 工具类进行了幂等性判断，然后基于 OrderClient 的 orderConfirm 方法发起远程调用。当远程调用成功之后，我们删除幂等性标识，代表整个 commit 流程顺利结束。

CreateOrderTccAction 接口中的 cancel 方法实现过程与代码清单 8-32 类似，不再重复介绍。这里给出 CreateOrderTccAction 接口的完整实现代码，如代码清单 8-33 所示。CreateRecordTccAction 接口的实现过程也类似，同样不再重复介绍。

代码清单 8-33　CreateRecordTccAction 接口实现代码

```
@Component
public class CreateOrderTccActionImpl implements CreateOrderTccAction {
    @Autowired
    private OrderClient orderClient;

    @Override
    public OrderRespVO prepare(BusinessActionContext actionContext, String
        addOrderReqVO) throws BizException {
        AddOrderReqVO requestData = JSON.parseObject(addOrderReqVO,
            AddOrderReqVO.class);
        TccRequest<AddOrderReqVO> tccRequest = new TccRequest<>();
        tccRequest.setXid(actionContext.getXid());
        tccRequest.setBranchId(actionContext.getBranchId());
        tccRequest.setData(requestData);

        OrderRespVO orderRespVO = orderClient.orderTry(tccRequest).getData();
        //事务成功，保存一个标识，供第二阶段进行判断
        IdempotenceUtils.setResult(getClass(), actionContext.getXid(), "success");
        return orderRespVO;
    }
```

```
    @Override
    public boolean commit(BusinessActionContext actionContext) {
        // 幂等控制，如果 commit 阶段重复执行则直接返回
        if (IdempotenceUtils.getResult(getClass(), actionContext.getXid()) ==
            null) {
            return true;
        }

        AddOrderReqVO requestData = JSON.parseObject(actionContext.getActionContext
            ("addOrderReqVO").toString(), AddOrderReqVO.class);
        TccRequest<String> tccRequest = new TccRequest<>();
        tccRequest.setXid(actionContext.getXid());
        tccRequest.setBranchId(actionContext.getBranchId());
        tccRequest.setData(requestData.getOrderNumber());

        orderClient.orderConfirm(tccRequest);
        // commit 成功删除标识
        IdempotenceUtils.removeResult(getClass(), actionContext.getXid());
        return true;
    }

    @Override
    public boolean rollback(BusinessActionContext actionContext) {
        // 幂等控制，如果 cancel 阶段重复执行则直接返回
        if (IdempotenceUtils.getResult(getClass(), actionContext.getXid()) ==
            null) {
            return true;
        }

        AddOrderReqVO requestData = JSON.parseObject(actionContext.getActionContext
            ("addOrderReqVO").toString(), AddOrderReqVO.class);
        TccRequest<String> tccRequest = new TccRequest<>();
        tccRequest.setXid(actionContext.getXid());
        tccRequest.setBranchId(actionContext.getBranchId());
        tccRequest.setData(requestData.getOrderNumber());

        Result<Boolean> result = orderClient.orderCancel(tccRequest);
        // cancel 成功删除标识
        IdempotenceUtils.removeResult(getClass(), actionContext.getXid());
        return true;
    }
}
```

构建完 Action 组件之后，我们终于来到了整个请求的入口，即如代码清单 8-34 所示的 BusinessService 服务。

代码清单 8-34　TCC 模式下 BusinessService 类实现代码

```
@Service
public class BusinessService {
    @Autowired
    private CreateOrderTccAction createOrderTccAction;
```

```
    @Autowired
    private CreateRecordTccAction createRecordTccAction;

    @GlobalTransactional
    public void processOrder(AddOrderReqVO addOrderReqVO) {
        //需要在这里设置订单编号
        addOrderReqVO.setOrderNumber("ORDER" + DistributedId.getInstance().
            getFastSimpleUUID());
        OrderRespVO orderRespVO = createOrderTccAction.prepare(null, JSON.
            toJSONString(addOrderReqVO));

        AddOrderRecordReqVO addOrderRecordReqVO = new AddOrderRecordReqVO();
        addOrderRecordReqVO.setAccountId(addOrderReqVO.getAccountId());
        addOrderRecordReqVO.setAccountName(orderRespVO.getAccountName());
        addOrderRecordReqVO.setOrderId(orderRespVO.getId());
        addOrderRecordReqVO.setOrderNumber(orderRespVO.getOrderNumber());

        createRecordTccAction.prepare(null, JSON.toJSONString(addOrderRecordReqVO));
    }
}
```

BusinessService 的 processOrder 方法分别调用了 CreateOrderTccAction 和 CreateRecordTccAction 的 prepare 方法来启动 TCC 模式。当然，不要忘记在该方法上添加 @GlobalTransactional 注解。

2. 实现现有微服务重构

请注意，前面介绍的 OrderClient 和 RecordClient 客户端接口定义势必需要各个微服务暴露符合 TCC 模式的 HTTP 端点，这就需要对原有的微服务实现过程进行重构，接下来让我们看看如何完成这一过程。我们同样也是以 order-service 中的实现为例展开讨论。

在 order-service 中，我们创建了如代码清单 8-35 所示的 OrderController，分别对应 OrderClient 中的 3 个接口。

代码清单 8-35　TCC 模式下的 OrderController 类实现代码

```
@RestController
@RequestMapping(value="orders")
public class OrderController {
    @Autowired
    OrderService orderService;

    @PostMapping(value = "/try")
    Result<OrderRespVO> orderTry(@RequestBody TccRequest<AddOrderReqVO>
        addOrderReqVO) {
        Order order = orderService.insertOrder(addOrderReqVO);
        return Result.success(OrderConverter.INSTANCE.convertResp(order));
    }

    @RequestMapping(value = "/confirm",method = RequestMethod.POST)
    Result<Boolean> orderConfirm(@RequestBody TccRequest<String> orderNumber) {
```

```
        orderService.updateOrderSuccessStatus(orderNumber);
        return Result.success(true);
    }

    @RequestMapping(value = "/cancel",method = RequestMethod.POST)
    Result<Boolean> orderCancel(@RequestBody TccRequest<String> orderNumber) {
        orderService.updateOrderFailStatus(orderNumber);
        return Result.success(true);
    }
}
```

显然，对于下单过程而言，Try 操作的效果是插入订单记录，而 Confirm 操作和 Cancel 操作的效果是分别将已插入订单的状态更新为有效和无效。因此 OrderService 接口分别定义了插入订单和更新订单状态的 3 个方法，如代码清单 8-36 所示。

代码清单 8-36　TCC 模式下的 OrderService 接口定义代码

```
public interface OrderService {
    @Transactional(rollbackFor = Throwable.class)
    Order insertOrder(TccRequest<AddOrderReqVO> tccRequest) throws BizException;

    @Transactional(rollbackFor = Throwable.class)
    void updateOrderSuccessStatus(TccRequest<String> orderNumber);

    @Transactional(rollbackFor = Throwable.class)
    void updateOrderFailStatus(TccRequest<String> orderNumber);
}
```

我们先来看 OrderService 接口中 insertOrder 方法的实现过程，如代码清单 8-37 所示。

代码清单 8-37　TCC 模式下的 OrderService 中 insertOrder 方法代码

```
@Override
public Order insertOrder(TccRequest<AddOrderReqVO> tccRequest) throws
    BizException {
    //防止服务悬挂
    Transaction existTransaction = transactionRepository.findTransactionByXidAnd
        BranchId(tccRequest.getXid(),tccRequest.getBranchId());
    if(existTransaction != null) {
        throw new BizException(MessageCode.CHECK_ERROR, "该事务已经提交");
    }

    Transaction transaction = new Transaction();
    transaction.setXid(tccRequest.getXid());
    transaction.setBranchId(tccRequest.getBranchId());
    transaction.setData(JSON.toJSONString(tccRequest.getData()));
    transaction.setState(1);
    transaction.setGmtCreate(new Date());
    transaction.setGmtModified(new Date());
    transactionRepository.save(transaction);

    return addOrder(tccRequest);
}
```

可以看到，为了防止出现服务悬挂现象，我们在 insertOrder 方法的入口处进行了校验。这里的校验逻辑很明确，就是基于 TccRequest 中传入的 Xid 和 BranchId 从数据库中获取对应的事务执行记录，如果该记录已存在就说明事务已提交，那么就相当于发生了服务悬挂现象，系统直接抛出异常。那么，这个事务执行记录是什么时候生成的呢？显然也应该在这个方法中。所以我们在这里创建了一个 Transaction 对象，并把它保存到数据库中供下次调用时进行校验。

我们接着讨论 OrderService 接口中 updateOrderSuccessStatus 方法的实现逻辑，如代码清单 8-38 所示。

代码清单 8-38　TCC 模式下的 OrderService 中 updateOrderSuccessStatus 方法代码

```
@Override
public void updateOrderSuccessStatus(TccRequest<String> orderNumber) {
    updateBranchTransactionToCommitted(orderNumber);

    Order order = orderRepository.findOrderByOrderNumber(orderNumber.getData());
    if(Objects.nonNull(order)) {
        order.setTccStatus(1);
        orderRepository.save(order);
    }
}

private void updateBranchTransactionToCommitted(TccRequest<String> orderNumber) {
    Transaction transaction = transactionRepository.findTransactionByXidAndBranchId
        (orderNumber.getXid(),orderNumber.getBranchId());
    if(Objects.nonNull(transaction)) {
        transaction.setState(2);
        transactionRepository.save(transaction);
    }
}
```

如代码清单 8-38 所示，updateOrderSuccessStatus 方法完成了两方面工作，即更新事务记录的状态和更新业务数据的 TCC 执行状态。对于前者，我们操作的是上一步创建的 Transaction 对象。而对于后者，我们操作的是 Order 对象本身。

讲到这里，我们明确在 TCC 模式下，我们同样需要对业务对象的数据模型进行重构，并添加 TCC 执行状态信息。代码清单 8-39 展示了 order 表的 SQL 脚本，可以看到这里存在一个代表 TCC 执行状态的“tcc_status”字段。

代码清单 8-39　添加了 tcc_status 字段的 order 表 DDL SQL 定义代码

```
create table `order` (
    `id` bigint(20) NOT NULL AUTO_INCREMENT,
    `account_id` bigint(20) NOT NULL,
    `account_name` varchar(50) not null,
    `order_number` varchar(50) not null,
    `delivery_address` varchar(100) not null,
    `is_deleted` tinyint(1) NOT NULL DEFAULT '0',
```

```
    `create_time` timestamp not null DEFAULT CURRENT_TIMESTAMP,
    `update_time` datetime NOT NULL DEFAULT CURRENT_TIMESTAMP ON UPDATE CURRENT_
        TIMESTAMP,
    `tcc_status` tinyint(1) NOT NULL DEFAULT '0',
    PRIMARY KEY (`id`)
);
```

最后，我们来看 OrderService 接口中 updateOrderFailStatus 方法，实现过程如代码清单 8-40 所示。

代码清单 8-40　TCC 模式下的 OrderService 中 updateOrderFailStatus 方法代码

```
@Override
public void updateOrderFailStatus(TccRequest<String> orderNumber) {
    //允许空回滚
    Transaction existTransaction = transactionRepository.findTransactionByXidAnd
        BranchId(orderNumber.getXid(),orderNumber.getBranchId());
    if(Objects.isNull(existTransaction)) {
        Transaction transaction = new Transaction();
        transaction.setXid(orderNumber.getXid());
        transaction.setBranchId(orderNumber.getBranchId());

        transaction.setData(JSON.toJSONString(orderNumber.getData()));
        transaction.setGmtCreate(new Date());
        transaction.setGmtModified(new Date());

        //已经回滚
        transaction.setState(3);
        transactionRepository.save(transaction);
        return;
    }

    updateBranchTransactionToRollbacked(orderNumber);

    Order order = orderRepository.findOrderByOrderNumber(orderNumber.getData());
    if(Objects.nonNull(order)) {
        order.setTccStatus(2);
        orderRepository.save(order);
    }
}
```

和 updateOrderSuccessStatus 方法类似，代码清单 8-40 中 updateOrderFailStatus 方法也完成了更新事务记录的状态和更新业务数据 TCC 执行状态这两方面工作。但是，在 updateOrderFailStatus 方法的入口处，我们添加了一个判断条件，即在还没有存在事务操作记录（也就是说还没有触发 Try 操作）的情况下允许直接插入一条状态为“已回滚”的事务操作记录。这是一种针对回滚的处理策略，意味着系统允许出现空回滚。如果我们不希望允许空回滚，那么针对尚未生成事务操作记录的情况就应该在入口处直接抛出异常，从而触发全局的事务回滚。

TCC 模式的实现代码内容比较多，调用关系也比较复杂，书中无法一一完整展现。你可以下载本书的配套代码进行学习。

8.9 本章小结

数据一致性在微服务架构中是不得不面对的一个问题，而确保数据一致性的基本技术手段就是分布式事务。本章针对数据一致性问题给出了目前业界主流的几种实现分布式事务的实现方法，包括 TCC 模式、Saga 模式、可靠事件模式等。而为了实现分布式事务，我们需要引入对应的开发框架和工具，例如本章介绍的 Seata 和 RocketMQ。

Seata 是 Spring Cloud Alibaba 中专门用来实现分布式事务的技术组件，内置了 AT 模式、TCC 模式、Saga 模式以及 XA 模式这 4 种实现模式，其中 AT 模式和 TCC 模式最为常用，本章重点对这两种模式的应用场景和实现过程进行了介绍。另外，如何基于具体需求选择合适的分布式事务模式也是一个开发人员必须要考虑的问题，本章也结合各种模式的特性做了技术选型上的分析。

可靠事件模式的实现需要引入消息中间件，这时候我们就可以使用 Spring Cloud Alibaba 中的 RocketMQ 框架。RocketMQ 所具备的事务消息为我们实现可靠事件模式提供了完整的解决方案。

在本章的最后，我们回到 SpringOrder 案例系统，分析了该案例系统中与分布式事务相关的需求，并给出了对应的实现方式。

扫描下方二维码，查看本章视频教程。

①搭建 Seata 服务器

②使用 Seata 实现 AT 模式

③使用 Seata 实现 TCC 模式

④实现 TCC 模式高级特性

第 9 章 Chapter 9

服务可用性和 Sentinel

微服务架构本质上也是一种分布式系统架构，而分布式系统存在的一些固有特性（如网络传输的三态性等）决定了服务会出现不可用的情况。同时，在微服务架构中，服务提供者可能会发生失败，由于设计实现上考虑不周、代码中存在缺陷等因素所造成的服务失败场景也不少见，我们把这类失败称为服务自身失败。除了服务自身失败之外，通信链路故障、服务端超时以及业务异常等场景也都会导致服务调用失败，这些场景更多体现的是服务之间的依赖失败，如图 9-1 所示。

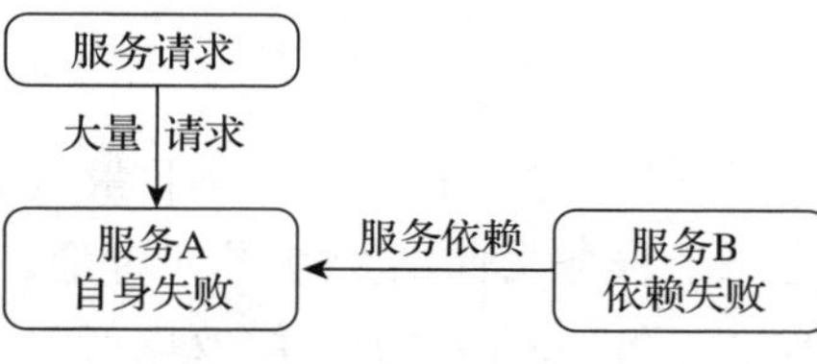

图 9-1 服务失败的两种场景

在微服务系统构建过程中，我们需要重点关注和处理的就是服务依赖失败。服务依赖失败较服务自身失败而言影响更大，也更加难以发现和处理。为了应对服务依赖失败，我们需要引入服务可用性设计的思想和实现机制。本章将对服务可用性问题进行详细的讨论，并基于 Spring Cloud Alibaba 中的 Sentinel 框架来实现请求限流和服务降级。

9.1 服务可用性问题和基本对策

服务可用性问题同时涉及服务的提供者和消费者。在本节中，我们先从常见的服务雪崩效应开始讲起，然后给出服务不可用的基本应对策略。同时，我们也将重点关注请求限流和服务降级这两个基本概念，它们构成了 Sentinel 框架的核心功能。

9.1.1 服务依赖失败和雪崩效应

服务依赖失败是我们在设计微服务架构中所需要重点考虑的服务可用性因素，因为服务依赖失败会造成失败扩散，从而形成服务访问的雪崩效应（Avalanche Effect）。雪崩效应是我们引入限流和降级思想的根本需求，在讨论具体应对策略之前，我们首先需要明确其产生的原因。

图 9-2 展示了服务雪崩效应（边框为虚线的服务代表不可用），可以看到 A、B、C、D、E 共 5 个服务存在依赖关系，服务 A 为服务提供者，服务 B 为服务 A 的消费者，服务 C、服务 D 和服务 E 是服务 B 的消费者。假如服务 A 变成不可用，就会引起服务 B 的不可用，并将这种不可用性逐渐扩散到服务 C、服务 D 和服务 E 时，就造成整个服务体系发生雪崩。

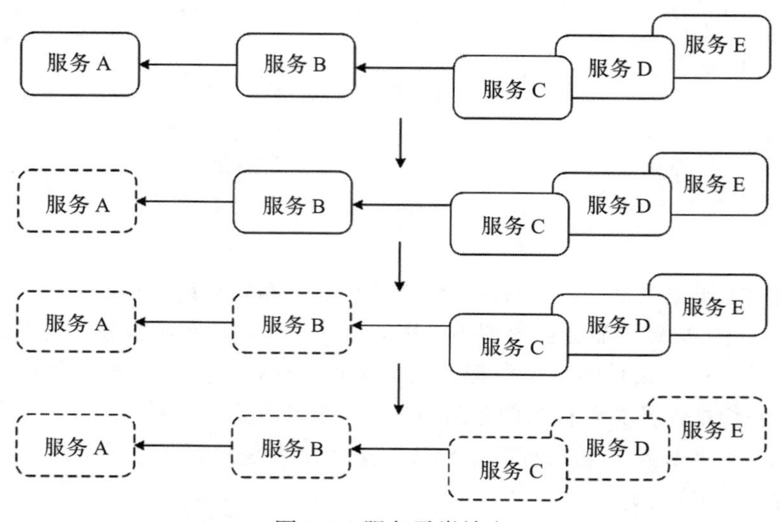

图 9-2　服务雪崩效应

服务雪崩的产生是一种扩散效应，我们可以对图 9-2 中的现象进行剥离，先从 A 和 B 这两个服务之间的交互展开讨论，如图 9-3 所示。图 9-3 展示了雪崩效应产生的三个阶段，即首先作为服务提供者的服务 A 不可用，然后作为服务消费者的服务 B 不断进行重试，加大了访问流量，最后导致服务 B 自身也不可用。

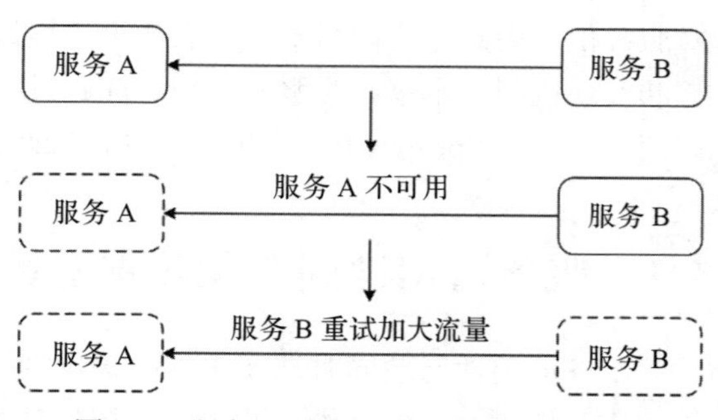

图 9-3　服务 A 不可用导致服务 B 不可用

在图 9-3 中，服务 B 因为用户不断提交服务请求或代码逻辑自动重试等手段会进一步加大对服务 A 的访问流量。因为服务 B 使用同步调用，会产生大量的等待线程占用系统资源。一旦线程资源被耗尽，服务 B 提供的服务本身也将处于不可用状态。这一效果在整个服务访问链路上进行扩散，就形成了雪崩效应。

显然，应对雪崩效应的切入点不在于服务提供者，而在于服务消费者。我们不能保证所有服务提供者都不会失败，但是我们要想办法确保服务消费者不受已失败的服务提供者的影响，或者说需要将服务消费者所受到的这种影响降到最低。因此，很多时候我们也把这部分工作称为服务消费者容错。

9.1.2　服务不可用的基本应对策略

介绍完服务雪崩效应，本节讨论应对这种服务不可用性的一些基本策略，如图 9-4 所示。

图 9-4　服务不可用问题的基本应对策略

从图 9-4 中可以看到，对于服务提供者而言，要做的事情比较简单，如果一旦自身服务发生错误，那么应该快速返回合理的处理结果，也就是要做到快速失败（Failfast）。而对于服务消费者而言，事情就没有那么简单，我们通常会采用超时（Timeout）、重试（Retry）和解耦等常见方法。

1. 超时、重试和解耦

对于服务消费者而言，为了保护自身服务的可用性，可以使用超时机制降低它所依赖服务对其造成的影响。超时机制指的是调用服务的操作可以配置为执行超时，如果服务未能在这个时间内响应将回复一个失败消息。这种策略有利有弊，不利之处在于可能会导致许多并发请求一直被阻塞，直到到达超时时间。设置较短的超时时间有助于解决这个问题。

同时，为了降低网络瞬态异常所造成的网络通信问题，可以使用重试机制。正如雪崩效应中的分析结果，频繁重试也会产生同步等待，因此合理限制重试次数是一般的做法。

从降低系统耦合性的角度出发，我们发现通过使用一些中间件实现服务提供者和服务消费者之间的异步解耦，也能把服务依赖失败的影响分摊到中间件上从而降低服务失败的概率。

2. 集群容错

在第 4 章中，我们已经介绍了集群和客户端负载均衡，从消费者容错的角度讲，负载均衡不失为一种好的容错策略。容错机制的基本思想是冗余和重试，即当一个服务器出现问题时不妨试试其他服务器。集群的建立已经满足冗余的条件，而围绕如何进行重试就产生了各种集群容错策略，包括 Failover（失效转移）、Failback（失败通知）、Failsafe（失败安全）和 Failfast（快速失败）等。

（1）Failover

Failover 即失效转移，当发生服务调用异常时，重新在集群中查找下一个可用的服务提供者。为了防止无限重试，通常对失败重试最大次数进行限制。Failover 是最常用的集群容错机制，它的基本工作原理如图 9-5 所示。

（2）Failback

Failback 即失败通知，当服务调用失败时直接将远程调用异常通知给服务消费者，由服务消费者捕获异常并进行后续处理。

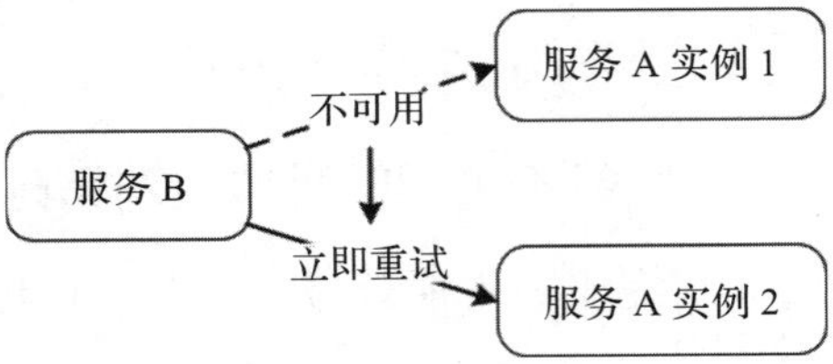

图 9-5　Failover 集群容错机制的基本工作原理

（3）Failsafe

Failsafe 即失败安全，在失败安全策略中，系统在获取服务调用异常时直接忽略。通常将异常写入审计日志等媒介，确保后续可以根据日志记录找到引起异常的原因并解决。我们也可以把该策略理解为一种简单的熔断机制，为了调用链路的完整性，在非关键环节中允许出现错误而不中断整个调用链路。

（4）Failfast

Failfast 即快速失败，快速失败策略在获取服务调用异常时立即报错。显然，Failfast 已经彻底放弃了重试机制，等同于没有容错。在特定场景中可以使用该策略确保非核心业务服务只调用一次，为重要的核心服务节约宝贵资源。

Failback、Failsafe 和 Failfast 这三种集群容错机制的执行效果如图 9-6 所示。

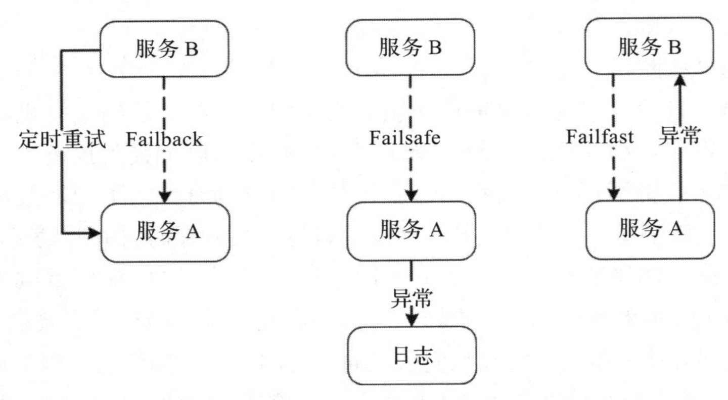

图 9-6　Failback、Failsafe 和 Failfast 集群容错机制的执行效果

3. 服务隔离

在架构设计中存在一种舱壁隔离模式（Bulkhead Isolation Pattern），顾名思义就是像舱壁一样对资源或失败单元进行隔离。如果一个船舱破了进水，只损失一个船舱，其他船舱可以不受影响。舱壁隔离模式在微服务架构中的应用就是各种服务隔离思想。

服务隔离包括一些常见的隔离思路以及特定的隔离实现技术框架。所谓隔离，本质上是对系统或资源进行分割，从而实现当系统发生故障时能够限定传播范围和影响范围，即发生故障后只有出问题的服务不可用，而保证其他服务仍然可用。隔离的基本思路如图 9-7 所示。

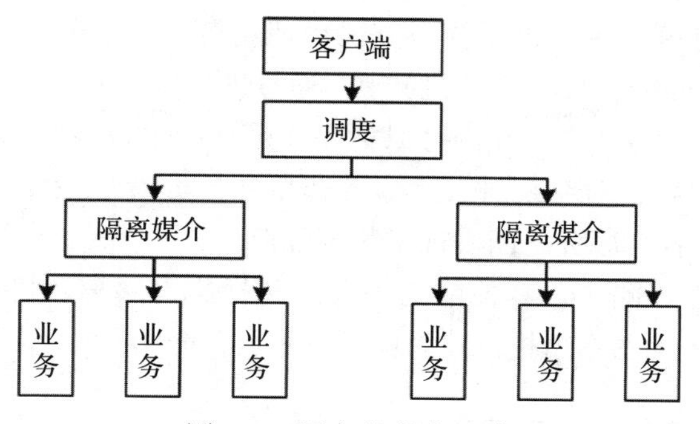

图 9-7　隔离的基本思路

线程隔离是实现服务隔离的常见手段，线程隔离主要通过线程池（Thread Pool）进行隔离，在实际使用时我们会把业务进行分类并交给不同的线程池进行处理。当某个线程池处理一种业务请求发生问题时，不会将故障扩散到其他线程池，也就不会影响其他线程池中所运行的业务，从而保证其他服务可用。在图 9-7 中，我们可以把隔离媒介替换成线程池就能起到线程隔离的效果。

我们通过一个示例来进一步介绍线程隔离的工作场景和隔离效果。假如系统存在商品服务、用户服务和订单服务这 3 个微服务，然后通过设置运行时环境参数得到这 3 个服务一共使用 200 个线程，客户端调用这 3 个服务会共享线程池，如图 9-8 所示。

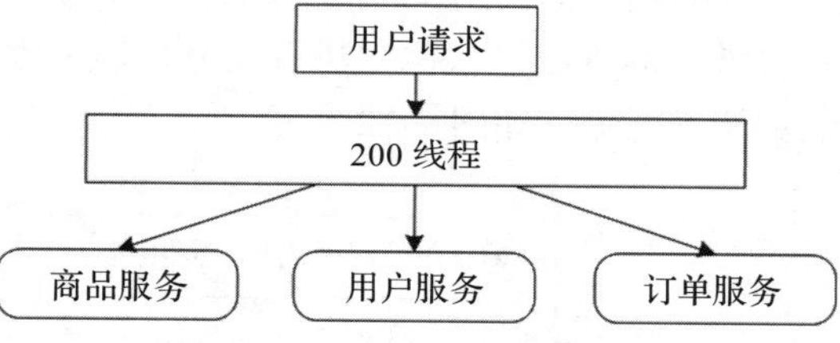

图 9-8　没有使用线程池隔离的场景

在图 9-8 中，如果其中的商品服务不可用，就会出现线程池里所有线程都因同步等待响应而被阻塞，从而造成服务雪崩，如图 9-9 所示（边框为虚线的服务代表不可用）。可以看到因为商品服务不可用导致共享线程池中的 200 线程全部耗尽，从而影响了用户服务和订单服务。

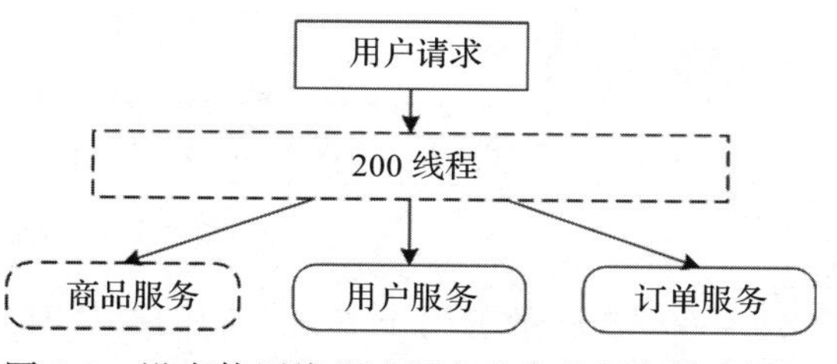

图 9-9　没有使用线程池隔离造成的服务雪崩场景

线程隔离机制通过为每个依赖服务分配独立的线程池以实现资源隔离，如图 9-10 所示。在图 9-10 中，当商品服务不可用时，即使为商品服务独立分配的 50 个线程全部处于同步等待状态，也不会影响其他服务的调用，因为其他服务运行在独立的线程池中。

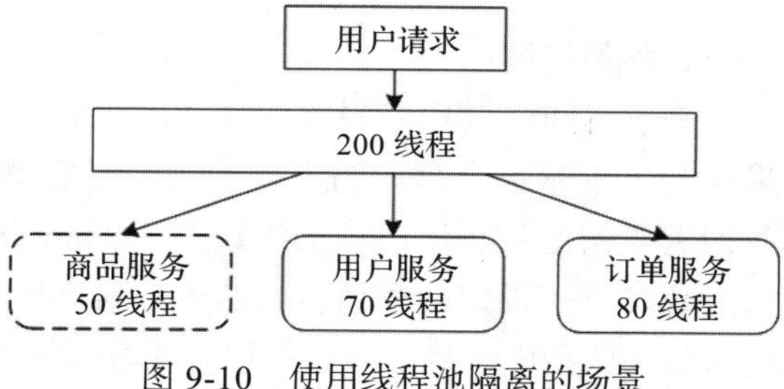

图 9-10　使用线程池隔离的场景

介绍完线程隔离，接下来讨论另一种常见的隔离机制，即进程隔离。进程隔离比较好理解，就是将系统拆分为多个子系统来实现物理隔离，各个子系统运行在独立的容器和JVM（Java Virtual Machine，Java 虚拟机）中。通过进程隔离使得某一个子系统出现问题不会影响其他子系统。在图 9-7 中，我们可以把隔离媒介简单替换成 JVM 就能起到进程隔离的效果。就进程隔离而言，对系统进行微服务建模和拆分就是一种具体的实现方式，每个服务独立部署和运行，各个服务之间实现了物理隔离。

除了线程隔离和进程隔离，其他隔离手段还包括集群隔离、机房隔离和读写隔离等，它们都遵循了图 9-10 中的基本结构，这里就不一一展开介绍。

9.1.3 服务限流的基本概念和原理

所谓限流即流量限制，解决的是在流量高峰期或者流量突增时服务的可用性问题。我们希望把流量限制在该服务所能接受的合理范围之内，不至于让服务被高流量击垮，如图 9-11 所示。

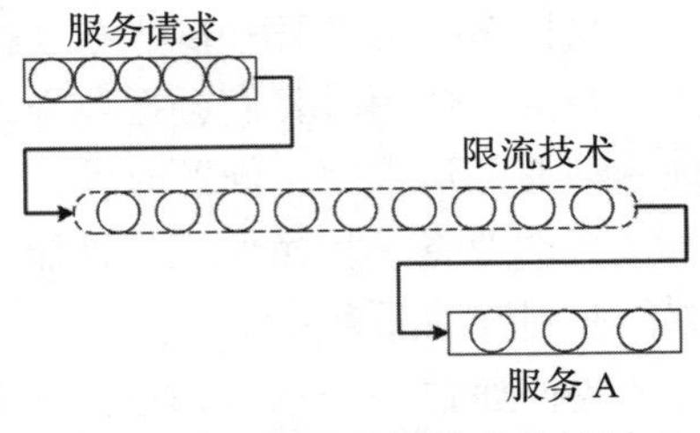

图 9-11　服务限流的基本效果

针对图 9-11 所示内容，业界关于如何实现限流也有一些常见的方法，这些方法可以分成两大类，即流量控制和流量整形，如图 9-12 所示。

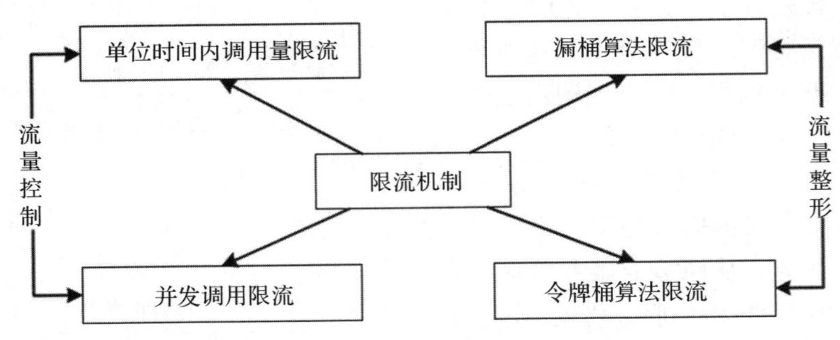

图 9-12　服务限流的实现策略

图 9-12 展示了用于流量控制的单位时间内调用量限流和并发调用限流的算法，以及用于流量整形的漏桶算法限流以及令牌桶算法限流的算法。下面我们对这些方法逐一进行展开。

1. 流量控制

单位时间内调用量限流的基本思想非常简单，就是控制一定时间内的请求量大小，如果这个请求量在合理的访问阈值内，我们就认为能起到限流的效果。针对这种实现方法，我们需要做的就是使用一个计数器（Counter）统计单位时间内某个服务的访问量。一旦访问量超过了所设定的阈值，则该单位时间段内不允许服务继续响应请求，或者把接下来的请求放入队列中等待下一个单位时间段继续执行。计数器的执行效果如图 9-13 所示。

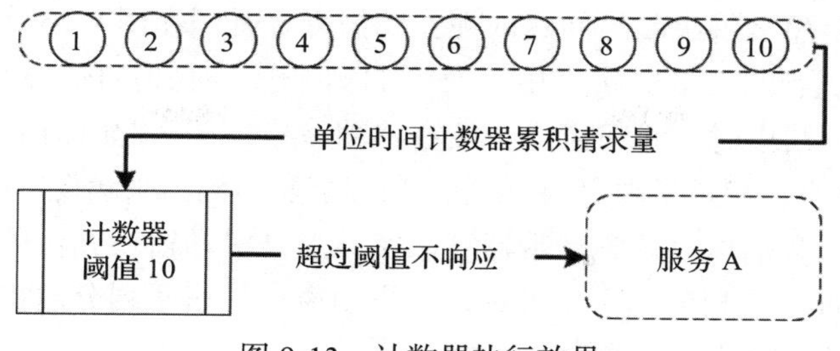

图 9-13　计数器执行效果

当然，计数器需要在一个单位时间结束时对累积的请求量进行清零。计数器算法可以说是限流算法里最简单也是最容易实现的一种算法，但是也有一个十分致命的问题，那就是临界问题。我们来展示一下这个问题。

我们设定单位时间是 10s，阈值同样是 10。假设服务请求在第 10s 快要结束的时候一次发送 10 个请求，这时候一个单位时间结束，计数器清零。那么在第 11s 开始的瞬间原则上又可以发送 10 个请求，这样在这一段很短的时间之内，服务 A 相当于接收到了 20 个请求，超过了限流的阈值，可能导致服务失败。整个过程如图 9-14 所示。

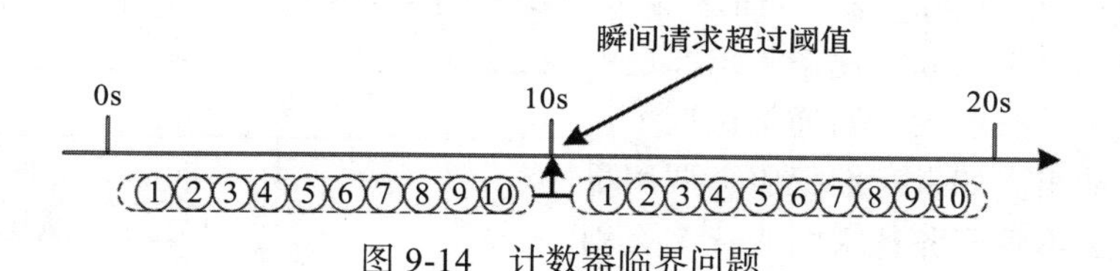

图 9-14　计数器临界问题

为了解决计数器的临界问题，我们可以采用滑动窗口（Sliding Window）来进行限流。在滑动窗口中，我们把单位时间设置为一个时间窗口，然后把时间窗口进行进一步划分。比如说我们可以把 10s 这个单位时间划分成 10 个时间格，这样每格代表 1s。然后每过 1s，时间窗口就会往右滑动一格。每一个格子都有自己独立的计数器，如图 9-15 所示。

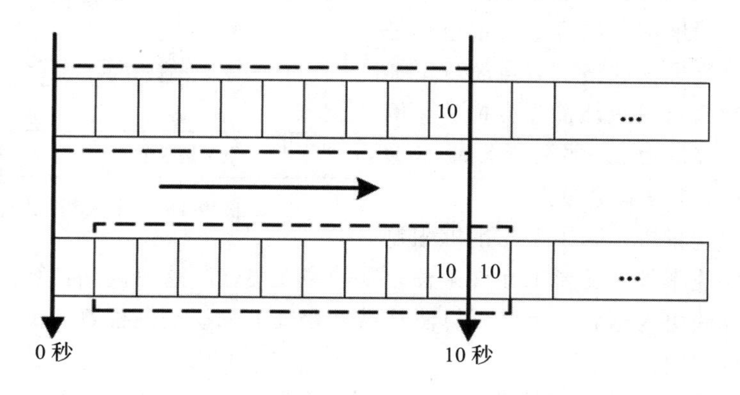

图 9-15　滑动窗口执行效果

那么滑动窗口是怎么解决临界问题的呢？我们可以看到在图 9-15 中，第 10s 快要结束时到达的 10 个请求会落在 10 号格子中，而第 11s 刚开始时到达的 10 个请求会落在 11 号格子中。而当第 10s 结束时，时间窗口会往右移动一格，那么此时时间窗口内的总请求数量一共是 10+10=20 个，超过了限定的 10 个，所以能够检测出来触发了限流。

从这个角度讲，我们可以认为计数器算法实际上是滑动窗口算法的一种特例，只是它没有对时间窗口做进一步划分。由此可见，当滑动窗口的格子划分越多，那么滑动窗口的滚动就越平滑，限流的统计就会越精确。

另一种常见的流量控制手段就是并发调用限流。比如说，我们需要限制方法被调用的并发数不能超过 100（同一时间并发数），那我们可以使用并发调用限流机制。在实现过程中，我们往往可以引入信号量（Semaphore）来完成这一目标。信号量也是一种计数器，用来保护一个或者多个共享资源的访问，它可以用来控制同时访问特定资源的线程数量，通过协调各个线程以保证合理地使用资源。

2. 流量整形

介绍完用于实现流量限制的常见做法之后，我们在看漏桶算法，该算法是网络流量整形的常用算法之一。顾名思义，漏桶算法有点像我们生活中用到的漏斗，液体倒进去以后，总是从下端的小口中以固定速率流出，也就是说不管突发流量有多大，漏桶都保证了流量的恒定速率输出。如果我们把服务调用量看作液体，那么不管服务请求的变化多么剧烈，通过漏桶算法进行整形之后只会输出固定的服务请求，如图 9-16 所示。

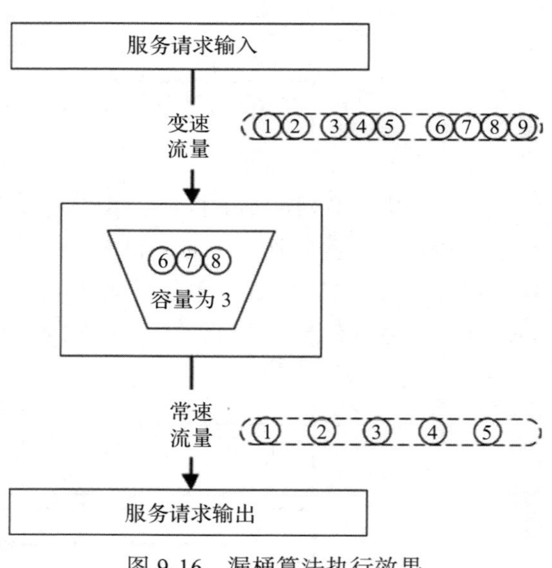

图 9-16 漏桶算法执行效果

从图 9-16 中，我们看到请求 1～9 以不同的速率进入漏桶，而输出的则是固定速率的请求 1～5，剩余的请求则会继续留在漏桶中。请注意，漏桶本身的容量肯定也不是无限大的，所以当桶中的请求数量超过了桶的容量，新来的请求也只能被丢弃掉了。例如，假设漏桶的容量为 3，那么请求 6～8 会保存在桶中，而请求 9 就会被丢弃。

在很多应用场景中，除了要求能够限制请求的平均响应速率外，还要求允许某种程度的突发传输。这时候漏桶算法可能就不合适了，而令牌桶算法更为适合，令牌桶算法从某种程度上来说是漏桶算法的一种改进，它的执行效果如图 9-17 所示。

正如图 9-17 所示，令牌桶算法的原理是系统会以一个固定的速度往桶里放入令牌。如果请求需要被处理，则先从桶里获取一个令牌，当桶里没有令牌可取时，则拒绝服务。而如果某一时间点上桶内存放着很多令牌，那么也就可以在这一时间点上响应很多的请求，因此服务请求的输入和输出都可以是变速的。通过以上分析，我们明白令牌桶算法和漏桶算法的主要区别在于漏桶算法能够强行限制数据的传输速率，而令牌桶算法能够在限制数据平均传输速率的同时还允许某种程度的突发传输。

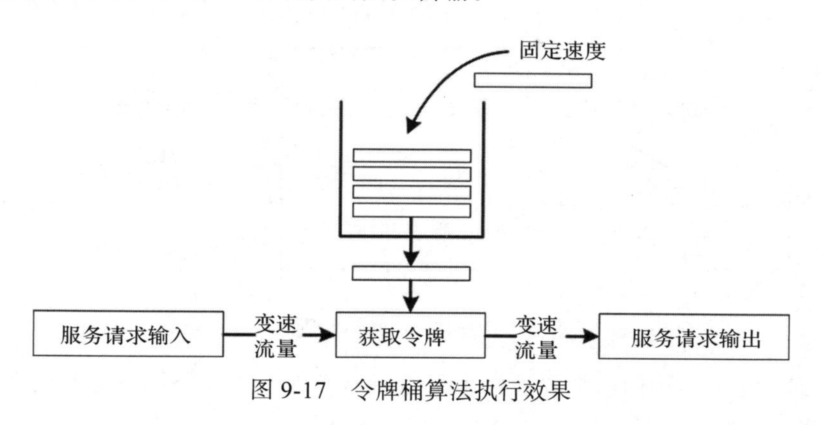

图 9-17　令牌桶算法执行效果

9.1.4　服务降级的基本概念和原理

讲完服务限流，接下来我们来看服务降级。所谓服务降级，指的是当服务器压力剧增的情况下，根据当前业务情况及流量对一些服务进行有策略的快速失败处理，以此避免服务之间的调用依赖影响其他核心服务，服务降级的执行效果如图 9-18 所示。

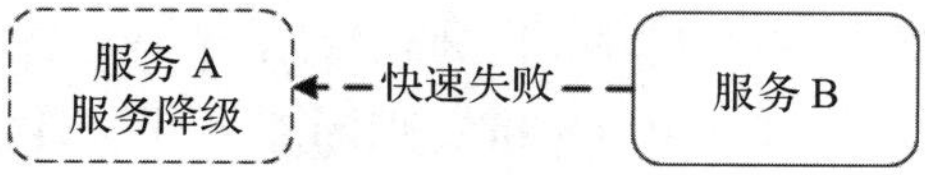

图 9-18　服务降级执行效果

针对如何实现服务降级，业界存在一种主流的做法，即服务熔断。服务熔断的概念来源于电路系统。电路系统中存在一种熔断器（Circuit Breaker），当流经该熔断器的电流过大时就会自动切断电路。在分布式系统中，也存在类似现实世界中的服务熔断器，当某个异常条件被触发，直接熔断整个服务，而不是一直等到该服务超时。

从设计理念上讲，当服务消费者向服务提供者发起远程调用时，服务熔断器会监控该次调用，如果调用的响应时间过长，服务熔断器就会中断本次调用并直接返回。请注意服务熔断器判断本次调用是否应该快速失败是有状态的，也就是说服务熔断器会把所有的调用结果都记录下来，如果发生异常的调用次数达到一定的阈值，那么服务熔断机制就会被触发，快速失败就会生效；反之将按照正常的流程执行远程调用，服务熔断执行效果如图 9-19 所示。

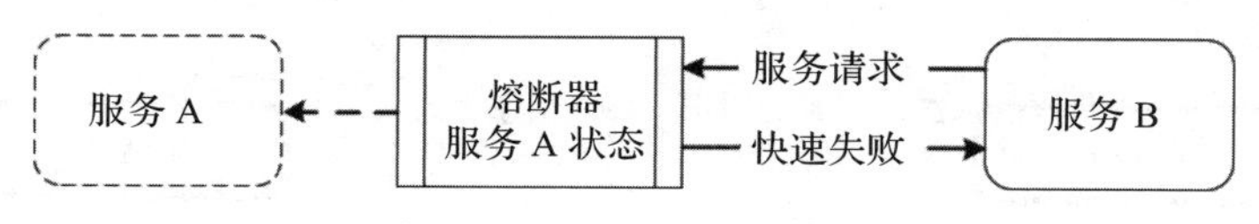

图 9-19　服务熔断执行效果

我们对以上过程进行抽象和提炼，可以得到服务熔断器的基本结构，如图 9-20 所示。

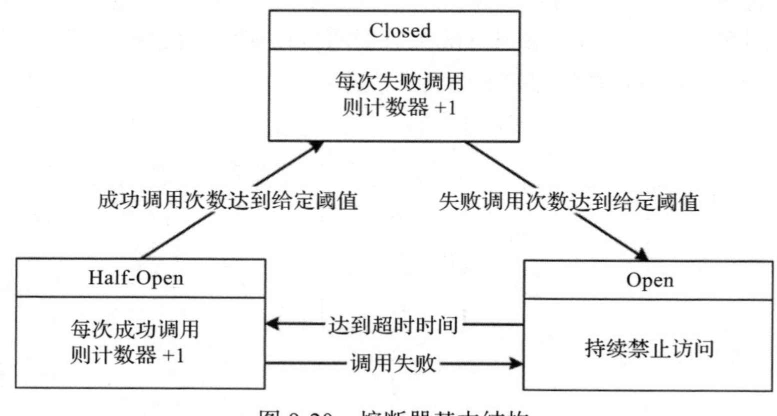

图 9-20　熔断器基本结构

可以看到，这个结构简明扼要地给出了熔断器实现上的三个状态机器，即 Closed（关闭）状态、Open（打开）状态和 Half-Open（半开）状态。

- Closed：熔断器关闭状态，不对服务调用进行限制，但会对调用失败次数进行统计，到达一定阈值或比例时则启动熔断机制。
- Open：熔断器打开状态，此时对服务的调用将直接返回错误，不执行真正的网络调用。同时，熔断器设计了一个时钟选项，当时钟达到了一定时间后会进入半开状态。
- Half-Open：熔断器半开状态，允许一定量的服务请求，如果调用都成功或达到一定比例则认为调用链路已恢复，关闭熔断器；否则认为调用链路仍然存在问题，又回到熔断器打开状态。

那么，当熔断器发生熔断时，每一次服务请求应该得到什么样的响应结果呢？当发生服务熔断时，通常通过回退（Fallback）操作向服务请求方返回熔断结果。服务回退的做法不是直接抛出异常，而是使用一个间接的处理机制来应对该异常，相当于执行了另一条路径上的代码或返回一个默认处理结果。而返回的结果并不一定满足业务逻辑的实现需求，但需要确保被请求方正常处理。图 9-21 展示了服务回退的执行效果。

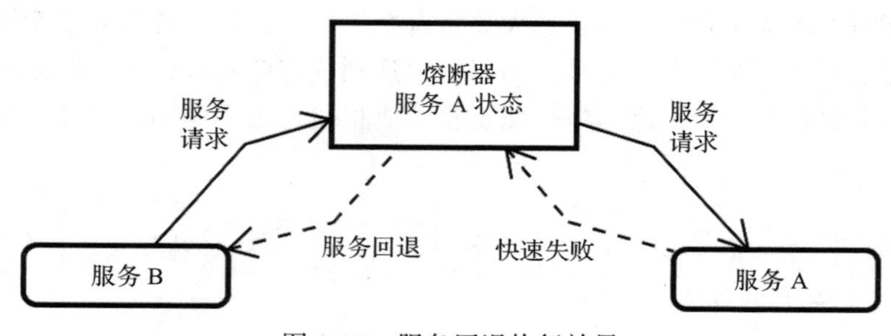

图 9-21　服务回退执行效果

在日常开发过程中，我们可以使用本节中介绍的请求限流和服务降级机制为微服务系统提升服务访问的可靠性。而 Sentinel 作为一款主流的高可用流量管理框架为我们实现请求限流和服务降级提供了对应的解决方案。

9.2　Sentinel 核心概念和工作流程

作为一款由阿里巴巴开源的高可用流量管理框架，Sentinel 提供了面向分布式服务架构的高可用流量防护组件，主要以流量为切入点，采用多个维度来帮助开发者保障微服务的稳定性。让我们一起来看一下。

9.2.1　Sentinel 功能特性和核心概念

Sentinel 在设计和实现上包含了一组特有的设计思想和理念，本节将带你学习 Sentinel 中的功能特性以及核心概念。

1. Sentinel 功能特性

让我们先从 Sentinel 的功能体系开始讲起，图 9-22 展示了 Sentinel 框架的整体组成结构。

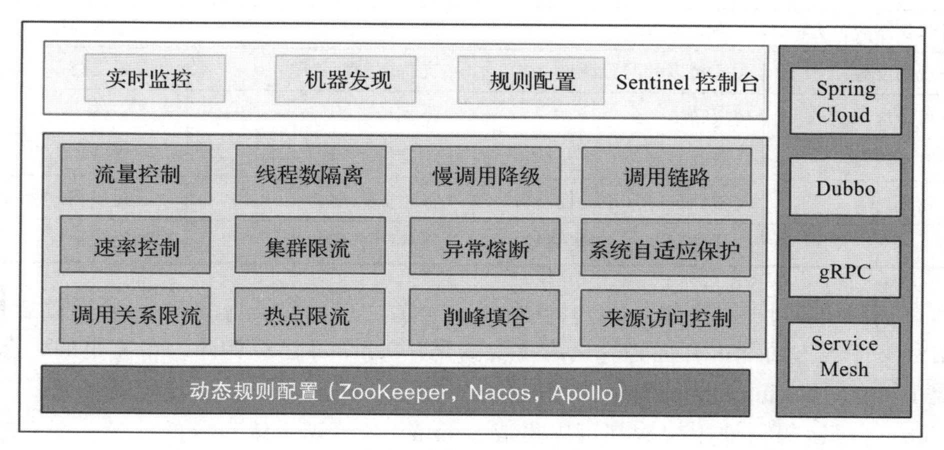

图 9-22　Sentinel 整体组成结构（来自 Sentinel 官方网站）

从图 9-22 中不难看出，Sentinel 除了针对流量控制的粒度和维度都很丰富，从而促使该框架成为目前开发人员实现服务可用性的首选框架。我们对图 9-22 中的功能进行梳理和总结，可以得出如下功能体系。

- 实时监控：Sentinel 可以监控分布式系统中的各种指标，如 QPS（每秒查询率）、CPU、内存等，并提供实时的监控数据和报警功能。
- 流量控制：Sentinel 可以根据系统的负载情况来执行流量控制，以保证系统的稳定性和可靠性。

- 自动化故障恢复：Sentinel 可以自动对系统中出现的故障进行恢复，以减少人工干预的成本和时间。
- 熔断降级：Sentinel 可以根据系统的负载情况来进行熔断降级，以保证系统的稳定性和可靠性。
- 规则配置：Sentinel 提供了丰富的规则配置功能，可以根据不同的应用场景进行灵活的配置。

作为对比，我们也可以通过表 9-1 展示 Sentinel、Hystrix 和 Resilience4j 这三款框架之间的功能特性。

表 9-1 主流服务可用性框架比较

功能特性	Sentinel	Hystrix	Resilience4j
隔离策略	信号量隔离	线程池隔离 / 信号量隔离	信号量隔离
限流策略	支持基于调用关系的限流	有限的支持	Rate Limiter
流量整形	支持预热模式、匀速排队模式等	不支持	Rate Limiter
熔断降级策略	基于响应时间、异常比率、异常数等	异常比率模式、超时熔断	基于异常比率、响应时间
运行时状态统计方法	滑动窗口	滑动窗口	环形缓冲区
动态规则配置	支持多种配置源	支持多种配置源	有限支持
系统自适应保护	支持	不支持	不支持
集群流量控制	支持	不支持	不支持
控制台支持	提供开箱即用的控制台	简单监控查看	不提供控制台
扩展性	丰富的 SPI 扩展接口	插件的形式	接口的形式

从表 9-1 中我们不难看出，Sentinel 在流量整形、系统自适应保护 、集群流量控制以及控制台支持等方面都占有优势。更为重要的是，Sentinel 已经构建一个完整的生态系统，无论是 Dubbo、Spring Cloud 等微服务框架，还是 Nginx、Tengine 等网关系统，亦或是 Kubernetes、Istio 等云原生架构都可以集成 Sentinel 来管理系统自身的流量。图 9-23 展示了 Sentinel 生态系统的整体蓝图。

2. Sentinel 核心概念

关于 Sentinel，第一个需要掌握的核心概念就是资源（Resource）。在 Sentinel，资源可以是 Java 应用程序中的任何内容，例如一个方法、一段代码、一个服务等，一般指一个具体的接口。Sentinel 以资源为维度统计指标数据，这些指标数据包括每秒请求数、请求平均耗时、每秒异常总数等。那么，资源和指标数据是如何进行关联的呢？这就需要引入规则（Rule）这个概念。我们围绕资源的实时指标数据设定规则，可以包括流量控制规则、熔断降级规则以及系统保护规则等。资源、指标数据和规则这三者之间的关系如图 9-24 所示。

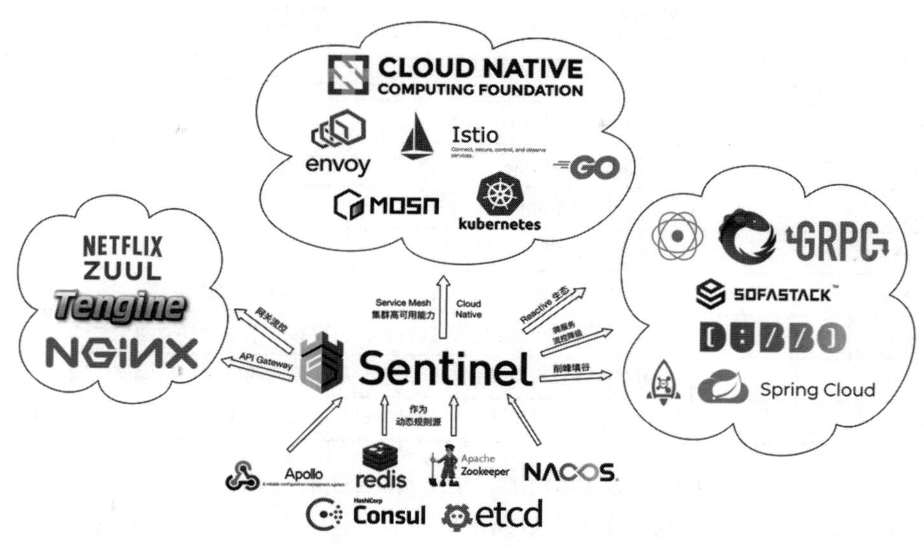

图 9-23　Sentinel 生态系统整体蓝图（来自 Sentinel 官方网站）

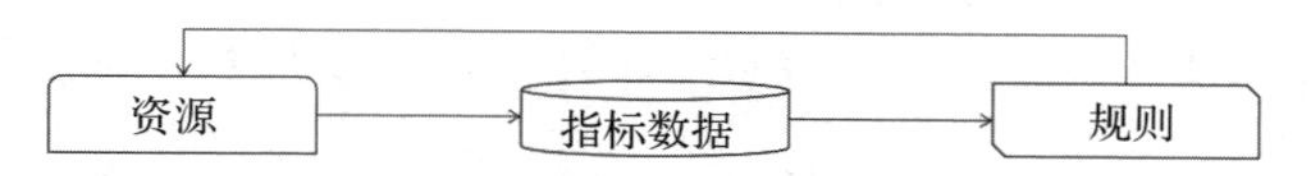

图 9-24　Sentinel 核心概念及其关联关系

接下来，让我们分析如何对资源的指标数据进行收集和分析。这部分工作在 Sentinel 中是交由处理器插槽（ProcessorSlot）来处理的。处理器插槽是 Sentinel 提供的插件，负责执行具体的资源指标数据的统计、限流、熔断降级、系统自适应保护等工作。在 Sentinel 中，代表处理器插槽的 ProcessorSlot 接口定义如代码清单 9-1 所示。

代码清单 9-1　ProcessorSlot 接口定义代码

```
public interface ProcessorSlot<T> {
    void entry(Context context, ResourceWrapper resourceWrapper, T param, int
        count, boolean       prioritized, Object... args) throws Throwable;
    void fireEntry(Context context, ResourceWrapper resourceWrapper, Object obj,
        int count, boolean prioritized, Object... args) throws Throwable;
    void exit(Context context, ResourceWrapper resourceWrapper, int count,
        Object... args);
    void fireExit(Context context, ResourceWrapper resourceWrapper, int count,
        Object... args);
}
```

在代码清单 9-1 中，我们可以通过执行 entry 和 exit 方法来启动和终止各个节点对该资源本次访问的数据度量，而对应的 fireEntry 和 fireExit 方法表示该 ProcessorSlot 的 entry 和 exit 方法已经执行完毕，可以将 entry 对象传递给下一个 ProcessorSlot。

Sentinel 包含一组内置的 ProcessorSlot，它们的名称和作用如表 9-2 所示。

表 9-2 Sentinel 内置 ProcessorSlot 名称及作用

ProcessorSlot 名称	ProcessorSlot 作用
NodeSelectorSlot	用于构建调用树中的 Node
ClusterBuilderSlot	创建 ClusterNode，具有相同名称的资源共享一个 ClusterNode
LogSlot	用于打印异常日志
StatisticSlot	用于统计实时的调用数据
SystemSlot	用于根据 StatisticSlot 所统计的全局入口流量进行限流
AuthoritySlot	用于对资源的黑白名单做检查，只要有一条不通过就抛异常
FlowSlot	用于根据预设资源的统计信息，按照固定的次序执行限流规则
DegradeSlot	用于基于统计信息和设置的降级规则进行匹配校验以决定是否降级

在表 9-2 中，比较重要的就是 FlowSlot 和 DegradeSlot，这两个 ProcessorSlot 分别用来实现请求限流和服务降级，我们在本章后续内容中会对这两个 ProcessorSlot 做详细介绍。

当我们把一组处理器插槽有序组合在一起就形成了处理器插槽链表（ProcessorSlotChain），Sentinel 在执行业务方法之前会根据处理器插槽链表调度处理器插槽完成资源指标数据的监控统计、流量控制、熔断降级等。图 9-25 展示了处理器插槽链表的组成结构。

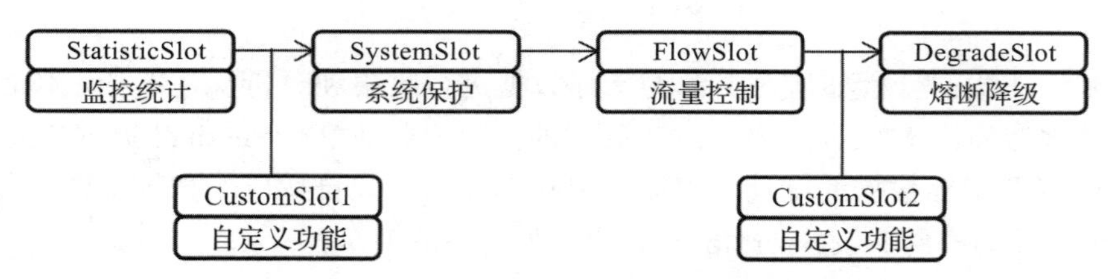

图 9-25 Sentinel 处理器插槽链表组成结构

图 9-25 展示的实际上就是我们在第 6 章中介绍的管道 - 过滤器架构，处理器插槽链表中的每一个处理器插槽就是一个过滤器组件。从图 9-25 中我们不难看出每一个处理器插槽分别完成了某一项特定功能。ProcessorSlotChain 的实现过程可以参考代码清单 9-2。

代码清单 9-2 ProcessorSlotChain 抽象类代码

```
public abstract class ProcessorSlotChain extends AbstractLinkedProcessorSlot
    <Object> {
    public abstract void addFirst(AbstractLinkedProcessorSlot<?> protocolProcessor);

    public abstract void addLast(AbstractLinkedProcessorSlot<?> protocolProcessor);
}

public class DefaultProcessorSlotChain extends ProcessorSlotChain {
    public void addFirst(AbstractLinkedProcessorSlot<?> protocolProcessor) {
        protocolProcessor.setNext(this.first.getNext());
```

```
        this.first.setNext(protocolProcessor);
        if (this.end == this.first) {
            this.end = protocolProcessor;
        }
    }

    public void addLast(AbstractLinkedProcessorSlot<?> protocolProcessor) {
        this.end.setNext(protocolProcessor);
        this.end = protocolProcessor;
    }
}
```

从代码清单 9-2 中可以看到，ProcessorSlotChain 本质上就是一个链表，开发人员完全可以实现自定义的 ProcessorSlot 并嵌入到 ProcessorSlotChain 中。我们在本章后续内容中会动手实现一个定制化的 ProcessorSlot。

9.2.2 Sentinel 指标体系和开发流程

前面我们已经提到了 Sentinel 核心概念，而 Sentinel 指标的创建和管理是一项复杂的工作。在本节中，我们将详细分析 Sentinel 中的指标体系，并给出该框架的开发流程。

1. Sentinel 指标体系

ResourceWrapper 是 Sentinel 指标体系中的一个核心类，其所包含的关键字段如代码清单 9-3 所示。

代码清单 9-3　ResourceWrapper 抽象类及其关键字段代码

```
public abstract class ResourceWrapper {
    protected final String name;
    protected final EntryType entryType;
    protected final int resourceType;
}

public enum EntryType {
    IN, // 流入流量
    OUT; // 流出流量
}

public final class ResourceTypeConstants {
    public static final int COMMON = 0;          // 默认，可以是接口、一个方法、一段代码
    public static final int COMMON_WEB = 1;      //Web 应用的接口
    public static final int COMMON_RPC = 2;      // 使用 Dubbo 框架实现的 RPC 接口
    public static final int COMMON_API_GATEWAY = 3; //API Gateway 网关接口
    public static final int COMMON_DB_SQL = 4;   // 数据库 SQL 操作
}
```

从代码清单 9-3 中不难看出，资源名称、流量类型和资源类型构成了 ResourceWrapper 的主体内容，从而形成了对资源的一种包装。

在 Sentinel 中，真正包含指标数据的是 Node 接口，该接口定义了系统运行时所有的指标数据，代码清单 9-4 罗列了部分 Node 接口中的统计方法。

代码清单 9-4 Node 接口定义代码

```
public interface Node {
    long totalRequest();
    long totalPass();
    long totalSuccess();
    long blockRequest();
    long totalException();
    double passQps();
    double blockQps();
    double totalQps();
    double successQps();
    double maxSuccessQps();
    double exceptionQps();
    ...
}
```

Node 接口存在一组实现类，包括封装统计实时指标数据的 StatisticNode、统计同一资源不同调用链入口的实时指标数据的 DefaultNode、统计每个资源的全局指标数据的 ClusterNode 等。这里我们以 StatisticNode 为例给出它的实现过程，如代码清单 9-5 所示。

代码清单 9-5 StatisticNode 实现类代码

```
public class StatisticNode implements Node {
    private transient volatile Metric rollingCounterInSecond;
    private transient Metric rollingCounterInMinute;
    private LongAdder curThreadNum;
    private long lastFetchTime;

    public void addRtAndSuccess(long rt, int successCount) {
        this.rollingCounterInSecond.addSuccess(successCount);
        this.rollingCounterInSecond.addRT(rt);
        this.rollingCounterInMinute.addSuccess(successCount);
        this.rollingCounterInMinute.addRT(rt);
    }

    public long totalRequest() {
        return this.rollingCounterInMinute.pass() + this.rollingCounterInMinute.
            block();
    }

    public long blockRequest() {
        return this.rollingCounterInMinute.block();
    }
}
```

从变量的命名而言，我们不难看出代码清单 9-5 中的 rollingCounterInSecond 和 rolling-CounterInMinute 分别代表秒级和分钟级的滑动窗口。关于滑动窗口的概念我们在 9.1 节中已经做了介绍，你可以做一些回顾。而这里的 addRtAndSuccess 方法用来统计 Rt（Response Time），即响应时间。至于 totalRequest 和 blockRequest 方法则用来对请求数量进行统计。

在服务调用链上，一个资源对应一个 Entry 实例，关于 Entry 的定义可以参考代码清单 9-6 的内容。

代码清单 9-6　Entry 抽象类代码

```
public abstract class Entry implements AutoCloseable {
    private Node curNode;
    private Node originNode;
    ...
}

class CtEntry extends Entry {
    protected Entry parent = null;
    protected Entry child = null;
    protected ProcessorSlot<Object> chain;
    protected Context context;
    ...
}
```

从代码清单 9-6 中可以看到，Entry 包含当前资源的父子 Entry、当前资源的 ProcessorSlotChain 实例以及调用链上的 Context 实例。Context 即调用链上下文，贯穿整条调用链。Context 可用于减少方法的参数个数，具体做法是将一些调用链上被多个方法使用的参数提取到 Context 中，使调用链上方法的执行强依赖于 Context，即 Context 作为这些方法执行所依赖的环境。同时，Context 还可以提升框架的扩展性。通常做法是在调用链入口处将新增参数写入 Context，使调用链上的任何方法都可以从 Context 中获取该参数。

2. Sentinel 开发流程

我们可以通过一个简单的示例来展示 Sentinel 的开发流程，如代码清单 9-7 所示。

代码清单 9-7　Sentinel 开发流程示例代码

```
public class SentinelDemo {
    public static void main(String[] args) {
        //配置规则
        initRules();

        String resourceName = "resource";
        Entry entry = null;
        try {
            //注册资源
            entry = SphU.entry(resourceName);
            //执行业务逻辑
            doBusinessLogic();
        } catch (BlockException e) {
            //处理限流
            handleBlockException();
        } finally {
```

```
                if (entry != null) {
                    // 退出数据度量
                    entry.exit();
                }
            }
        }
        ...
    }
```

在这里我们通过 SphU.entry 方法创建了一个 Entry 对象，然后执行业务逻辑。一旦触发限流机制，我们就可以通过捕获 BlockException 进行处理。上述代码使用的是 Sentinel 的原生 API。

针对其他各种功能，Sentinel 也采用了如下通用工作步骤。

- 定义规则：根据业务需求定义规则，包括限流规则、熔断规则和降级规则等。
- 注册资源：将需要限流或熔断的资源（如接口、方法等）注册到 Sentinel 中。
- 调用链路拦截：在业务代码中调用需要进行限流或熔断的资源时，Sentinel 会拦截请求并进行规则匹配和统计。
- 执行处理：根据规则匹配的结果，Sentinel 可以执行限流、熔断和降级等处理，保障系统的稳定性和可用性。

9.3 使用 Sentinel 实现请求限流

从本节开始，我们将详细讨论 Sentinel 的使用方法。让我们先从最基本的请求限流操作开始，分析 Sentinel 的开发步骤以及具备的技术组件。

9.3.1 Sentinel 请求限流的开发步骤

基于 Sentinel 实现请求限流的基本开发步骤有以下三步。

- 定义资源：通过代码或注解指定目标资源。
- 设置限流规则：指定流量统计类型和控制行为。
- 验证限流效果：通过测试工具执行验证。

在本节中，我们将详细介绍上述三个步骤中的前两个步骤。关于验证限流效果的环节我们将在介绍 SpringOrder 案例时再展开。

1. 定义资源

让我们先来看第一步，即定义资源。在 Sentinel 中，定义资源的方式有两种，即通过代码和基于注解。如果你想通过代码来定义资源，可以使用 SphU 和 SphO 这两个资源定义工具类。

SphU 提供了一套采用 try-catch 编码风格的 API，如代码清单 9-8 所示。

代码清单 9-8　基于 SphU 定义资源示例代码

```
try (Entry entry = SphU.entry("resourceName")) {
    // 被保护的业务逻辑
    // do something here...
} catch (BlockException ex) {
    // 资源访问阻止，被限流或被降级
    // 在此处进行相应的处理操作
}
```

而 SphO 提供的是一套 if-else 编码风格的 API，如代码清单 9-9 所示。

代码清单 9-9　基于 SphO 定义资源示例代码

```
if (SphO.entry("resourceName")) {
    // 务必保证 finally 会被执行
    try {
        //被保护的业务逻辑
        // do something here...
    } finally {
        SphO.exit();
    }
} else {
    // 资源访问阻止，被限流或被降级
    // 在此处进行相应的处理操作
}
```

在日常开发过程中，你可以采用任意一种方式来创建资源。但事实上，这两个方式都过于底层，实现起来也比较烦琐。Sentinel 为开发人员提供了更加简单的实现方法，那就是 @SentinelResource 注解。@SentinelResource 注解的定义如代码清单 9-10 所示。

代码清单 9-10　@SentinelResource 注解定义代码

```
public @interface SentinelResource {
    //资源名称，非空
    String value() default "";
    EntryType entryType() default EntryType.OUT;
    int resourceType() default 0;

    // 对应处理 BlockException 的方法或类
    String blockHandler() default "";
    Class<?>[] blockHandlerClass() default {};

    //用于在抛出异常的时候提供 fallback 处理逻辑
    String fallback() default "";
    String defaultFallback() default "";
    Class<?>[] fallbackClass() default {};

    //执行或忽略监控的异常类
    Class<? extends Throwable>[] exceptionsToTrace() default {Throwable.class};
    Class<? extends Throwable>[] exceptionsToIgnore() default {};
}
```

@SentinelResource 注解的使用方法也比较简单，这里给出一个基本示例，如代码清单 9-11 所示。

代码清单 9-11　@SentinelResource 注解使用示例代码

```
public class TestService {
    @SentinelResource(value = "test", blockHandler = "handleException",
        blockHandlerClass = {ExceptionUtil.class})
    public void test() {
        System.out.println("Test");
    }

    @SentinelResource(value = "hello", blockHandler = "exceptionHandler",
        fallback = "helloFallback")
    public String hello(long s) {
        return String.format("Hello at %d", s);
    }

    public String helloFallback(long s) {
        return String.format("Hello fall back %d", s);
    }

    public String exceptionHandler(long s, BlockException ex) {
        ex.printStackTrace();
        return "Error occurred at " + s;
    }
}
```

在代码清单 9-11 中有几个需要注意的点。首先，blockHandler 配置项中指定的 handleException 方法需要位于 blockHandlerClass 配置项所指定的 ExceptionUtil 类中，并且必须为 static 方法。其次，Fallback 方法的方法签名与原方法必须一致，或者只添加一个 Throwable 类型的参数。最后，Block 异常处理方法的参数最后多一个 BlockException，其余必须与原业务方法保持一致。这都是 @SentinelResource 注解使用过程中的一些约定。

2. 设置限流规则

在 Sentinel 中，专门定义了如代码清单 9-12 所示的限流规则类 FlowRule。

代码清单 9-12　FlowRule 类核心字段定义代码

```
public class FlowRule extends AbstractRule {
    //限流阈值类型
    private int grade = RuleConstant.FLOW_GRADE_QPS;
    private double count;
    //基于调用关系的限流策略
    private int strategy = RuleConstant.STRATEGY_DIRECT;
    private String refResource;
    //流量控制效果
    private int controlBehavior = RuleConstant.CONTROL_BEHAVIOR_DEFAULT;
    //冷启动时长
```

```
    private int warmUpPeriodSec = 10;
    private int maxQueueingTimeMs = 500;
    private boolean clusterMode;
    private ClusterFlowConfig clusterConfig;
    // 流量整形控制器
    private TrafficShapingController controller;
}
```

在代码清单 9-12 中，我们对核心字段做了注释。其中限流阈值类型 grade 可选的有如下两种。

- FLOW_GRADE_THREAD：并发线程数，相当于线程隔离机制。
- FLOW_GRADE_QPS：QPS，每秒查询数。

而限流策略 strategy 则有如下三个可选项。

- STRATEGY_DIRECT：代表直接流控，当前资源访问量达到某个阈值后请求将被直接拦截。
- STRATEGY_RELATE：代表关联流控，关联资源的访问量达到某个阈值时对当前资源进行限流。
- STRATEGY_CHAIN：代表链路流控，指定链路的访问量大于某个阈值时对当前资源进行限流。

至于流量控制效果 ControlBehavior 也有四个可用选项，表 9-3 展示了这四个选项的名称、控制器类型以及所能达到的效果。

表 9-3　ControlBehavior 可用的控制器行为、控制器类型及效果

控制器行为	控制器类型	效果
CONTROL_BEHAVIOR_DEFAULT	DefaultController	快速失败：直接拒绝超过阈值的请求
CONTROL_BEHAVIOR_WARM_UP	WarmUpController	冷启动限流：基于令牌桶算法并通过预热机制到达稳定的性能状态
CONTROL_BEHAVIOR_RATE_LIMITER	RateLimiterController	匀速限流：基于漏桶算法并结合虚拟队列等待机制
CONTROL_BEHAVIOR_WARM_UP_RATE_LIMITER	WarmUpRateLimiterController	冷启动集成匀速限流

表 9-3 中出现了一个新的概念，即冷启动限流。冷启动，也叫预热，是指系统长时间处于低水平请求状态，当大量请求突然到来时，并非所有请求都直接放行，而是慢慢地增加请求，目的是防止大量请求冲垮应用，从而达到保护应用的目的。Sentinel 中的冷启动采用令牌桶算法进行实现。关于令牌桶算法的基本原理可以回顾 9.1 中的相关描述。而 Sentinel 中的令牌桶算法实现，是参照 Google Guava 中的 RateLimiter。在学习 Sentinel 中的预热算法之前，让我们先来了解整个预热模型，如图 9-26 所示。

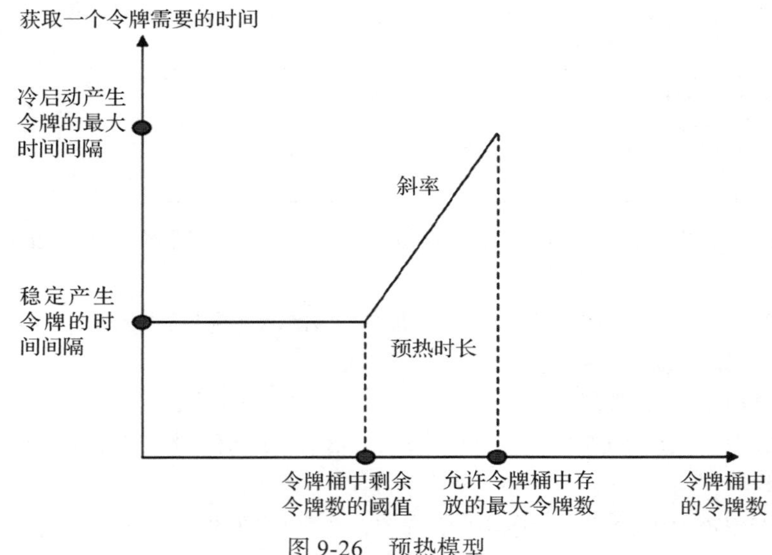

图 9-26　预热模型

围绕图 9-26，我们先来考虑从闲时到忙时的流量转变。假定当前我们处于闲时流量阶段，访问请求数量很少，这时令牌桶是满的。接着在下一秒突然涌入了 10 个请求，这些请求开始消耗令牌桶中的令牌。在初始阶段，令牌的发放速度比较慢，在第一块令牌被消耗之后，后面的请求要经过图 9-26 所示的“冷启动产生令牌的最大时间间隔”才会获取第二块令牌。随着令牌桶中令牌数量被逐渐消耗，当令牌存量下降到令牌桶中剩余令牌数的阈值时，令牌放行的速率也会提升，以“稳定产生令牌的时间间隔”来发放令牌。

另外，在流量从忙时转变为闲时的过程中，令牌发放速率是由快到慢逐渐变化的。起始阶段的令牌放行间隔是图 9-26 中所示的“稳定产生令牌的时间间隔”。随着令牌桶内令牌逐渐增多，当令牌的存量积累到最大容量的一半后，放行令牌的时间间隔进一步扩大为“冷启动产生令牌的最大时间间隔”。Sentinel 正是通过类似这种方式来动态控制令牌发放的时间间隔，从而使流量的变化更加平滑。

现在，我们已经掌握了 FlowRule 中的核心配置项，接下来就可以通过使用 FlowRuleManager 工具类来管理 FlowRule。FlowRuleManager 的使用方法如代码清单 9-13 所示。

代码清单 9-13　FlowRuleManager 使用示例代码

```
private static void initFlowRules() {
    List<FlowRule> rules = new ArrayList<>();
    FlowRule rule = new FlowRule();

    // 资源名
    rule.setResource("myResource");
    // 限流类型
    rule.setGrade(RuleConstant.FLOW_GRADE_QPS);
```

```
        // 限流阈值
        rule.setCount(20);
        // 限流策略
        rule.setStrategy(RuleConstant.STRATEGY_CHAIN);
        //流量控制效果
        rule.setControlBehavior(RuleConstant.CONTROL_BEHAVIOR_DEFAULT);
        rule.setClusterMode(false)

        rules.add(rule);
        FlowRuleManager.loadRules(rules);
    }
```

这里我们设置了 FlowRule 的各个参数，并最终通过 FlowRuleManager 将 FlowRule 加载到内存中供运行时使用。

9.3.2　集成 Sentinel

本节讨论如何在应用程序中集成 Sentinel 框架。为了实现集成操作，我们首先需要理解 Sentinel 的组成结构。作为一款功能强大的开源框架，Sentinel 由两部分组成，即核心库和控制台。

- 核心库：不依赖其他任何框架或者库，能够在任何 Java 环境上运行，并且能与 Spring Cloud、Dubbo 等开源框架进行整合。
- 控制台：基于 Spring Boot 开发，独立可运行发 JAR 包，不需要额外的 Tomcat 等容器。

为了集成 Sentinel 核心库，请不要忘记在 Maven 工程的 POM 文件中添加如代码清单 9-14 所示的依赖包。

代码清单 9-14　引入 Sentinel 依赖包代码

```
<dependency>
    <groupId>com.alibaba.cloud</groupId>
    <artifactId>spring-cloud-starter-alibaba-sentinel</artifactId>
</dependency>
```

为了使用 Sentinel 控制台，我们需要下载专门的 sentinel-dashboard.jar 工具包并通过 Java 命令启动这个 JAR 包。Sentinel 控制台的运行效果如图 9-27 所示。

可以看到，这里展示了一个 chat-service 的实时监控信息以及关于 QPS 方面的监控数据，还有整个请求链路的资源名称。

Sentinel 控制台包含的功能非常丰富，举例如下。

- 查看机器列表以及健康情况：收集 Sentinel 客户端发送的心跳包，用于判断机器是否在线。
- 监控（单机和集群聚合）：通过 Sentinel 客户端暴露的监控 API，定期拉取并且聚合应用监控信息，最终可以实现秒级的实时监控。

- 规则管理和推送：统一管理推送规则。
- 鉴权：生产环境中鉴权非常重要，每个开发者需要根据自己的实际情况进行定制。

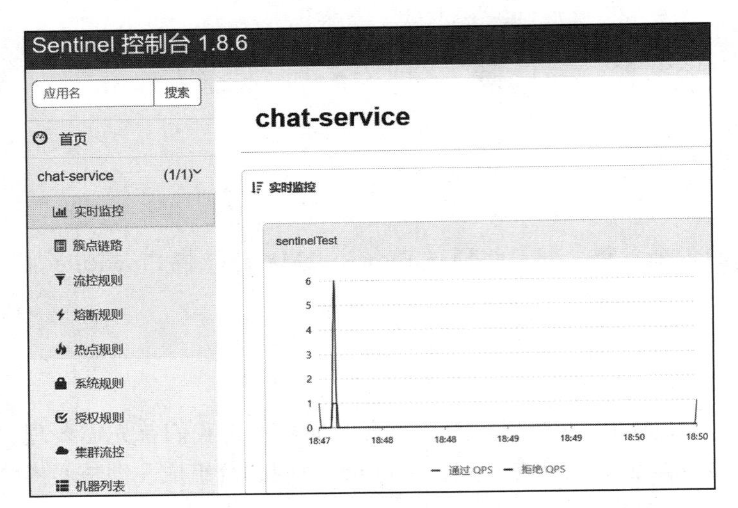

图 9-27　Sentinel 控制台运行效果

在这些功能中，开发人员最常用的功能是规则管理和推送，图 9-28 展示的就是请求限流规则控制台的设置效果。

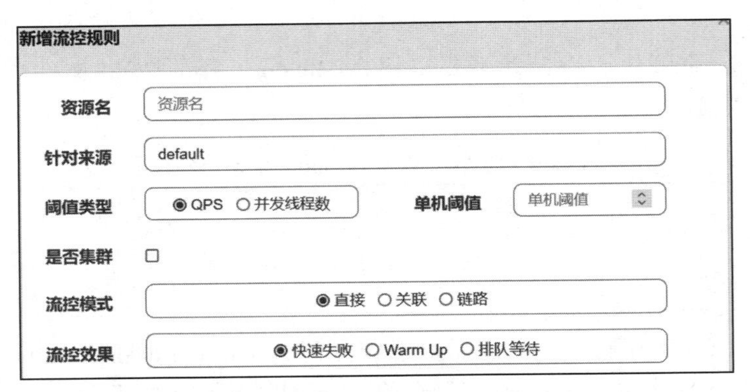

图 9-28　请求限流规则控制台的设置效果

可以看到，前面提到的 FlowRule 中的各个参数在图 9-28 中都有体现，我们只需要根据实际情况填充对应的参数即可。

一旦控制台构建完毕，下一步就是在应用程序中对控制台进行集成，集成方式如代码清单 9-15 所示。

代码清单 9-15　微服务集成 Sentinel 控制台配置代码

```
spring:
```

```
    cloud:
        sentinel:
            transport:
                dashboard: 127.0.0.1:8088

feign:
    sentinel:
        enabled: true
```

Sentinel 控制台的集成方法非常简单，只需要指定控制台的服务器地址和端口即可。同时，在代码清单 9-15 中，我们也注意到添加了 feign.sentinel.enabled 配置项，该配置项的作用是确保在执行 OpenFeign 远程调用时能够自动将调用信息集成到 Sentinel 中。

9.4　使用 Sentinel 实现服务降级

本节讨论基于 Sentinel 实现服务降级的开发步骤以及具备的技术组件。相比请求限流，服务降级的实现过程更为复杂，但也更为重要。对于可用性而言，限流不一定实现，但熔断肯定要实现。这是因为并不是所有的应用场景都会涉及高并发和大流量，但任何远程调用都会出现调用异常情况。为了避免调用异常导致的服务雪崩效应，建议为每一个远程调用都添加服务降级机制。

服务降级的基本实现策略就是采用熔断器。在 9.1 节中，我们已经讨论了熔断器的基本模型，我们知道一个熔断器存在 Closed、Open 和 Half-Open 这 3 种状态。本节将分析如何实现包含这 3 种状态的自定义熔断器。在此基础上，最后我们将进一步分析 Sentinel 框架中熔断器的实现原理。

9.4.1　Sentinel 服务降级的开发步骤

基于 Sentinel 实现服务降级的基本开发步骤有四步。

- 定义资源：通过代码或注解指定目标资源。
- 设置降级规则：指定熔断类型和控制行为。
- 编写降级逻辑：实现回退函数。
- 验证降级效果：通过测试工具执行验证。

我们已经讲过了定义资源的方法，接下来介绍如何设置降级规则。

1. 设置降级规则

在 Sentinel 中，降级规则 DegradeRule 的定义如代码清单 9-16 所示。

代码清单 9-16　DegradeRule 类核心字段定义代码

```
public class DegradeRule extends AbstractRule {
    //熔断策略
```

```
    private int grade = RuleConstant.DEGRADE_GRADE_RT;
    private double count;
    // 熔断时长，单位为 s
    private int timeWindow;
    // 熔断触发的最小请求数
    private int minRequestAmount  = RuleConstant.DEGRADE_DEFAULT_MIN_REQUEST_
        AMOUNT;
    // 慢调用比例阈值
    private double slowRatioThreshold = 1.0D;
    // 统计时长
    private int statIntervalMs = 1000;
    ...
}
```

在代码清单 9-16 中，我们对核心字段做了注释。其中可选的 grade 熔断策略有如下三种。

- DEGRADE_GRADE_RT：按平均响应耗时熔断。
- DEGRADE_GRADE_EXCEPTION_RATIO：按失败比率熔断。
- DEGRADE_GRADE_ EXCEPTION_COUNT：按失败次数熔断。

对应的 minRequestAmount 字段表示可触发熔断的最小请求数，与 DEGRADE_GRADE_EXCEPTION_RATIO 和 DEGRADE_GRADE_ EXCEPTION_COUNT 这两个熔断策略相关。而 slowRatioThreshold 字段表示超过限流阈值的慢请求数量，和 DEGRADE_GRADE_RT 熔断策略相关。

类似 FlowRuleManager，Sentinel 也专门提供了一个 DegradeRuleManager 来管理 DegradeRule。DegradeRule 以及 DegradeRuleManager 的使用方法如代码清单 9-17 所示。

代码清单 9-17　DegradeRuleManager 使用示例代码

```
private void initDegradeRule() {
    List<DegradeRule> rules = new ArrayList<>();
    DegradeRule degradeRule = new DegradeRule();
    // 设置熔断降级资源名
    degradeRule.setResource("resourceName");
    // 设置降级规则：异常数
    degradeRule.setGrade(RuleConstant.DEGRADE_GRADE_EXCEPTION_COUNT);
    // 阈值计数，这里是触发熔断异常数：2
    degradeRule.setCount(2);
    // 可以触发熔断的最小请求数：2
    degradeRule.setMinRequestAmount(2);
    // 统计时间间隔：1 分钟
    degradeRule.setStatIntervalMs(60*1000);
    // 熔断器打开时的恢复超时：10 秒
    degradeRule.setTimeWindow(10);

    rules.add(degradeRule);
    DegradeRuleManager.loadRules(rules);
}
```

在代码清单 9-17 中，DegradeRule 的设置效果为：在 1min 内，请求数超过 2 次，并且当异常数大于 2 之后请求会被熔断；10s 后断路器转换为半开状态，当再次请求又发生异常时会直接被熔断，之后重复上述过程。

我们同样可以在 Sentinel 控制台中对熔断规则进行设置，图 9-29 展示的就是服务熔断规则控制台的设置效果。

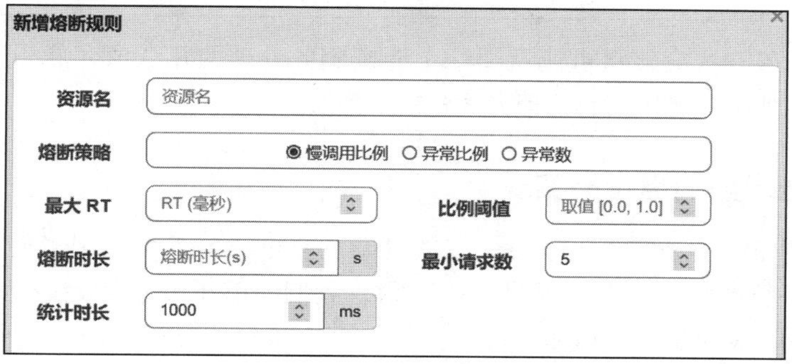

图 9-29 服务熔断规则控制台的设置效果

可以看到，前面提到的 DegradeRule 中的各个参数在图 9-29 中都有体现，我们只需要根据实际情况填充对应的参数即可。

2. 编写降级逻辑

我们在 9.3 节介绍 @SentinelResource 注解时实际上已经给出了实现降级逻辑的一些方法。例如，我们可以定义如代码清单 9-18 所示的 @SentinelResource 注解。

代码清单 9-18 @SentinelResource 注解使用示例代码

```
@SentinelResource(value = "buy",
    fallback = "buyFallback",
    fallbackClass = BuyFallBack.class,
    blockHandler = "buyBlock",
    blockHandlerClass = BuyBlockHandler.class,
    exceptionsToIgnore = NullPointerException.class
)
```

基于这个 @SentinelResource 注解中的配置项，我们需要实现对应的 BuyFallback 类和 BuyBlockHandler 类，分别用来提供回退方法和异常处理方法，如代码清单 9-19 所示。

代码清单 9-19 BuyFallback 和 BuyBlockHandler 类实现代码

```
public class BuyFallback {
    // 回退方法
    public static String buyFallback(@PathVariable String name, @PathVariable
        Integer count, Throwable throwable) {
        ...
    }
}
```

```
public class BuyBlockHandler {
    // 异常处理
    public static String buyBlock(@PathVariable String name, @PathVariable
        Integer count, BlockException e) {
        ...
    }
}
```

请注意，回退方法应该尽可能返回一个能被服务处理的默认值，然后服务调用者应该和服务提供者针对这个默认值的处理方式达成一致。

9.4.2 熔断器模型的自定义实现

熔断器模型在设计和实现上具备一定的复杂度，也需要综合应用多项技术体系。本节将实现一个简易版本的熔断器，通过这一过程，我们能够了解和掌握诸如 Sentinel 等主流开源框架中服务降级的实现原理和过程。

为了实现熔断器，首先我们需要定义代表熔断器状态的枚举值 State，如代码清单 9-20 所示。

代码清单 9-20 熔断器状态 State 定义代码

```
public enum State {
    CLOSED,
    OPEN,
    HALF_OPEN
}
```

然后，用来代表熔断器的 CircuitBreaker 接口如代码清单 9-21 所示。

代码清单 9-21 CircuitBreaker 接口定义代码

```
public interface CircuitBreaker {
    // 调用成功，会对熔断器状态进行重置
    void success();
    // 调用失败，根据需要对状态进行设置
    void fail(String response);
    // 获取熔断器的当前状态
    String getState();
    // 设置熔断器状态
    void setState(State state);
    // 对远程服务发起请求
    String request() throws RemoteServiceException;
}
```

对于 CircuitBreaker 接口的实现过程是我们讨论的重点。为了实现对熔断器状态的合理控制，我们首先需要定义一系列的中间变量，如代码清单 9-22 所示。

代码清单 9-22　CircuitBreaker 所涉及的核心变量定义代码

```
// 远程调用的超时时间
private final long timeout;
// 重试时间间隔
private final long retryTimePeriod;
// 最近一次的调用失败时间
long lastFailureTime;
// 最近一次的失败响应结果
private String lastFailureResponse;
// 累计失败次数
int failureCount;
// 失败率阈值
private final int failureThreshold;
// 熔断器状态
private State state;
// 类似无限大的一个未来时间
private final long futureTime = 1000000000000;
```

当发起一个远程调用时，我们需要基于调用结果合理设置熔断器的状态。这一步骤的实现比较复杂，需要综合考虑熔断器当前的状态以及执行远程调用的结果，如代码清单 9-23 所示。

代码清单 9-23　基于 CircuitBreaker 远程调用实现代码

```
public String request() throws RemoteServiceException {
    evaluateState();
    if (state == State.OPEN) {
        // 如果熔断式处于打开状态，就直接返回失败结果
        return this.lastFailureResponse;
    } else {
        try {
            // 执行远程调用
            var response = service.call();
            // 远程调用成功
            success();
            return response;
        } catch (RemoteServiceException ex) {
            // 远程调用失败
            fail(ex.getMessage());
            throw ex;
        }
    }
}
```

从代码清单 9-23 中可以看到，当远程调用成功或失败时，我们会分别执行 success 和 fail 方法，这两个方法的执行逻辑如代码清单 9-24 所示。

代码清单 9-24　基于 CircuitBreaker 的远程调用成功和失败处理代码

```
// 调用成功，失败次数清零，最近失败时间设置成无限大，并把熔断器状态设置成关闭
public void success() {
    this.failureCount = 0;
    this.lastFailureTime = System.nanoTime() + futureTime;
```

```
        this.state = State.CLOSED;
    }

    // 调用失败，失败次数加 1，最近失败时间设置成当前时间，并把失败结果设置成最近一次调用失败的响应
    public void fail(String response) {
        failureCount = failureCount + 1;
        this.lastFailureTime = System.nanoTime();
        this.lastFailureResponse = response;
    }
```

显然，在 success 方法中，我们应该把熔断器设置成关闭状态。而在 fail 方法中，我们需要累加失败的次数，并返回一个失败响应，这里直接复用了上一次的失败响应。

那么，接下来的一个问题是，当系统执行了多次服务调用之后，我们如何来获取熔断器当前的状态呢？那就是可以实现如代码清单 9-25 所示的 getState 方法。

代码清单 9-25　获取 CircuitBreaker 状态实现代码

```
    public String getState() {
        // 如果失败次数大于阈值
        if (failureCount >= failureThreshold) {
            if ((System.nanoTime() - lastFailureTime) > retryTimePeriod) {
                // 如果失败的累计时间已经超过了所允许的重试时间间隔，状态即为半熔断
                state = State.HALF_OPEN;
            } else {
                // 反之，熔断器应该为开启状态
                state = State.OPEN;
            }
        } else {
            // 熔断器为打开状态
            state = State.CLOSED;
        }
        return state.name();
    }
```

这里要注意的点在于针对失败次数和失败时间都存在一个阈值，熔断器基于这些阈值来完成对熔断器最新状态的更新。对应地，如果我们想要直接对熔断器状态进行设置，可以使用如代码清单 9-26 所示的 setState 方法。

代码清单 9-26　设置 CircuitBreaker 状态实现代码

```
    public void setState(State state) {
        this.state = state;
        switch (state) {
            case OPEN:// 设置开启状态
                this.failureCount = failureThreshold;
                this.lastFailureTime = System.nanoTime();
                break;
            case HALF_OPEN:// 设置半开状态
                this.failureCount = failureThreshold;
                this.lastFailureTime = System.nanoTime() - retryTimePeriod;
                break;
```

```
        default:// 默认为关闭状态
            this.failureCount = 0;
    }
}
```

这里我们也只是通过对熔断器的几个核心变量设置合适的值来更新熔断器的最新状态。

以上代码示例可以帮助你更好地理解一个熔断器的内部实现原理，也可以帮助你回答类似“如果让你来实现一个简单的熔断机制，你会怎么做?”这种开放式问题。但是，这个毕竟只是一个示例。要想完整理解熔断器的实现过程，还需要我们对 Sentinel 这样的主流开源框架进行展开描述。

9.4.3　Sentinel 熔断器的实现原理

本节将详细分析 Sentinel 熔断器的实现过程。我们先来看看 Sentinel 中熔断器的定义，如代码清单 9-27 所示。

代码清单 9-27　Sentinel 中 CircuitBreaker 接口定义代码

```
public interface CircuitBreaker {
    // 熔断器状态
    public static enum State {
        OPEN,
        HALF_OPEN,
        CLOSED;
    }
    // 获取降级规则
    DegradeRule getRule();
    // 判断是否熔断
    boolean tryPass(Context context);
    // 获取当前熔断状态
    CircuitBreaker.State currentState();
    // 请求完成回调
    void onRequestComplete(Context context);
}
```

从代码清单 9-27 中可以看到，CircuitBreaker 中的状态与自定义熔断器的状态完全一致，但它集成了降级规则等要素，因此在接口方法的设计上和自定义熔断器存在比较大的差别。在 Sentinel 中，CircuitBreaker 接口具有一个抽象实现类 AbstractCircuitBreaker 和两个实体实现类，类层结构如图 9-30 所示。

图 9-30 中的 ExceptionCircuitBreaker 基于调用失败来计算熔断规则，而 ResponseTime-CircuitBreaker 中计算的则是响应时间。

为了理解 CircuitBreaker 的运行机制，我们先来关注它的状态切换机制，这里以 Closed → Open 的转化过程为例展开讨论。在 AbstractCircuitBreaker 类中存在如代码清单 9-28 所示的 fromCloseToOpen 方法。

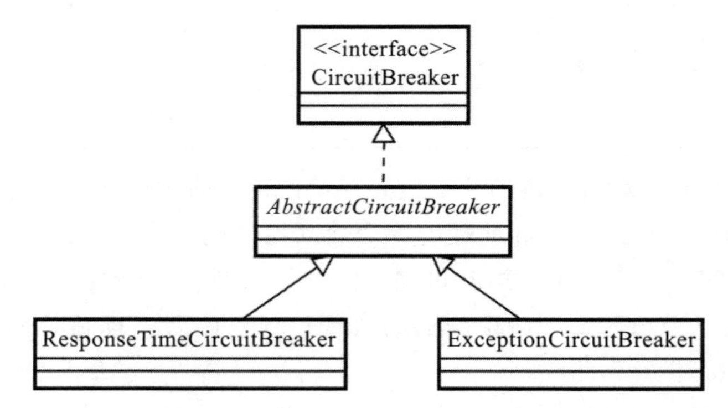

图 9-30 Sentinel 中 CircuitBreaker 接口及其实现类层结构

代码清单 9-28 AbstractCircuitBreaker 中 fromCloseToOpen 方法代码

```
protected boolean fromCloseToOpen(double snapshotValue) {
    State prev = State.CLOSED;
    if (this.currentState.compareAndSet(prev, State.OPEN)) {
        this.updateNextRetryTimestamp();
        this.notifyObservers(prev, State.OPEN, snapshotValue);
        return true;
    } else {
        return false;
    }
}
```

当熔断器从关闭到打开的瞬间，我们通过线程安全的 compareAndSet 方法设置了 State 值，同时通过 updateNextRetryTimestamp 方法更新下一次重试时间，这与我们前面介绍的自定义熔断器采用了类似的实现方法。另外，这里存在一个 notifyObservers 方法，在 Sentinel 中实现了观察者模式，专门采用了一组观察者来对熔断器的状态变更过程进行监听。

让我们继续讨论 AbstractCircuitBreaker 抽象类，该类的基本结构如代码清单 9-29 所示。

代码清单 9-29 AbstractCircuitBreaker 基本结构代码

```
public abstract class AbstractCircuitBreaker implements CircuitBreaker {
    public boolean tryPass(Context context) {
        if (this.currentState.get() == State.CLOSED) {
            return true;
        } else if (this.currentState.get() != State.OPEN) {
            return false;
        } else {
            return this.retryTimeoutArrived() && this.fromOpenToHalfOpen(context);
        }
    }

    abstract void resetStat();
}
```

这里的 tryPass 方法判断请求是否可以通过，如果断路器开启，但是上一个请求距离现在已经过了重试间隔时间就开启 Half-Open 状态。我们在自定义熔断器中也采用了类似的实现过程。

ResponseTimeCircuitBreaker 类实现了 CircuitBreaker 接口并直接扩展了 AbstractCircuitBreaker 抽象类，专门用来对远程调用的响应时间进行统计，代码清单 9-30 给出了 ResponseTimeCircuitBreaker 的主体代码。

代码清单 9-30　ResponseTimeCircuitBreaker 类主体代码

```
public class ResponseTimeCircuitBreaker extends AbstractCircuitBreaker {

    public void resetStat() {
    ((ResponseTimeCircuitBreaker.SlowRequestCounter)this.slidingCounter.
        currentWindow().value()).reset();
    }

    public void onRequestComplete(Context context) {
        ResponseTimeCircuitBreaker.SlowRequestCounter counter =
            (ResponseTimeCircuitBreaker.SlowRequestCounter)
                this.slidingCounter.currentWindow().value();
        Entry entry = context.getCurEntry();
        if (entry != null) {
            long completeTime = entry.getCompleteTimestamp();
            if (completeTime <= 0L) {
                completeTime = TimeUtil.currentTimeMillis();
            }

            long rt = completeTime - entry.getCreateTimestamp();
            if (rt > this.maxAllowedRt) {
                counter.slowCount.add(1L);
            }

            counter.totalCount.add(1L);
            this.handleStateChangeWhenThresholdExceeded(rt);
        }
    }
}
```

顾名思义，resetStat 方法的作用是对统计数据进行重置，这里我们重置的是滑动窗口。Sentinel 采用滑动窗口机制来收集运行时数据，关于滑动窗口的介绍可以回顾 9.1 节内容。而这里的 onRequestComplete 方法是一种回调，触发时机是在一次远程调用之后。在这个回调方法中，我们统计慢请求总数和总请求数，并根据当前时间窗口统计的指标数据是否达到阈值来改变熔断器的状态。而基于指标数据来执行判断逻辑的过程就在如代码清单 9-31 所示的 handleStateChangeWhenThresholdExceeded 方法中。

代码清单 9-31 ResponseTimeCircuitBreaker 类 handleStateChangeWhenThresholdExceeded 方法代码

```
private void handleStateChangeWhenThresholdExceeded(long rt) {
        if (this.currentState.get() != State.OPEN) {
            if (this.currentState.get() == State.HALF_OPEN) {
                if (rt > this.maxAllowedRt) {
                    this.fromHalfOpenToOpen(1.0D);
                } else {
                    this.fromHalfOpenToClose();
                }
            } else {
                long totalCount = 0L;
                ...
                if (totalCount >= (long)this.minRequestAmount) {
                    double currentRatio = (double)slowCount * 1.0D / (double)
                        totalCount;
                    if (currentRatio > this.maxSlowRequestRatio) {
                        this.transformToOpen(currentRatio);
                    }

                    if (Double.compare(currentRatio, this.maxSlowRequestRatio)
                        == 0 && Double.compare(this.maxSlowRequestRatio, 1.0D) == 0) {
                        this.transformToOpen(currentRatio);
                    }
                }
            }
        }
}
```

代码清单 9-31 所示的代码的执行逻辑在于：当熔断器处于 Half-Open 状态时，我们判断 RT 是否超过最大 RT ；而当熔断器处于 Closed 状态时，则判断慢请求数是否达到触发熔断的条件。一旦符合熔断器状态的转换条件，该方法就会调用 fromHalfOpen-ToOpen、fromHalfOpenToClose、transformToOpen 等一组状态转化方法来设置熔断器的状态值。

讲到这里，你可能会问，当我们触发一次远程调用时，熔断器是如何与请求过程进行集成的呢？这就要回到 Sentinel 的 ProcessorSlot 组件。我们知道在 Sentinel 中，针对服务降级专门提供了一个 DegradeSlot，它的实现过程如代码清单 9-32 所示。

代码清单 9-32 DegradeSlot 类实现代码

```
@SpiOrder(-1000)
public class DegradeSlot extends AbstractLinkedProcessorSlot<DefaultNode> {
    @Override
    public void entry(Context context, ResourceWrapper resourceWrapper,
        DefaultNode node, int count, boolean prioritized, Object... args) throws
            Throwable {
        performChecking(context, resourceWrapper);
        ...
    }

    void performChecking(Context context, ResourceWrapper r) throws BlockException {
```

```
        List<CircuitBreaker> circuitBreakers = DegradeRuleManager.getCircuitBreakers
            (r.getName());
        for (CircuitBreaker cb : circuitBreakers) {
            f (!cb.tryPass(context)) {
                throw new DegradeException(cb.getRule().getLimitApp(),
                    cb.getRule());
            }
        }
    }
    ...
}
```

请注意，在 DegradeSlot 的入口 entry 方法中调用了一个 performChecking 方法，而后者会遍历 DegradeRuleManager 中所保存的所有 CircuitBreaker 实例并依次调用其 tryPass 方法来判断当前熔断器是否处于熔断状态。只要有一个熔断器处于熔断状态，那么 DegradeSlot 就会抛出一个 DegradeException 从而触发服务降级。

9.5 Sentinel 功能扩展

通常情况下，我们使用 Sentinel 内置的功能体系就能满足日常开发的需求。但 Sentinel 框架的强大之处在于提供了一组扩展点，可以供开发人员实现各种定制化的技术组件并无缝集成到 Sentinel 的运行环境中。本节将围绕这一话题展开讨论，我们将全面分析 Sentinel 的扩展点机制，并介绍实现自定义扩展点的方法和过程。

9.5.1 扩展点和 SPI 机制

在日常开发过程中经常会遇到这样的需求：针对某个业务场景，你希望在系统中添加一种新的处理逻辑，但又不想对现有的系统造成太大的影响。从架构设计上讲，这是一种典型的系统扩展性需求。实现系统扩展性的方法和技术有很多，主流的就是接下来要介绍的插件化体系和微内核架构。

1. 插件化体系和微内核架构

针对系统扩展性需求，开发人员本质上想要的是一种类似插件化的架构体系，调用者通过一个插件工厂获取想要的插件，而插件工厂则基于配置动态创建对应的插件，这样整体系统就像搭积木一样可以进行动态的组装，如图 9-31 所示。

基于插件化系统，当我们向现有系统中添加新的业务逻辑时，就只需要实现一个新的插件并替换老的插件即可，系统的扩展性得到了很好的保证。那么，如何实现这样的插件系统呢？微内核（MicroKernel）架构就是业界主流的实现方案。

微内核架构包含两部分组件，即内核系统和插件。这里的内核系统用来定义插件的实现规范，并管理着插件的生命周期。而各个插件是相互独立的组件，各自根据实现规范完成某项业务功能，并嵌入到内核系统中，如图 9-32 所示。

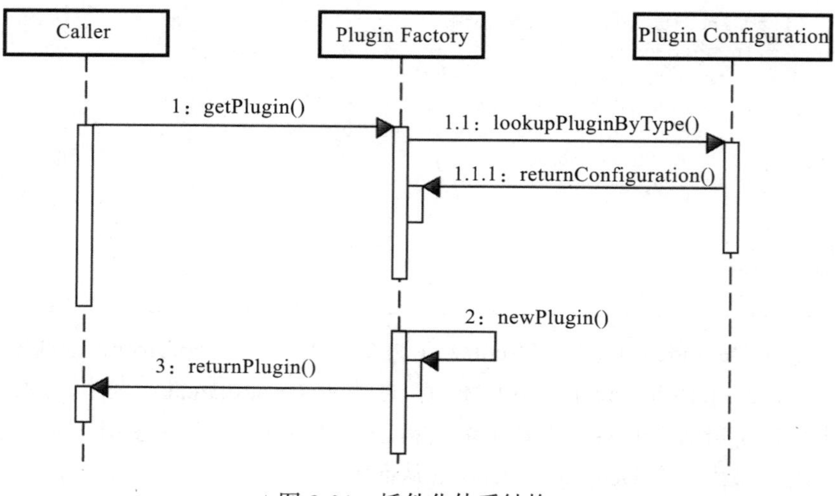

图 9-31　插件化体系结构

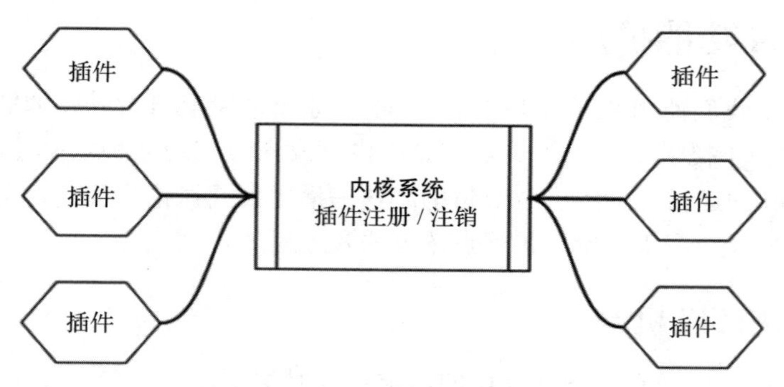

图 9-32　微内核架构组成结构

显然，基于微内核架构，当系统中的某个组件需要进行修改时，要做的只是创建一个新的组件并替换旧组件，而不需要改变原有组件的实现方式，更加不需要调整整个系统架构，如图 9-33 所示。

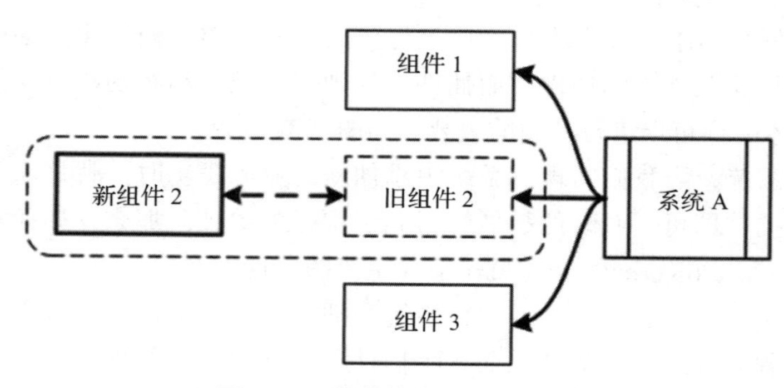

图 9-33　微内核架构运行效果

请注意，这里的插件具体指的是什么呢？这就需要我们引入一个概念，即 SPI，英文全称叫 Service Provider Interface，也就是服务提供接口。可以认为 SPI 就是应对系统扩展性的一个个扩展点，也是我们对系统中所应具备扩展性的抽象。

插件化实现机制说起来简单，实现起来却不容易，我们需要考虑两方面内容。一方面，我们需要梳理系统的变化并把它们抽象成 SPI 扩展点。另一方面，当我们实现了这些 SPI 扩展点之后，就需要构建能够支持这种可插拔机制的具体实现，从而提供一种 SPI 运行时环境，如图 9-34 所示。

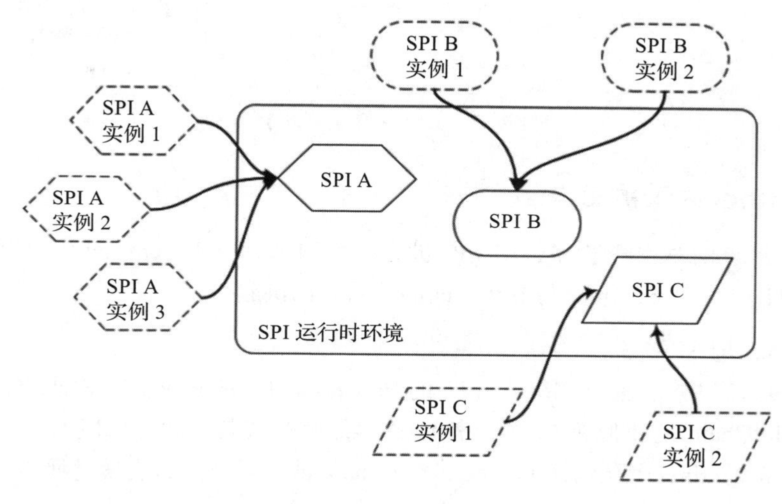

图 9-34　SPI 扩展点机制

微内核架构本质上只是提供了一种架构模式，并没有规定具体的实现方式，所以原则上我们也可以设计一套满足自身要求的实现方案。而 JDK 已经为我们提供了微内核架构的一种实现方式，这种实现方式针对如何设计和实现 SPI 提出了一些开发和配置上的规范，让我们一起来看一下。

2. Java SPI 机制及其实现

对于 SPI 的实现过程而言，具体来说有三个步骤，如图 9-35 所示。

基于图 9-35 所展示的实现步骤，我们首先需要设计一个服务接口，然后根据业务场景扩展需求提供不同的实现类。接着，我们在 Java 代码工程的 META-INF/services/ 目录中创建一个以服务接口命名的文件，并配置实现该服务接口的具体实现类。在代码工程中执行完这些步骤之后，最终我们可以得到了一个包含 SPI 类和配置的 JAR 包。

而对于 SPI 的使用者，就可以通过 JAR 包中 META-INF/services/ 目录下的配置文件找到具体的实现类名并进行实例化。

图 9-35 中的后面两个步骤实际上都是为了遵循 JDK 中 SPI 的实现机制而进行的配置工作。

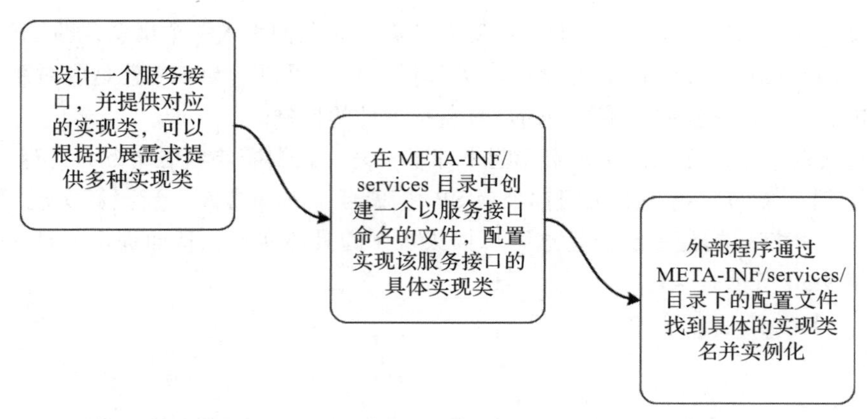

图 9-35 Java SPI 实现步骤

9.5.2 Sentinel 内置扩展点

介绍完扩展点的基本概念和 JDK SPI 机制，我们来看一下 Sentinel 中内置的一组扩展点。首先还是让我们从 Sentinel 与 SPI 之间的关系开始讲起。

1. Sentinel 与 SPI

我们在 9.2 节中介绍了 Sentinel 中的 ProcessorSlot 和 ProcessorSlotChain，那么这个 ProcessorSlotChain 是如何被构建出来的呢？实际上就是借助了 SPI 机制。DefaultSlotChainBuilder 是 Sentinel 默认构建 ProcessorSlotChain 的工具类，其实现过程如代码清单 9-33 所示。

代码清单 9-33 DefaultSlotChainBuilder 类实现代码

```
public class DefaultSlotChainBuilder implements SlotChainBuilder {
    public ProcessorSlotChain build() {
        ProcessorSlotChain chain = new DefaultProcessorSlotChain();
        // 加载 ProcessorSlot 列表
        List<ProcessorSlot> sortedSlotList =
            SpiLoader.of(ProcessorSlot.class).loadInstanceListSorted();
        Iterator slots = sortedSlotList.iterator();

        while(slots.hasNext()) {
            ProcessorSlot slot = (ProcessorSlot)slots.next();
            if (!(slot instanceof AbstractLinkedProcessorSlot)) {
                ...
            } else {
                chain.addLast((AbstractLinkedProcessorSlot)slot);
            }
        }

        return chain;
    }
}
```

可以看到这里使用了 SpiLoader 的 loadInstanceListSorted 方法来加载 ProcessorSlot 列表。SpiLoader 底层采用的就是 JDK 中的 SPI 机制，读取放置在 META-INF/services/ 目录下以接口完整类路径命名的配置文件，具体实现过程如代码清单 9-34 所示。

代码清单 9-34　SpiLoader 类实现代码

```
public final class SpiLoader<S> {
    public List<S> loadInstanceListSorted() {
        this.load();
        return this.createInstanceList(this.sortedClassList);
    }

    public void load() {
        if (this.loaded.compareAndSet(false, true)) {
            String fullFileName = "META-INF/services/" + this.service.getName();
            ClassLoader classLoader;
            try {
                urls = classLoader.getResources(fullFileName);
            }
            ...
        }
    }

    private List<S> createInstanceList(List<Class<? extends S>> clazzList) {
        ...
        List<S> instances = new ArrayList<>(clazzList.size());
        for (Class<? extends S> clazz : clazzList) {
            S instance = createInstance(clazz);
            instances.add(instance);
        }
        return instances;
    }
}
```

在代码清单 9-34 中，注意到在 load 方法中我们根据 SPI 配置文件地址加载 SPI 定义，而在 createInstanceList 方法中则通过反射创建 SPI 实例。

2. Sentinel 扩展点

Sentinel 内置了一组非常实用的扩展点，如表 9-4 所示。

表 9-4　Sentinel 内置扩展点

扩展点名称	扩展点功能描述
InitFunc	用来实现系统初始化
SlotChainBuilder	用于基于自定义 SlotChainBuilder 的实现来构造 SlotChain
ReadableDataSource	用来实现规则持久化
CommandHandler	用于实现网络通信

根据不同扩展点的功能特性，我们可以实现自定义的扩展功能。例如，我们可以借助

InitFunc 扩展点来初始化请求限流规则，如代码清单 9-35 所示。

代码清单 9-35 基于 InitFunc 扩展点初始化请求限流规则实现代码

```
public class FlowRuleInitFunc implements InitFunc{
    @Override
    public void init() throws Exception {
        List<FlowRule> rules=new ArrayList<>();
        FlowRule rule=new FlowRule();
        rule.setResource("doTest");
        rule.setGrade(RuleConstant.FLOW_GRADE_QPS);
        rule.setCount(5);
        rules.add(rule);
        FlowRuleManager.loadRules(rules);
    }
}
```

为了确保代码清单 9-35 所示的代码生效，我们需要在 META-INF/services/com.alibaba.csp.sentinel.init.InitFunc 文件中添加自定义扩展点的全路径。

我们再来看一个关于 SlotChainBuilder 扩展点的实现示例，如代码清单 9-36 所示。

代码清单 9-36 SlotChainBuilder 扩展点实现代码

```
public class MySlotChainBuilder implements SlotChainBuilder {
    @Override
    public ProcessorSlotChain build() {
        ProcessorSlotChain chain = DefaultSlotChainBuilder ;
        chain.addLast(new NodeSelectorSlot());
        chain.addLast(new ClusterBuilderSlot());
        chain.addLast(new FlowSlot());
        chain.addLast(new DegradeSlot());
        return chain;
    }
}
```

类似地，当实现了如代码清单 9-36 所示的 MySlotChainBuilder 类之后，不要忘记在 META-INF/services/com.alibaba.csp.sentinel.slotchain.SlotChainBuilder 文件中添加这个类的全路径。

9.5.3 基于扩展点实现动态规则数据源

我们在 9.3 节和 9.4 节中分别介绍了请求限流规则和服务降级规则，这些规则都没有被持久化。本节将通过 Sentinel 提供的扩展点机制来实现动态规则数据源，从而提供持久化的规则数据管理能力。

1. 动态规则与数据源

我们先来分析为什么需要实现动态规则数据源。到目前为止，在 Sentinel 中创建规则的方式主要有两种，即 API 代码创建和控制台配置。其中，通过 API 代码创建规则的方式缺乏动态灵活性，每次修改规则都需要重新编译代码。而通过控制台创建的规则配置无法持久化，一旦控制台重启规则配置也就消失了。显然，这两种规则管理方式都存在缺陷。为了解决这些缺陷，我们可以引入数据源（Data Source）概念。图 9-36 展示了 Sentinel 数据源与规则动态更新。

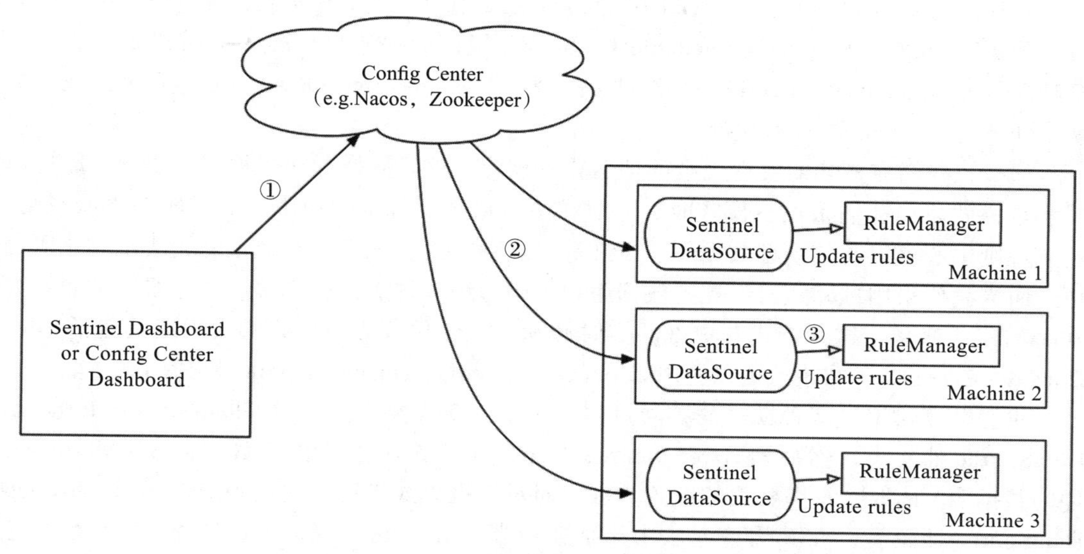

图 9-36 Sentinel 数据源与规则动态更新

在图 9-36 中，想要实现对规则的动态更新，需要完成三个步骤。

- 在步骤①中，我们通过 Sentinel 控制台触发规则的更新。
- 在步骤②中，这些更新之后的规则被保存在 Zookeeper 等持久化媒介中。
- 在步骤③中，通过 Sentinel 数据源机制更新各种 RuleManager。

这些步骤都不难理解，关键是数据源的定义和功能。在 Sentinel 中存在如代码清单 9-37 所示的 ReadableDataSource，这是一个扩展点，专门用来实现规则持久化。

代码清单 9-37 ReadableDataSource 扩展点及其实现类代码

```
public interface ReadableDataSource<S, T> {
    T loadConfig() throws Exception;
    S readSource() throws Exception;
    SentinelProperty<T> getProperty();
    void close() throws Exception;
}

public abstract class AbstractDataSource<S, T> implements ReadableDataSource<S,
    T> {
    protected final Converter<S, T> parser;
    protected final SentinelProperty<T> property;
}
```

```
public abstract class AutoRefreshDataSource<S, T> extends AbstractDataSource<S,
    T> {
    private ScheduledExecutorService service;
    protected long recommendRefreshMs = 3000L;
}
```

如代码清单 9-37 所示，在 ReadableDataSource 中使用一个 readSource 方法来读取数据源。而 AbstractDataSource 是 ReadableDataSource 接口的抽象实现类，提供了数据类型转换功能。AbstractDataSource 进一步提供了一个子类 AutoRefreshDataSource，用来集成定时调度任务完成数据源的自动刷新。

那么，我们应该如何实现规则的动态化管理呢？这里同样存在两种实现模式，即拉模式和推模式。当我们采用拉模式时，客户端主动从某个规则管理中心定期轮询拉取规则，这个规则中心可以是关系型数据库、文件等。这种方式实现简单，缺点是无法及时获取变更。而当我们采用推模式时，规则数据由规则中心统一推送，客户端通过注册监听器的方式时刻监听变化。这种方式有更好的实时性和一致性保证。拉模式的实现工具包括 File、Consul、Eureka，而推模式可以使用 Zookeeper、Redis、Nacos、Apollo 和 Etcd 等工具。

我们继续讨论这两种模式的扩展过程。对于拉模式扩展，我们可以继承 AutoRefresh-DataSource 抽象类，然后实现 readSource 方法，在该方法里从指定数据源（比如基于文件的数据源）读取字符串格式的配置数据。而对于推模式扩展，我们则应该继承 Abstract-DataSource 抽象类，在其构造方法中添加监听器，并实现 readSource 方法从指定数据源（比如基于 Nacos 的数据源）读取配置数据。

通常，我们建议使用推模式来实现数据源。接下来，我们以 Zookeeper 为例给出数据源扩展实现。

2. 实现数据源扩展

想要实现一个数据源，基本操作对象有四个。

- ❑ InitFunc：基于 InitFunc 扩展点实现规则扩展。
- ❑ Converter：实现原始配置和规则之间的转换。
- ❑ ReadableDataSource：创建动态规则的数据源。
- ❑ RuleManager：将数据源注册到规则管理器。

基于这四个操作对象，我们可以实现如代码清单 9-38 所示的 ZookeeperDynamicRule-DataSource 数据源。

代码清单 9-38　ZookeeperDynamicRuleDataSource 数据源实现类代码

```
public class ZookeeperDynamicRuleDataSource implements InitFunc {
    private ZookeeperDynamicDataSourceConfig zookeeperDynamicDataSourceConfig;

    @Override
    public void init() throws Exception {
        final String remoteAddress = zookeeperDynamicDataSourceConfig.
```

```
            getRemoteAddress();
        final String groupId = StringUtil.isNotBlank(zookeeperDynamicDataSource
            Config.getGroupId()) ? zookeeperDynamicDataSourceConfig.getGroupId() :
            ZookeeperConfigConstant.GROUP_ID;
        final String flowDataId = zookeeperDynamicDataSourceConfig.getAppName()
            + ZookeeperConfigConstant.FLOW_PATH_SUFFIX;
        final String degradeDataId = zookeeperDynamicDataSourceConfig.
            getAppName() + ZookeeperConfigConstant.DEGRADE_PATH_SUFFIX;

        ReadableDataSource<String, List<FlowRule>> flowRuleDataSource = new Zookeeper-
            DataSource<>(remoteAddress, groupId, flowDataId,
                source -> JSON.parseObject(source, new TypeReference
                    <List<FlowRule>>() {
                }));
        FlowRuleManager.register2Property(flowRuleDataSource.getProperty());

        ReadableDataSource<String, List<DegradeRule>> degradeRuleDataSource = new
            ZookeeperDataSource<>(remoteAddress, groupId, degradeDataId,
                source -> JSON.parseObject(source, new TypeReference<List<Degrad
                    eRule>>() {
                }));
        DegradeRuleManager.register2Property(degradeRuleDataSource.getProperty());
    }

    public ZookeeperDynamicDataSourceConfig getZookeeperDynamicDataSourceConfig() {
        return zookeeperDynamicDataSourceConfig;
    }

    public void setZookeeperDynamicDataSourceConfig(ZookeeperDynamicDataSource
        Config zookeeperDynamicDataSourceConfig) {
        this.zookeeperDynamicDataSourceConfig = zookeeperDynamicDataSourceConfig;
    }
}
```

请注意，这里我们引入了 ZookeeperDataSource，这是 Sentinel 为我们提供的基于 Zookeeper 的数据源。有了这个数据源，我们要做的事情就是把 FlowRule 和 DegradeRule 进行数据结构转换并存储到 Zookeeper 中。这段代码提供了实现一个动态规则数据源的所有步骤，你可以直接参考这些代码实现自定义的数据源机制。

9.6 案例系统演进

介绍完 Sentinel 框架的功能特性之后，本节我们继续对 SpringOrder 项目进行演进，讨论如何在案例系统中集成 Sentinel 框架来确保服务可用。

9.6.1 案例分析

对于服务可用性而言，我们将基于请求限流和服务降级这两种最基本的技术手段来对

SpringOrder 项目进行改造。

针对请求限流，我们将以 order-service 为例在客户端请求与 HTTP 端点之间添加限流机制，如图 9-37 所示。

类似地，作为案例演示，我们也以 order-service 为例在客户端请求与 HTTP 端点之间添加降级机制，如图 9-38 所示。

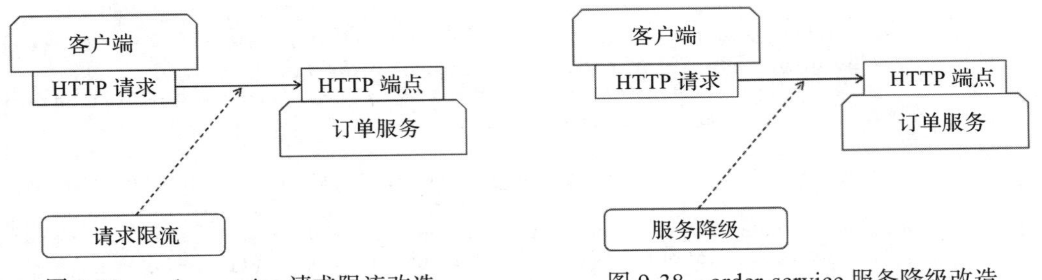

图 9-37 order-service 请求限流改造

图 9-38 order-service 服务降级改造

针对服务降级，我们会更进一步，基于扩展点实现自定义降级的设计方法和实现过程。自定义降级在日常开发过程中非常有用，可以灵活应对各种情况下的降级需求。

9.6.2 实现请求限流

基于 Sentinel 实现请求限流的过程非常简单，我们只需要在某个方法上添加 @SentinelResource 注解即可。例如，在 order-service 的 OrderController 中我们可以在如代码清单 9-39 所示的 getOrderById 方法上添加 @SentinelResource 注解，并通过 value 属性和 blockHandler 属性分别指定资源名称和异常处理方法。

代码清单 9-39 OrderController 中请求限流实现代码

```
@RestController
@RequestMapping(value="orders")
public class OrderController {
    @Autowired
    OrderService orderService;

    @GetMapping(value = "/{orderId}")
    @SentinelResource(value = "getOrderById", blockHandler = "handleBlock")
    public Result<OrderRespVO> getOrderById(@PathVariable Long orderId) {
        System.out.println(" 正常调用 getOrderById 方法 ");
        Order order = orderService.getOrderById(orderId);
        OrderRespVO orderRespVO = OrderConverter.INSTANCE.convertResp(order);
        return Result.success(orderRespVO);
    }

    public Result<OrderRespVO> handleBlock(@PathVariable Long orderId,
        BlockException e) {
        System.out.println("getOrderById 方法限流了 ...");
```

```
        return Result.success(new OrderRespVO());
    }
}
```

当通过 @SentinelResource 注解定义了资源之后，我们就可以在 Sentinel 控制台通过资源名称“getOrderById”来设置请求限流规则，如图 9-39 所示。

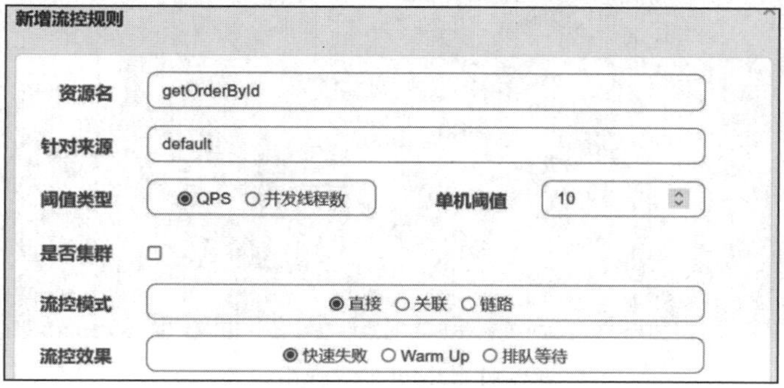

图 9-39　getOrderById 资源请求限流设置

现在，请求限流的准备工作已经就绪，我们可以对限流的效果进行验证。为了模拟大流量的应用场景，我们可以引入一些自动化测试工具。在这里，我们以 JMeter 为例对 order-service 所暴露的“http://localhost:8081/orders/1”这个 HTTP 端点发起请求，如图 9-40 所示。

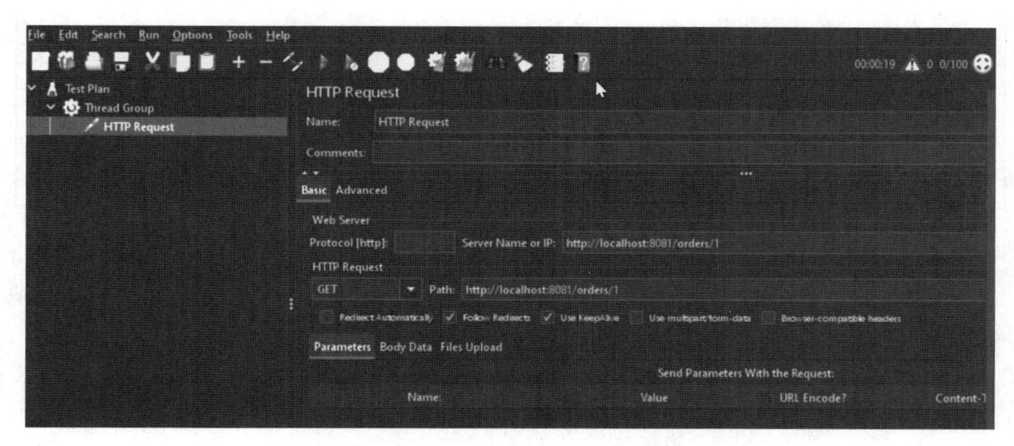

图 9-40　JMeter HTTP 请求设置

在图 9-40 中，我们需要进一步设置线程组信息。假设我们希望创建 100 个线程，并且以每秒 20 个的频率递增，那么可以采用如图 9-41 所示的设置方法。

现在，让我们启动 JMeter，在 Sentinel 控制台上就会出现“getOrderById”这个资源对应的 QPS 实时监控效果和相关的数据变化，如图 9-42 所示。

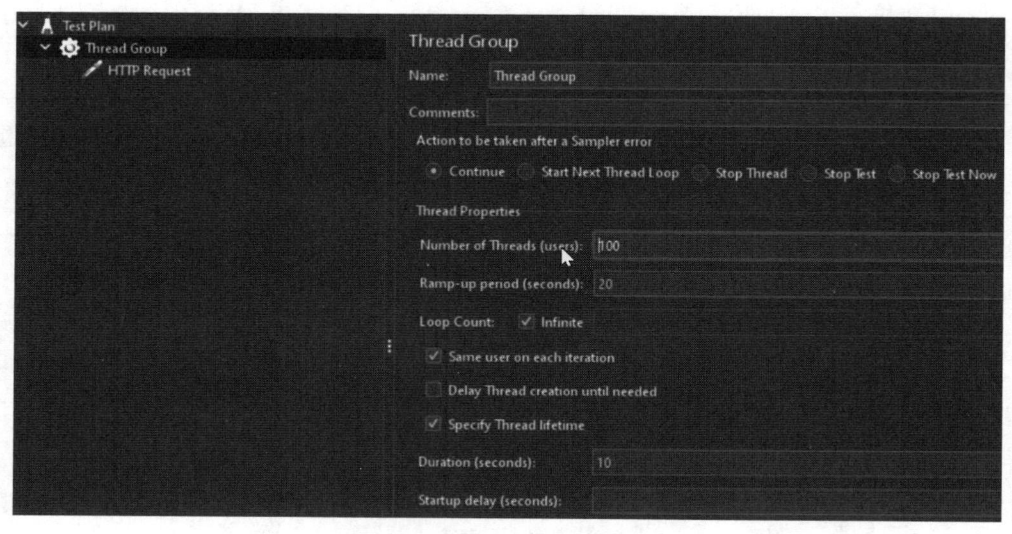

图 9-41　JMeter 线程组设置

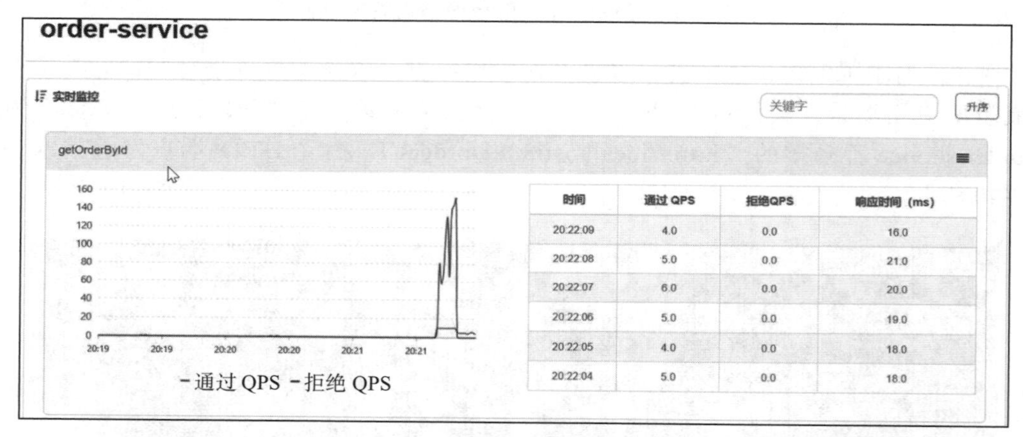

时间	通过 QPS	拒绝QPS	响应时间（ms）
20:22:09	4.0	0.0	16.0
20:22:08	5.0	0.0	21.0
20:22:07	6.0	0.0	20.0
20:22:06	5.0	0.0	19.0
20:22:05	4.0	0.0	18.0
20:22:04	5.0	0.0	18.0

图 9-42　getOrderById 资源执行实时监控效果和相关数据变化

伴随着图 9-42 展示的数据变化，在 order-service 的控制台中会出现大量 handleBlock 方法被调用所产生的日志信息，说明请求被正常限流。

9.6.3　实现服务降级

在微服务架构实现过程中，对于可用性而言，请求限流不一定实现，但服务降级是一定要实现的。因此，在 SpringOrder 项目中，我们也重点讨论服务降级的实现过程。

1. 实现普通服务降级

在 SpringOrder 项目中，实现服务降级的第一步同样也是使用 @SentinelResource 注解，如代码清单 9-40 所示。

代码清单 9-40　OrderController 中服务降级实现代码

```
@RestController
@RequestMapping(value="orders")
public class OrderController {
    @Autowired
    OrderService orderService;

    @GetMapping(value = "/{orderId}")
    @SentinelResource(value = "getOrderById",
        fallback = "getOrderByIdFallback",
        fallbackClass = OrderFallback.class
    )
    public Result<OrderRespVO> getOrderById(@PathVariable Long orderId) {
        if(orderId == 1){
            try {
                Thread.sleep(600);
            } catch (InterruptedException e) {
                e.printStackTrace();
            }
        }
        System.out.println("id: " + orderId + ", 时间为: " + new Date().getTime());

        Order order = orderService.getOrderById(orderId);
        OrderRespVO orderRespVO = OrderConverter.INSTANCE.convertResp(order);
        return Result.success(orderRespVO);
    }
}
```

在代码清单 9-40 所示的代码中，为了模拟系统出现的异常情况，我们根据 getOrderById 方法所传入的参数 orderId 值来选择性地抛出异常。然后，我们在 Sentinel 控制台中设置如图 9-43 所示的降级规则。

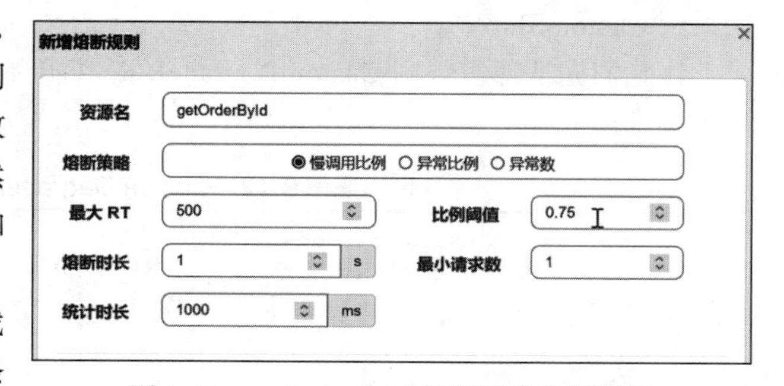

图 9-43　getOrderById 资源服务熔断设置

显然，基于上述配置规则，我们很容易模拟出服务降级的触发条件。一旦服务降级被触发，@SentinelResource 注解中 fallbackClass 属性所对应的 fallback 方法就会被调用，该方法实现过程如代码清单 9-41 所示。

代码清单 9-41　OrderFallback 类实现代码

```
public class OrderFallback {
    public static Result<OrderRespVO> getOrderByIdFallback(@PathVariable("id")
        Long orderId, Throwable throwable) {
        System.out.println(" 进入 getOrderByIdFallback 方法 ");
        OrderRespVO orderRespVO = new OrderRespVO();
```

```
        orderRespVO.setId(-1L);
        return Result.success(orderRespVO);
    }
}
```

如代码清单 9-41 所示，作为回退方法的常见实现策略，这里构建了一个 OrderRespVO 对象，并设置了它的 Id 为一个无效的业务值“-1”。通过对这个 Id 值进行判断，服务提供者和服务消费者之间可以达成对返回结果的统一处理模式。

2. 基于扩展点实现自定义降级

在 9.4 节中我们已经介绍了服务降级的实现过程。关于服务降级有很多种不同的表现形式，我们也完全可以在 SpringOrder 项目中实现一套自定义的降级规则，这时候就可以使用到 Sentinel 内置的 SlotChainBuilder 扩展点。

借助 Sentinel 框架实现自定义降级，我们需要一组自定义组件。

- CustomDegradeRule：定义和加载自定义降级规则类。
- CustomDegradeRuleChecker：实现自定义降级判断处理机制。
- CustomSlot：集成自定义降级逻辑。
- CustomSlotChainBuilder：实现 SPI 扩展点。

其中，CustomSlotChainBuilder 是对 Sentinel 自带扩展点 SlotChainBuilder 的实现，而 CustomDegradeRule 是我们自定义的降级规则。我们会实现一个 CustomDegrade-RuleChecker 来对 CustomDegradeRule 中定义的降级规则进行校验，并最终把这些处理逻辑嵌入到 CustomSlot 中。

让我们先从降级规则 CustomDegradeRule 类开始讲起，该类实现过程如代码清单 9-42 所示。

代码清单 9-42 CustomDegradeRule 类实现代码

```
public class CustomDegradeRule {
    public static final String STATUS_OPEN = "open";
    public static final String STATUS_CLOSE = "close";

    // 自定义状态
    private String status = STATUS_OPEN;
    // 自定义控制的资源
    private Set<String> resources;
}
```

不难开出，这里我们定义了两个状态，即开状态 STATUS_OPEN 和关状态 STATUS_CLOSE，然后我们通过 resources 字段承载想要实现自定义控制的一组资源。

有了 CustomDegradeRule 规则类，我们就可以实现一个 CustomDegradeRuleChecker 校验类来对 CustomDegradeRule 中所定义的规则进行校验。CustomDegradeRuleChecker 的实现过程如代码清单 9-43 所示。

代码清单 9-43　CustomDegradeRuleChecker 类实现代码

```
public class CustomDegradeRuleChecker {
    public static void checkCutomDegradeRule(ResourceWrapper resource, Context
        context) throws SwitchException {
        Set<CustomDegradeRule > CustomDegradeRuleSet = initCustomDegradeRule ();
        // 遍历规则
        for (CustomDegradeRule rule : CustomDegradeRuleSet) {
            // 判断状态，不属于 STATUS_OPEN 状态则不允许通过
            if (!rule.getStatus().equalsIgnoreCase(CustomDegradeRule.STATUS_
                OPEN)) {
                continue;
            }
            if (rule.getResources() == null) {
                continue;
            }

            if (!CollectionUtils.isEmpty(rule.getResources())) {
                if (rule.getResources().contains(resource.getName())) {
                    throw new CustomException(resource.getName(), "custom");
                }
            }
        }
    }

    private static Set<CustomDegradeRule > initCustomDegradeRule () {
        Set<CustomDegradeRule > rules = new HashSet<>();
        CustomDegradeRule rule = new CustomDegradeRule ();
        rule.setStatus(CustomDegradeRule.STATUS_OPEN);
        Set<String> resources = new HashSet<>();
        resources.add("/orders/orderNumber/{orderNumber}");
        rule.setResources(resources);

        rules.add(rule);
        return rules;
    }
}
```

显然，代码清单 9-43 所示代码体现了这样的规则校验逻辑：如果资源不配置，则校验规则不作用到任何资源；如果资源配置有效，则将传入的 ResourceWrapper 中的资源名称与 CustomDegradeRule 中定义的资源名称进行比对，从而执行降级逻辑。这里我们定义的资源是“/orders/orderNumber/{orderNumber}”这个 HTTP 端点，位于 OrderController 中，实现过程如代码清单 9-44 所示。

代码清单 9-44　OrderController 类中 HTTP 端点实现代码

```
@RestController
@RequestMapping(value="orders")
public class OrderController {
    @Autowired
    OrderService orderService;

    @GetMapping(value = "orderNumber/{orderNumber}")
```

```
    public Result<OrderRespVO> getOrderByOrderNumber(@PathVariable String
        orderNumber) {
        Order order = orderService.getOrderByOrderNumber(orderNumber);
        OrderRespVO orderRespVO = OrderConverter.INSTANCE.convertResp(order);
        return Result.success(orderRespVO);
    }
}
```

在实际应用过程中，你可以根据需要设置不同的 HTTP 端点，从而实现多种自定义降级机制。

有了 CustomDegradeRuleChecker，接下来要讨论的是如何把降级校验规则嵌入到每一次请求的执行过程中。显然，这部分的工作应该交由自定义的 CustomSlot 类来完成，该类的实现过程如代码清单 9-45 所示。

代码清单 9-45 CustomSlot 类实现代码

```
public class CustomSlot extends AbstractLinkedProcessorSlot<Object> {
    @Override
    public void entry(Context context, ResourceWrapper resourceWrapper, Object
        param, int count, boolean prioritized, Object... args) throws Throwable {
        SwitchRuleChecker.checkSwitch(resourceWrapper, context);

        fireEntry(context, resourceWrapper, param, count, prioritized, args);
    }

    @Override
    public void exit(Context context, ResourceWrapper resourceWrapper, int count,
        Object... args) {
        fireExit(context, resourceWrapper, count, args);
    }
}
```

可以看到，我们在入口方法 entry 中调用了 CustomDegradeRuleChecker 类的 check-CustomDegradeRule 方法，从而在每次请求过程中触发自定义降级逻辑。

最后，我们需要实现 CustomSlotChainBuilder。我们可以直接实现 SlotChainBuilder 这个扩展点接口，但更简便的方法是扩展 Sentinel 内置的 DefaultSlotChainBuilder，如代码清单 9-46 所示。

代码清单 9-46 CustomSlotChainBuilder 类实现代码

```
public class CustomSlotChainBuilder extends DefaultSlotChainBuilder {
    @Override
    public ProcessorSlotChain build() {
        ProcessorSlotChain chain = super.build();
        chain.addLast(new SwitchSlot());
        return chain;
    }
}
```

最后，我们在代码工程的 META-INF/services 目录下添加一个 com.alibaba.csp.sentinel.

slotchain.SlotChainBuilder 文件，并把 CustomSlotChainBuilder 类的完整类路径写入到这个文件中。至此，一个完整的定制化降级机制就构建完成了，你可以参考这里的代码做进一步的重构和扩展。

9.7 本章小结

本章讨论了微服务架构中的服务可用性问题，并详细分析了服务可用性问题的本质和应对策略。服务可用性是一个很大的主题，也是微服务架构实现过程中必不可少的一个环节。目前关于如何实现服务可用的工具并不是很多，而 Spring Cloud Alibaba 中的 Sentinel 是其中的代表性实现框架。

Sentinel 内置功能完善而强大，其中最重要的就是请求限流和服务降级功能。在本章中，我们针对 Sentinel 的功能特性、核心概念、指标体系和开发流程都做了详细介绍，并重点阐述了该框架针对请求限流和服务降级的开发步骤和实现过程。

另外，Sentinel 的强大之处不仅仅是它的内置功能，还包括它所具备的扩展点机制。开发人员可以通过 Sentinel 提供的扩展点实现动态配置数据源、开关降级等定制化的服务可用性保障功能，这在日常开发过程中非常有用。

在本章的最后，我们回到 SpringOrder 案例系统，分析了该案例系统中与服务可用性相关的需求，并给出了对应的实现方式。

扫描下方二维码，查看本章视频教程。

①使用 Sentinel 实现请求限流

②实现自定义熔断器

③使用 Sentinel 实现服务降级

④使用 Sentinel 实现动态规则

⑤使用 Sentinel 实现自定义降级策略

推荐阅读

分布式系统架构与开发：技术原理与面试题解析

ISBN：978-7-111-71268-8

深入探讨分布式系统的14个核心技术组件，从实现原理到应用方式，再到设计思想，全方位解析其精髓。
结合阿里巴巴、京东、网易等行业巨头的面试真题，提炼面试技巧，助你在技术面试中游刃有余。

DDD工程实战：从零构建企业级DDD应用

ISBN：978-7-111-71787-4

全面剖析领域驱动设计（DDD）的核心理念、技术架构、开发框架以及实现策略。以实际项目为蓝本，逐步引导你构建一个功能完备的企业级DDD应用，让你在实践中掌握DDD要点。

Spring Boot进阶：原理、实战与面试题分析

ISBN：978-7-111-70674-8

详尽介绍Spring Boot技术栈的工作原理和最佳实践方法，涵盖Spring Boot的6大核心主题。针对每个知识点提供高频面试题目的深入分析，帮助你在技术面试和职业晋升中事半功倍。